信息化学习情境支持的科学学习研究

杨文阳 著

科学出版社

北京

内 容 简 介

学习情境创设是信息技术与科学课程深度融合的主要途径，也是培养学习者核心素养的有效措施。信息化学习环境下通过信息技术创设科学学习情境可以有效激发学习者的科学学习动机，促使学习者有意义地学习。本书对信息化学习情境支持下的科学学习理论基础、创设要素、创设原则及模式进行综合性讨论和总结，从科学概念学习、科学问题学习和科学探究活动学习三个方面进行实验设计与实证研究，为信息化学习情境支持下的科学学习提供理论指导与实践价值。

本书可供科学教育学、教育技术学、课程教学论等教育学学科研究人员及研究生和本科生、中小学相关学科教师、教育行政及管理人员、信息化学习服务企业研发人员等参考使用。

图书在版编目（CIP）数据

信息化学习情境支持的科学学习研究 / 杨文阳著. —北京：科学出版社，2021.10

ISBN 978-7-03-069970-1

Ⅰ. ①信… Ⅱ. ①杨… Ⅲ. ①科学研究-能力培养 Ⅳ. ①G304

中国版本图书馆 CIP 数据核字（2021）第 200784 号

责任编辑：闫　悦 / 责任校对：胡小洁

责任印制：吴兆东 / 封面设计：迷底封装

科学出版社 出版

北京东黄城根北街 16 号

邮政编码：100717

http://www.sciencep.com

北京中石油彩色印刷有限责任公司 印刷

科学出版社发行　各地新华书店经销

*

2021 年 10 月第 一 版　开本：720 × 1000　B5

2022 年 11 月第二次印刷　印张：13 1/2

字数：310 000

定价：108.00 元

（如有印装质量问题，我社负责调换）

序

随着电子技术、计算机技术、移动通信技术等的不断发展，数字化学习在教育领域得到越来越广泛的应用，引起了党和国家的高度重视。中共中央、国务院印发的《中国教育现代化 2035》指出："充分利用现代信息技术，丰富并创新课程形式。加快信息化时代教育变革。建设智能化校园，统筹建设一体化智能化教学、管理与服务平台。利用现代技术加快推动人才培养模式改革，实现规模化教育与个性化培养的有机结合。"随后中共中央、国务院印发《加快推进教育现代化实施方案(2018—2022 年)》对我国加快推进教育现代化做出了具体部署："着力构建基于信息技术的新型教育教学模式、教育服务供给方式以及教育治理新模式。促进信息技术与教育教学深度融合，支持学校充分利用信息技术开展人才培养模式和教学方法改革，逐步实现信息化教与学应用师生全覆盖。"这两个文件是新时代推进教育现代化、建设教育强国的纲领性文件，对我国未来教育信息化及课堂教学创新提出了明确的要求和具体的实施路线。

实现信息技术与课堂教学的深度融合是信息技术提升课堂教学质量的关键，信息化学习情境创设是实施这种融合的主要途径，也是激发培养学习者核心素养的有效措施。但如何创建信息化学习情境、怎样与课程教学有机融合、什么样的教学模式有利于学生的发展、学生的学习效果如何评价等问题，并没有得到有效的解决。此书丰富了信息化教学领域的研究成果，为信息技术与课堂教学的深度融合研究与推广提供理论指导与方法支持。

经过近 20 年的理论研究与实践探索，我们提出了思维型教学理论，该理论认为：思维活动是课堂教学中师生的核心活动，教学的本质是思维，教学的目标指向学生核心素养的发展。为了突出教学中学生积极主动的思维，提出了教学需要遵循动机激发、认知冲突、自主建构、自我监控和应用迁移五大基本原理，构建了情景与问题、探究与合作、总结与反思、应用与迁移等基本的课堂教学基本要素。杨文阳是科学教育专业的博士，他原有的学科领域是教育技术学，在博士期间，他的研究聚焦于如何利用信息技术创设学习情境有利于激发学生内在动机，促进学生积极思维的学习情境，此专著是他在这方面研究工作的系统总结。

此书在信息化学习情境创设理论研究和应用研究方面具有较强的创新价值。从当前课堂的现实问题出发，力求通过课堂教学创新与改革培养学习者的核心素养。此书从理论探讨与实践应用两个方面深入分析数字化学习环境创设与应用效果，以思维型课堂学习理论为基础，系统性总结了信息化学习情境的基本要素：情境、学习内容、学习支持和学习评价。通过对已有文献的梳理把科学学习分为科学概念学习、科学问题学习和科学探究活动学习，信息化学习情境支持下的科学学习模式主要从科学概念学习、科学问题学习和科学探究活动学习三个方面进行设计，这三种学习模式包括情境创设、问题提出、自主探究、合作交流、总结反思(知识分享)及应用迁移六个环节，通过实证研究检验了信息化学习情境在科学课堂教学中的应用效果。

此书的出版为作者在学习科学领域的阶段性研究成果，希望能得到广大读者的欢迎与批评指正。也希望作者在今后的研究中能结合当前国家加快推进教育现代化的重大需求，通过理论与方法创新继续深入研究，努力构建基于信息技术的新型教育教学模式，设计与开发适合学习者个性化学习的智慧学习环境，有效支持学校充分利用信息技术开展人才培养模式和教学方法改革，为实现信息化教与学的深入应用提供有力支撑。

是为序。

2021 年 2 月 20 日于现代教学技术教育部重点实验室

前　　言

当前在推进教育信息化进程中，从现实课堂的难点和痛点问题出发，课堂改革是教育改革的核心，目前的课堂难以培养出学生能够适应终身发展和社会发展所需要的核心素养。信息化学习情境创设是信息技术与课堂学习深度融合的主要途径，也是培养学习者核心素养的有效措施。信息化学习情境既可以有效激发学习者的学习动机，促使学习者有意义地学习；又可以提升学习者的问题解决能力和探究能力，促进学习者的知识转化。目前信息化学习情境研究中缺乏系统的理论和实践研究，在理论研究层面没有系统性研究信息化学习情境支持下的学习理论及模式，在实践研究层面大多数关注课堂学习中利用信息技术设计与开发在线学习资源和学习工具，缺乏对信息化学习情境有效支持科学学习的应用研究，在具体应用中缺乏实证研究。因此，对信息化学习情境进行系统的理论与实践研究具有较强的现实意义和实践价值。研究成果综合采用文献分析法、问卷调查法和准实验研究法，以目前教育领域内极具影响力的学习理论为指导，对信息化学习情境支持下的科学学习理论基础、模式以及实证研究结果进行综合性讨论和总结，从提升学习者科学概念理解水平、科学推理能力、科学探究能力和知识建构水平等方面提出了具体建议，努力为信息技术支持下的科学学习提供实践价值。

本书具有以下特点。

(1)前瞻性和创新性。本书在文献研究的基础上梳理国内外信息化学习情境最新研究成果，系统梳理信息化学习情境研究现状，总结未来的发展趋势。本书通过文献梳理从思维型课堂学习理论、情境学习理论、活动理论、建构主义学习理论、联通主义学习理论和沉浸理论视角构建信息化学习情境支持下的课堂学习理论基础，对科学概念学习、科学问题学习和科学探究活动学习等进行深入分析，为后续深入的实践探索与实证研究提供理论支撑。

(2)系统性和全面性。本书以思维型课堂学习理论、情境认知与学习理论、活动理论、联通主义学习理论及沉浸理论为基础，系统性总结了信息化学习情境的基本要素：情境、学习内容、学习支持和学习评价，并分析了信息化学习情境原则。通过对已有文献的梳理把科学学习分为科学概念学习、科学问题学习和科学探究活动学习，信息化学习情境支持下的科学学习模式主要从科学概念学习、科学问题学习和科学探究活动学习三个方面进行设计，这三种学习模式包括情境创设、问题提出、自主探究、合作交流、总结反思（知识分享）及应用迁移六个环节。实证研究包括信息化学习情境支持下的科学概念学习、科学问题学习以及科学探究活动学习实证研究三个部分，并设计与开发相应的学习案例，通过实证研究检验信息化学习情境在科学学习中的应用效果。

(3)实践指导性强。本书通过理论研究和实证研究总结出了信息化学习情境在科学学习中的应用模式，总结信息化学习情境创设中存在的问题，如学习者的信息素养需要不断提升、运用信息技术支持学习者的知识建构过程等，深入了解学习者在课堂学习中存在的突出问题，寻找并改进解决方案，不断完善信息化学习情境在课堂内外的应用模式，以提高当前课堂学习效果。

本书为作者依托于全国教育科学规划课题“移动学习在科学课程学习中的应用模式研究”(课题编号：ECA140367)在学习科学领域积累的研究成果。本书在系统分析信息化学习环境研究现状与趋势的基础上以目前教育领域内极具影响力的学习理论为指导，对信息化学习情境创设的理论基础、核心要素、指导原则、应用模式以及实证研究结果进行综合性讨论和总结，从提升学习者的科学学习能力和知识建构水平等方面提出了具体建议，努力为信息化学习情境支持下的课堂改革提供理论支撑和实践价值。

本书由“西安石油大学优秀学术著作出版基金”资助出版。本书在撰写过程中参考了许多国内外的学术文献资料，汲取了许多同仁的宝贵研究成果，在此向所有作者表示感谢。

由于作者的学识水平有限，再加上撰写时间仓促，书中难免有错误和不当之处，恳请读者批评指正。

作者

2021年3月

目　录

第 1 章　信息化学习情境创设的时代意义

当前信息化社会对未来教育提出了新要求，教育为了适应信息化社会需求应培养具有创新精神、实践能力和科学素养的高素质人才。为了培养创新人才，《国家中长期教育改革和发展规划纲要（2010—2020 年）》倡导启发式、探究式、讨论式、参与式教学，帮助学生学会学习[1]。创新人才的培养和信息化社会需要教育变革，而这种变革需要对传统教育教学理念、学习模式和学习方法等进行创新[2]。2016 年，《中国学生发展核心素养》研究成果指出，中国学生发展的核心素养综合表现为六大素养：人文底蕴、科学精神、学会学习、健康生活、责任担当和实践创新等[3]。在课程学习中通过创设学习情境可以有效培养学习者的六大核心素养。从现实课堂的问题出发，课堂教学改革是教育改革的核心，我们现在的课堂还很难培养出学生能够适应终身发展和社会发展所需要的核心素养[4]。课堂是人才培养的主渠道，课堂教学模式基本上决定了人才培养模式。因此，在科学课程中要实现教学创新并培养学习者的核心素养，信息化学习情境创设的课堂是实现这一目标的关键因素，对学习效果和学习质量产生直接的影响，在科学课程改革和教学创新中逐渐得到重视。

1.1　研 究 背 景

信息化教与学有助于全面推进教育教学变革，提升教育教学质量，培养创新人才，最终实现教育现代化。国务院副总理刘延东在 2012 年全国教育信息化工作电视电话会议上的讲话中指出："教育信息化是教育理念和教学模式的深刻变革，是促进教育公平、提高教育质量的有效手段，是实现终身教育、构建学习型社会的必由之路。"当前，云计算、移动智能终端技术、可视化技术、3D 打印技术、虚拟体感技术与大数据分析技术等新兴技术在教育领域的广泛应用，使得教育生态系统和学习环境正在悄然变化。技术的革新必然要对教育思想、学习模式、学习方法、学习环境等都发生意义深远的颠覆性的影响[5]。这些新技术支持人们日常生活的交流活动并逐渐在教育领域里推广，在科学学习中对创设适切的信息化学习情境具有重要作用。

1.1.1 信息技术与教学深度融合的主要途径

美国新媒体联盟(The New Media Consortium，NMC)发布的《2012—2017科学教育技术前瞻》明确指出在科学教育中持续性和创新性运用新技术将会从根本上改变科学教育的现状，使之转向作为实践的科学[6]。我国《教育信息化十年发展规划(2011—2020年)》中提出："推进信息技术与教学融合。建设智能化教学环境，提供优质数字教育资源和软件工具，利用信息技术开展启发式、探究式、讨论式、参与式学习，鼓励发展性评价，探索建立以学习者为中心的教学新模式，倡导网络校际协作学习，提高信息化教学水平。"信息技术在学科学习中的创新性应用需要教师认真研究学习内容最佳的学习方式和方法，创设真实新颖的学习情境，构思理想的学习过程[5]。信息技术与教育由简单整合面向深度整合，需要为学习者建构学习情境，把促进学习者生活世界的"意义建构"作为信息化教育的未来走向[7]。因此，学习情境创设是信息技术和教育教学深度融合的主要途径。

1.1.2 培养学习者核心素养的有效措施

学习者核心素养以培养人的全面发展为核心，在课程改革与教学创新中努力培养学习者的人文底蕴、科学精神、学会学习、健康生活、责任担当和实践创新等核心素养，在科学学习中通过创设学习情境来培养学习者的核心素养。因此科学教育应该创造条件——学习情境允许学习者通过实践去试错和质疑科学知识，在科学探究中获取科学真理，真正让学习者学习科学从情境中来到情境中去。当学科体系被情境化、教师在通过具体的应用情境指导学习者探究学习时，学科体系的意义以及学习者与这些意义的关系就被改变了，建立这样的意义关系并不是让学习者机械地获取科学知识，这才是教育应该倡导的[8]。科学教育的发展与信息技术紧密相关，这种紧密关系一方面是指信息技术可为科学教育创造全新的学习情境和学习手段，另一方面是指在科学教育中利用信息技术可有利于培养学习者的科学探究精神和科学方法。《普通高中物理课程标准(2017年版)》指出："高中物理课程是普通高中自然科学领域的一门基础课程，旨在落实立德树人根本任务，进一步提升学生的物理学科核心素养，为学生的终身发展奠定基础，促进人类科学事业的传承与社会的发展。高中物理课程通过创设学生积极参与、乐于探究、善于实验、勤于思考的学习情境，培养和发展学生的自主学习能力。通过多样化的教学方式，利用现代信息技术，引导学生理解物理学的本质，整体认识自然界，形成科学思维习惯，增强科学探究能力和解决实际问题的能力。"[9]新课程标准明确指出将知识与技能、过程与方法、情感态度价值观三维目标整合在一起。在学生的核心素养培养和评价过程中，要以知识为基础，以能力为核心，以应用为导向，重视学习者在真实情境中的学习与应用，以人文底蕴、科学精神、学会学习、健康生活、责任担当和实践创新等核心素养的培养为突破口，实现学习者各种核心素养的形成和发展。具体实施中要结合具体的物理学习和活动，创设真实的学习情境，注重学习者的积极思维、自主探究、自我体验、自我反思以及在真实情境中的应用。物理教材中经典的原理与规律需要教师结合当前科学发展现状和生活常识去引导学习者探究和构建新知识，而信息技术可有助于教师。因此，信息化学习环境下通过信息技术创设学习情境既可以为学习者提供学习支持，也可以有效激发学习者的学习动机，促使学习者进行主动科学探究和协作学习。

在科学教育研究中可以看到所有年龄和阶段的学习者在科学概念和科学探究学习中普遍存在困难和问题。由于学习者对自然世界中的科学术语和知识结构存在误解，甚至是无法理解，他们也就难以把自己的原有经验和真实世界有效结合起来去解释科学概念，更难以进行有效的科学探究活动[10]。教师在科学教育中创设学习情境有利于学习者精确理解科学概念，促进学习者接受并转变科学概念[11]。信息技术支持的学习情境通过提供真实的探究实验可以为学习者提供科学学习经验，如计算机仿真实验等[12]。在科学探究学习中把真实情境和计算机仿真情境结合起来不仅可以有效促进学习者的科学概念转变，帮助学习者修正和厘清对科学概念的片面认识，还可以提升学习者的科学探究能力[13,14]。信息技术可以模仿真实的科学过程和实践，基于真实世界可视化抽象概念，因此信息技术支持的学习情境具备便捷性、安全性、低成本、灵活性、出错少及动态数据显示等优点[15]。

基础教育阶段科学课程改革更加强调在学习中给学习者提供日常生活经验，因此学习者在科学学习中需要真实的学习情境。信息技术支持的学习情境来源于真实的自然界和社会生活情境，因此，在科学课程学习中运用新的信息技术就可以建立有真实感的情境化科学课程[16]。信息技术创设的模拟情境、游戏情境、虚拟实验情境等可以模拟真实的科学现象，有些科学现象是比较微观、抽象的，传统学习中学习者难以观察到这些科学现象，还有些科学现象甚至是比较危险的。信息技术支持的学习情境支持学习者进行科学探究和思维加工，并鼓励学习者通过互动和协作完成探究任务，最终实现对科学概念的深度理解和科学本质的高级认识。

1.1.3　提升科学教师信息化教学能力的必然要求

科学教师是科学教育的主体，是决定学习者科学学习成效的关键因素。要深入推进科学教育和教学改革，必须转变科学教师的教学思想和教学方式。在数字化学习时代，学习者的技术适应性和实践能力要优于教师，教师在信息化学习中要实现与学习者的同步对话，就必须学习和接受新的教育思想，因此目前科学教师的培养方式急需转变。信息技术在学校教学中的应用越来越普遍，但目前并没有被有效应用到科学学习中，信息技术没有真正和科学课程深入融合[17]。

科学教育指导方针和标准指出，培养学习者的科学能力应开展以学习者为中心的科学学习，创设环境支持学习者理解科学概念，提供学习者学习和探究实践的机会[18-20]。科学教师TPACK（technological pedagogical content knowledge）框架包括技术知识（technological knowledge，TK）、内容知识（content knowledge，CK）、教学知识（pedagogical knowledge，PK）、教学内容知识（pedagogical content knowledge，PCK）、技术内容知识（technological content knowledge，TCK）和技术学习知识（technological pedagogical knowledge，TPK），所有的知识应该基于特定的情境中才是有效的，只有通过信息技术创设真实情境才能提升教师的信息化专业素养和学习能力，最终确保具有较高的教学效果[21-23]，教师可以利用信息技术支持教学改革[24, 25]。学习者掌握科学知识必须在真实情境中认识、使用和解释自然界的科学现象，发现并评价科学证据和认识，理解科学知识的本质和发展，富有成效地参与科学实践和对话。信息技术有效整合到课程学习中可以使学习发生在真实情境中，这样的学习会更有效。利用多种环境传授学习内容和技能有助于学习者将知识内化。

传统的课堂学习依然是学校教育的主要学习形式，教师应该充分地利用信息技术支持传统的课堂学习，为学习者创设数字化学习情境，提升学习效果，促进学习管理。但教师要主宰学习方式的应用，技术不能替代教师的作用。教师在传统学习中更多强调被动学习的重要性，如果教师能接受并积极开展教学方式改革，他们在教学中就会重视并鼓励学习者积极参与和主动学习。美国国家教师教育技术标准（National Education Technology Standards for Teachers，NETS-T）指出教师应该具备把技术整合到教学中的能力。NETS-T 提倡教师利用技术支持学习者知识建构、培养创造性能力、支持探究、发展批判性思维以及问题解决的能力。学习情境的本质在于可为科学教师整合科学教学和教育技术提供进一步的学习环境支持。在学习情境中，支架和其他形式的社会支持扮演着明显的角色。因此，信息化学习情境创设对提升科学教师信息化教学能力具有重要作用。

1.2 研究目的与研究意义

1.2.1 研究目的

在科学教育领域对信息化学习情境支持下的科学学习研究还处于起步阶段，通过研究缘起的分析可知信息化学习情境对科学学习的重要性，本研究目的在于建构信息化学习情境支持下的科学学习理论基础，探讨信息化学习情境支持下的有效科学学习模式，基于实证研究分析信息化学习情境支持下的科学学习与传统课堂的科学学习对学习者学习效果的影响。

1.2.2 研究的理论意义

本研究在信息化学习情境支持的科学学习理论研究方面,具有以下研究意义。

(1)厘清信息化学习情境支持的科学学习理论基础。

目前国内外对于信息化学习情境支持的科学学习理论研究较少，但国外对于科学学习理论研究关注较多，大多数研究基于情境学习理论、建构主义学习理论的视角进行单方面的理论分析，没有结合信息化学习情境等进行系统阐述，本研究通过文献梳理进一步厘清信息化学习情境支持下的科学学习理论基础。

(2)完善信息化学习情境支持下的科学学习模式。

科学学习模式是帮助学习者达到最佳科学学习状态的方法，目前关于信息技术支持的科学学习模式的研究存在不足，尚未有比较理想的信息化学习情境支持下的科学学习模式，这不仅会影响学习者有意义的科学学习，也难以保证教师的教学效果。因此，本研究基于信息化学习情境支持下的科学学习理论基础总结出信息化学习情境支持下的科学学习模式，科学学习模式灵活应用到学习者的科学学习中，这需要科学教师在学习实践中发挥自己的学习智慧不断总结经验，以学习者为中心，充分利用信息技术的优势以促进学习者有意义学习为宗旨，最终实现学习者的科学知识转化。因此，信息技术不能停留在传统课堂中发挥传递信息的功能，相反，它通过创设真实的科学学习情境才能发挥促进性和支撑性的作用，帮助学习者去获得丰富的学习经验，促进其科学概念理解水平、科学推理能力和科学探究能力的提升。

1.2.3 研究的实践意义

(1)有利于促进信息技术与科学课程的深度融合。

目前我国教育信息化投资效率不高，没有真正发挥《国家中长期教育改革和发展规划纲要(2010—2020 年)》所强调的“信息技术对教育发展具有革命性影响”之效果[26]。教育信息化应用环境最为薄弱，主要表现在信息化竞争力中的非技术因素发展水平较低[27]。学习模式创新不够，信息技术与教育整合缺乏深度[28]。教师队伍的知识结构、素质和能力不适应教育信息化发展要求，教师尚不具备运用信息技术改革传统学习的教育技术能力[29]。运用信息技术创设学习情境推进信息化学习，对于实现信息技术与科学学习的深度融合、促进教育公平、实现教育信息化目标，起着决定性作用。

(2)有利于转变科学课程结构、师生关系及学习评价体系。

目前的科学教育研究中主要有三大难以逾越的障碍影响科学学习改革的顺利开展。第一，教师缺乏必要的科学知识，或者不熟悉新的学习方式，难以为科学学习改革提供开展的基础条件[30]。第二，一些科学教师不情愿在他们的课堂上开展科学学习改革，这种不情愿的主要原因是教师和教育管理者过于重视标准化考试，并错误地认为学习者探究科学概念的能力与学习改革之间没有联系[31]。第三，缺乏优质科学学习资源和学习环境支撑，这是影响科学学习改革的普遍障碍[32]。科学教育课程内容发展的重点是以解决抽象和复杂的问题为导向，利用信息技术进行跨学科学习方法和学习内容的整合。科学课程中的基本原理、规律和结论等都是对自然现象高度抽象的结果，这些高度抽象的科学知识对学习者来说是比较枯燥和乏味的，教师单纯通过传统的讲授难以对科学知识进行有意义的建构，更难以体会到科学知识的趣味性和真实用途。在科学学习中教师利用信息技术把这些看似比较枯燥和乏味的科学知识通过创设真实的生活情境栩栩如生地展现出来，就可以有效激发学习者科学学习动机，主动积极参与科学探究，深入掌握科学知识和技能。在科学课堂学习中改变传统的以教师为权威、学习者被动接受知识的师生关系，利用信息技术构建新型师生关系。利用信息技术可以转变传统的以终结性考试为主的评价方式，构建过程性评价和终结性评价相结合的整合性评价方式。

(3)有利于渗透科学教育过程，实现信息技术应用与科学方法学习同步。

受应试教育的影响，在中小学科学教育中长期以来一直存在着重视科学知识的学习而忽视科学方法的培养，这种缺陷体现在科学课程标准、教材和课堂学习中[33]。新的信息技术有助于科学学习改革[24]，信息技术与科学学习的有效整合可以创设学习情境，潜在提升学习者的参与兴趣、科学概念理解以及空间智力开发[34]。数字媒体、探测工具、建模工具、计算机游戏、计算机仿真以及虚拟协作环境可支持教师把科学探究整合到学习中[35]。把信息技术应用到学习情境创设中可以支持开发学习者分析和解释数据的能力、模型建构和测试能力，以及写作能力[36]。虚拟仿真是计算机建模工具的一种特殊形式，可通过提供可视化的科学学习情境支持科学探究学习[37]。适切的信息技术应用到科学学习情境创设中可以与传统学习方法一样有效提升学习者的科学学习成绩，并支持学习者理解抽象和复杂的科学概念，有效解决科学问题，促进高层次的科学探究。

参考文献

[1] 中华人民共和国中央人民政府. 国家中长期教育改革和发展规划纲要(2010—2020年)[DB/OL]. [2020-11-20]. http://www.gov.cn/jrzg/2010-07/29/content_1667143.htm.

[2] 钟绍春, 王伟. 关于信息技术促进教学方法创新的思考[J]. 中国电化教育, 2013, (2): 106-110.

[3] 定了!《中国学生发展核心素养》总体框架正式发布[DB/OL]. [2020-11-20]. http://www.sohu.com/a/114355887_492732.

[4] 教育部长陈宝生吹响“课堂革命”号角[DB/OL]. [2020-11-20]. http://www.sohu.com/a/194356281_528967.

[5] 钟绍春, 钟世军, 王伟, 等. 关于深入推进基础教育信息化的思考[J]. 中小学信息技术教育, 2009, (10): 17-19.

[6] Johnson L, Adams S, Cummins M, et al. Technology outlook for STEM+ Education 2012-2017: An NMC horizon report sector analysis[J]. New Media Consortium, 2012: 1-23.

[7] 田良臣, 李栋. 信息技术与教育深度融合背景下的学习透视[J]. 远程教育杂志, 2015, (3): 3-10.

[8] 斯伯克特 J M, 迈瑞尔 M D, 迈里恩波 J G. 教育传播技术与研究手册[M]. 任友群, 焦建利, 译. 上海: 华东师范大学出版社, 2011: 130.

[9] 中华人民共和国教育部. 普通高中物理课程标准(2017 年版)[S]. 北京: 人民教育出版社, 2018.

[10] Posner G J, Strike K A, Hewson P W, et al. Accommodation of a scientific conception: Towards a theory of conceptual change[J]. Science Education, 2010, 66(2): 211-227.

[11] Pyatt K, Sims R.Virtual and physical experimentation in inquiry-based science labs: Attitudes, performances and access[J]. Journal of Science Education and Technology, 2012, 21(1): 133-147.

[12] Zacharia Z, Anderson O R. The effects of an interactive computer-based simulation prior to performing a laboratory inquiry-based experiment on students' conceptual understanding of physics[J]. American Journal of Physics, 2003, 71(6): 618-629.

[13] Jaakkola T, Nurmi S, Veermans K. A comparison of students' conceptual understanding of electric circuits in simulation only and simulation-laboratory contexts[J]. Journal of Research in Science Teaching, 2011, 48(1): 71-93.

[14] Olympiou G, Zacharia Z C. Blending physical and virtual manipulatives: An effort to improve students' conceptual understanding through science laboratory experimentation[J].Science Education, 2012, 96(1): 21-47.

[15] Zacharia Z C. Comparing and combining real and virtual experimentation: An effort to enhance students conceptual understanding of electric circuits[J]. Journal of Computer Assisted Learning, 2007, 23: 120-132.

[16] 李睿. 支持美国科学教育发展的新技术——基于《2012—2017 科学教育技术前瞻》分析[J]. 远程教育杂志, 2013, (3): 30-36.

[17] Belland B R. Using the theory of habitus to move beyond the study of barriers to technology integration[J]. Computers & Education, 2009, 52(2): 353-364.

[18] American Association for the Advancement of Science. Benchmarks for science literacy[J]. Language of Science Education, 1993: 12.

[19] Donovan M S, Bransford J D. How Students Learn: Science in the Classroom[M]. Washington D C: The National Academies Press, 2005: 203.

[20] National Research Council. A Framework for K-12 Science Education: Practices, Crosscutting Concepts, and Core Ideas[M]. Washington D C: The National Academies Press, 2012: 93.

[21] Shulman L S. Knowledge and teaching: Foundations of the new reform[J]. Harvard Educational Review, 1987, 29(7): 4-14.

[22] Harris J, Mishra P, Koehler M J. Teachers technology pedagogical content knowledge and

learning activity types: Curriculum-based technology integration reframed[J]. Journal of Research on Technology in Education, 2009, 41(4): 393-416.

[23] Schmidt D A, Baran E, Thompson A D, et al. Technological pedagogical content knowledge (TPACK): The development and validation of an assessment instrument for preservice teachers[J]. Journal of Research on Technology in Education, 2009, 42(2): 123-149.

[24] Irving K. Preservice science teachers' use of educational technology in student teaching[J]. Journal of Computers in Mathematics and Science Teaching, 2009, 28: 45-70.

[25] Schnittka C, Bell R. Preservice biology teachers' use of interactive display systems to support reforms-based science instruction[J]. Contemporary Issues in Technology and Teacher Education, 2009, 9(2): 131-159.

[26] 桑新民, 刘永贵, 梁林梅, 等. 教育信息化新阶段的战略思考与顶层设计研究论纲——教育技术学专业创新发展的机遇和挑战[J]. 电化教育研究, 2011, (3): 5-13.

[27] 祝智庭, 贺斌. 智慧教育: 教育信息化的新境界[J]. 电化教育研究, 2012, (12): 5-13.

[28] 焦建利. "深度融合"彰显信息技术的效益[DB/OL]. [2020-11-20]. http://www.edu.cn/li_lun_yj_1652/20120331/t20120331_761108.shtml.

[29] 教育信息化建设与应用研究课题组. 我国教育信息化建设与应用现状调研与战略研究报告[M]. 北京: 高等教育出版社, 2010: 6-20.

[30] Johnson C C. Whole-school collaborative sustained professional development and science teacher changes: Signs of progress[J]. Journal of Science Teacher Education, 2007, 18(4): 629-661.

[31] Bauer J, Kenton J. Toward technology integration in the schools: Why it isn't happening[J]. Journal of Technology and Teacher Education, 2005, 13(4): 519-546.

[32] 李雁冰. 论中小学科学探究学习的评价问题[J]. 全球教育展望, 2009, (11): 86-91.

[33] 邢红军, 陈清梅. 从知识中心到方法中心: 科学教育理论的重要转变[J]. 首都师范大学学报(自然科学版), 2011, 32(6): 20-26.

[34] Way J, Lilley E, Queenwood L O. Symposium: Interactive whiteboards and pedagogy in primary classrooms review of research[DB/OL]. [2020-11-20]. https://www.researchgate.net/publication/265280755_Symposium_Interactive_Whiteboards_and_Pedagogy_in_Primary_Classrooms.

[35] Lee H, Linn M C, Varma K, et al. How do technology-enhanced inquiry science units impact classroom learning[J]. Journal of Research in Science Teaching, 2010, 47(1): 71-90.

[36] Dani D, Koenig K M. Technology and reform-based science education[J]. Theory into Practice, 2008, 47(3): 204-211.

[37] van Joolingen W R, de Jong T, Dimitrakopoulout A. Issues in computer supported inquiry learning in science[J]. Journal of Computer Assisted Learning, 2007, 23: 111-119.

第 2 章　信息化学习情境研究现状与发展趋势

科学教育与科学技术的发展联系非常紧密，这种关系主要表现在两个方面：第一，科学技术为科学教育营造全新的学习环境和学习手段；第二，科学技术可以作为认知工具，在科学教育中适切地运用技术工具可以培养学习者的科学精神和科学态度，促使其掌握科学方法。前面章节对信息化学习情境研究背景及意义做了系统分析与总结，但信息技术与教育教学理念在不断革新，我们需要详细分析信息化学习情境支持下的科学学习国内外研究现状、趋势及存在的问题，在具体的研究与实践中能够引领信息技术支持科学教育未来的发展方向，并在此基础上提出本研究问题。

2.1　核心概念界定

2.1.1　情境

在国内情境又称为情景，《现代汉语词典》对情境解释为：(具体场合的)情形、景象或境地。情境就是展开有一定情节或情节片断的环境[1]。情境在国外相关文献中有“Context”“Situation”以及“Environment”三个单词的叫法，但三个单词的含义有明显的区别。“Context”是嵌入在社会生活中物理场景或概念性结构体，因此包括普通的空气、物理环境和并发的“背景”事件(活动)[2,3]。“Context”可以是社会生活中真实的工作场景，或者是真实工作场景的虚拟替代品，也可以是指可停留的环境，如图像或多媒体程序[4]。“Situation”是指分布在真实的物理环境中的基于明确问题或任务的微型情境(micro-context)或更为具体的复杂情境(complex situation)，如课堂学习情境中的测试情境、互动情境等[5-7]。“Environment”也可称为情境，更准确地说是环境，它可以指各种社会文化情境、物质情境或非物质情境的组合，具体可以包括活动、情境、资源、工具、支架、人、评价等要素，各个要素之间相互联系有机构成在一起[8-10]。从以上三个概念的界定我们可以看出，“Context”指的情境具有社会属性，更加强调情境中的社会活动和文化意识。“Situation”指的是微观的更为具体的有明确目的和任务的情境；“Environment”指的是大而宏观的情境融合，既包含有文化意识和社会活动要素，又包括物质和人的要素。在时间单元内，“Context”比“Situation”的影响力更为长久和持续性，“Situation”更为短暂，“Environment”则涵盖了“Context”和

“Situation”，相对比较稳定。

综合以上分析，从广义上讲，情境泛指自然景物、社会场景和生活环境等，也包括人物、故事情节和人物之间的矛盾冲突；狭义上来说，情境就是指具有明确目的或任务能够引发人思维的具体真实环境或复杂片段环境，这里的环境可以是物理环境，也可以是信息技术虚拟的情节环境。情境包括三个基本因素：主要人物、活动背景以及人物作用的对象。在一定情节环境或情节片段环境里，通过一个或者多个人物展开情境，人物在一定的活动背景中基于明确目的和任务通过控制作用的对象影响活动进程。因此，创设情境应该具备以下三个基本条件：第一，明确目的或任务；第二，具体的真实生活环境或情节片段环境；第三，人物在该具体环境中有特定的活动对象，并与之产生有意义的联系。在具体的学习情境创设中，我们应该综合把握好这三个基本条件之间的相互关系努力提升学习效果。具体可感性是情境的本质特点，情境中的“情”可以理解为情节，当人进入特定的情境中就可以感知情境所蕴含的情节片段；情境中的“境”可以理解为营造的一种真实气氛和环境。情境在学习中主要有两个重要作用：第一，它可以构建学习任务，并与学习者已有的经验之间产生有意义的联系；第二，它可以促进知识、技能和经验之间产生连接[7]。

2.1.2 学习情境

学习是指学习者和教师双向的交往过程，基于以上对情境的定义，学习情境是在学习过程中基于明确学习目的或任务教师创设的引发学习者积极思维、想象或展开情感体验的具体真实环境或复杂片段环境。学习是以“我不知道”的引导方式或基于问题或任务的情境，即学习者面对着他们不能解答的问题情境开始的[11]。在学习过程中，为了实现预定的学习目标，从学习需要出发，通过师生或学习者之间的双向互动，制造或创设生动具体的场景，以引起学习者一定的情感体验，从而帮助学习者深入理解知识，并使学习者的心理机能全面和谐发展[12]。在学习中创设情境，可以照顾到学习者已有的知识、情感和经验，有利于学习者的认知发展与知识构建[6,7]。教师将新知识设置在具体生动的情境中，学习者在真实情境中可以激发其学习兴趣和学习动机，调动其非智力因素，进而促使他们积极主动参与到学习活动中，可有效引导学习者深入理解和掌握新知识，最终使其能力得到全面发展[13]。学习情境不仅蕴含着新的学习内容和学习任务，更重要的是需要通过营造的真实情境激发学习者的学习动机，促进其提升学习效果。因此，学习情境作为一种特殊的生活环境或氛围，是学习中具体的认知逻辑、情感、行为、社会价值观和发展过程等几个方面的综合体现，具有社会文化属性。

学习情境不同于学校内外的宏观教育教学环境，它是课程学习系统的内在组成部分，既可以是真实的物理环境和生活环境，也可以是心理的、虚拟的生活环境。准确地说，是一种经过精心筛选和设计的微环境。学校教育教学环境、课程学习系统与学习情境三者之间的关系如图 2-1 所示。利用信息技术创设学习情境就是要通过信息技术营造学习过程中的真实世界，把信息技术的多媒体性和智能化的特点融入新的学习知识和学习任务中，设置虚拟的问题情境、故事情境、游戏情境、模拟情境等使学习者的视觉、听觉甚至触觉感官得到有效刺激，进而激发其学习动机和兴趣，进行主动学习。因此，在学习中利用信息技术创设良好的情境，不仅是学习活动必要的心理准备，也是激发和保持学习者学习兴趣，克服学习者学习疲劳的有效手段。学习是学习者主动建构知识的动态过程，学习应该与具体生动的情境结合起来。教师通过从创设学习情境可以激活学习者长时记忆中的原有知识和经验来同化当前新知识的学习，为学习者的深入学习提供有效的途径，实现有意义的学习[14]。

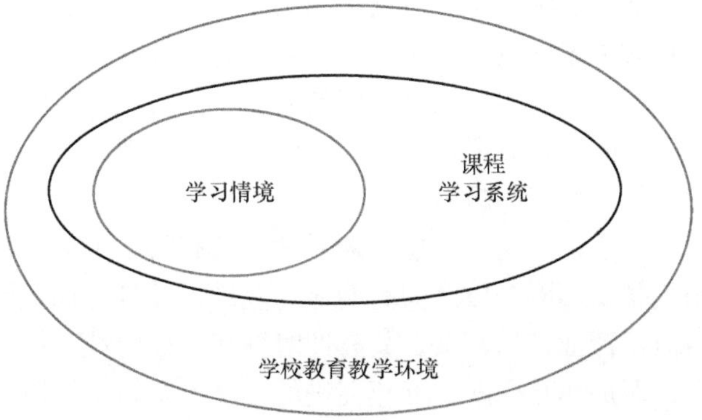

图 2-1　学校教育教学环境、课程学习系统与学习情境之间的关系

2.1.3　情境兴趣

在学习过程中兴趣是最好的老师，兴趣是学习行为的兴奋剂和调节器[15]。兴趣可以激励学习者在学习中主动结合自身原有的知识和经验，有效学习新知识，顺利完成学习任务。20 世纪 80 年代以来，国外心理学研究者基于人和环境之间的关系理论，认为兴趣是个人与其所在的环境中的一些因素（事情、物体或观点等）产生相互关联而出现的一种现象，并由此把兴趣分为个体兴趣和情境兴趣[16]。个体兴趣是指个体对某一主题活动或任务保持相对稳定持久的动机取向、心理倾向或心理偏好，这种取向、倾向或偏好是在特定的环境下随着个人与主题活动或任务的相互作用逐步培养起来的。个人兴趣的养成与其知识积累、社会价值观及情感态度相关。个体兴趣主要与个体的内在动机紧密相关，它可以激发个体参与活动的欲望，并对不同主题、任务或活动保持相对稳定持久的倾向或偏好[17]。在学习中，学习者在个人兴趣的激励下主动认识学习任务，明确学习目的，积极理解新知识并努力完成学习任务，实现有意义的学习。个体兴趣可以促进知识的长时

记忆，并且为学习者提供了持续学习的动机[18]。然而现实情况很难操作，个体兴趣在学习中的作用是通过个体的知识和价值观确定的，一旦确定下来很难改变。在目前的学校教育中，每个班级的学习者人数较多，如果在学习过程中利用每个学习者的个体兴趣是难以做到的。这就需要教师在学习过程中通过合理创设情境来控制学习者的情境兴趣了。

情境兴趣是指学习活动或学习任务的特征对学习者产生了吸引力，进而引发学习者产生了一种即时性的情感反应[19]。情境兴趣作为一个过程，可以作为一种促进学习的动机力量，它可以诱导学习者持续关注学习任务，即便是一个比较艰巨的学习任务，它可以使学习者把他们的注意力集中在学习任务上，对学习任务和学习结果可以产生积极的作用[20]。因此，情境兴趣发生在学习者与学习活动或学习任务产生交互作用的环境中，这种环境主要是由教师根据学习内容来创设的，当环境中的一些特征、刺激对学习者有吸引力的时候，学习者的情感反应速度比较快，并且情感刺激强度比较大。依据学习者原有的知识、经验和兴趣，对每个学习者造成的情感反应的时间和情绪状态会有差别。因此，在学习过程中，情境兴趣主要是由环境中的某种刺激特征引发的，如果学习者能够识别学习任务或学习活动的吸引力特征，情境兴趣就产生了。

在学习过程中，个体兴趣和情境兴趣对学习者有效学习都非常重要。个体兴趣与积极情感相关联，不同个体之间有明显的差异，并具有稳定性和持久性；而情境兴趣主要与情境特征密切相关，具有即时性和不稳定性。但两者在学习过程中不会相互冲突，而是相互交融、互相促进的。个人容易受环境的影响产生正面或者负面的影响，个人兴趣的因素可以减缓环境因素对兴趣和动机的影响。例如，影视剧中激烈的打斗场景可以吸引大部分观众有耐心和兴趣接着往下看，但对这种场面看得多了的观众或影评者来说，可能会产生厌倦的情感反应。

个人兴趣和情境兴趣相一致时，会使个人增加注意力，持续关注主题活动或任务，并产生稳定的积极的情绪；当两者之间不一致时，会出现相互补充的现象。例如，学习者喜欢物理学科，对物理学习有兴趣，在物理学习任务中被教师创设的物理学习情境所吸引，这个学习者的学习热情就高涨，就会积极主动的进行探究，在持续而稳定的学习中有效地完成学习任务；但是如果学习者对物理学习感兴趣，对教师传统的讲授方式比较厌倦，或对教师创设的主题情境不感兴趣，但在个人兴趣的驱使下学习者也会维持一定程度的学习动机，并坚持完成学习任务；如果学习者对物理学学习没有兴趣，如果对教师创设的物理学习环境(如物理游戏、故事等)感兴趣，这可能会激发学习者的情境兴趣，产生较为短暂而积极的情绪状态，只不过遇到学习困难时可能会放弃学习，但这促使学习者掌握了一些新知识。

2.1.4 情境认知

情境认知(situated cognition)就是认识未知思维和它所发生的环境，并利用真实学习环境的内在价值[21]。知识可以被认为是个人和环境之间相互作用产生的，学习就是学习者参与并认识知识所产生的这种自然环境[22]。情境认知可弥补认知符号运算方法存在的不足，并关注文化和物理环境的情境脉络[23]。这与信息加工理论有明显的区别，认识信息加工理论主要依赖于规则和信息描述的认知，并且重视有意识的推理和思考的认知。情境认知更强调在真实环境中提供学习者经验，培养其自主完成学习过程。情境认知是一种研究方法，它融合了多个学科的知识和学习目标，这些学科知识涉及社会学科、心理学科、认知神经学科等[24]。情境认知是学习者在保持和概括知识时解决学习困难的一种方法，它赋予学习以意义并有助于知识向日常生活情境的迁移，它可以为学习者提供真实情境的现实体验，允许学习者在学习需要时查阅、熟悉及复习相关信息，进而丰富自身的学习过程。

2.1.5 信息化学习情境

信息化学习情境是指在学习过程中基于明确学习目的或任务，教师利用信息技术工具创设的引发学习者积极思维、想象或展开情感体验的具体真实环境或复杂片段环境。教师在信息化环境下进行学习设计时需要全面分析学习目标和学习者特征，在此基础上搜集与学习内容有关的情境资料，根据情境创设的一般原则运用信息技术对情境资料进行价值分析与加工处理，尽可能把抽象的文字内容通过适切的呈现方式展示给学习者，这种情境化的呈现方式可在最大程度上激发学习者的学习兴趣，帮助学习者主动建构知识、顺利完成学习任务。在信息技术支持下的学习情境根据学习目标和学习者特征，合理选用声音、图像、视频、动画等多种媒体信息创设学习情境，并与传统学习手段有机结合，以多种媒体信息和技术工具作用于学习者，达到最优的学习效果。

2.2 传统学习中的情境创设研究述评

2.2.1 文献检索分析

1. 国内文献检索分析

在中国知网中将检索的条件限定到学科为“社会科学Ⅱ辑”，把检索条件的检索词设置为“情境创设”，截至 2017 年 8 月 4 日共检索到 6126 条相关结果，检索结果如图 2-2 所示。通过图 2-2 可以看出，从 2006 年以来关于情境创设的研究引起学界的重视，发表的论文数量显著增加。

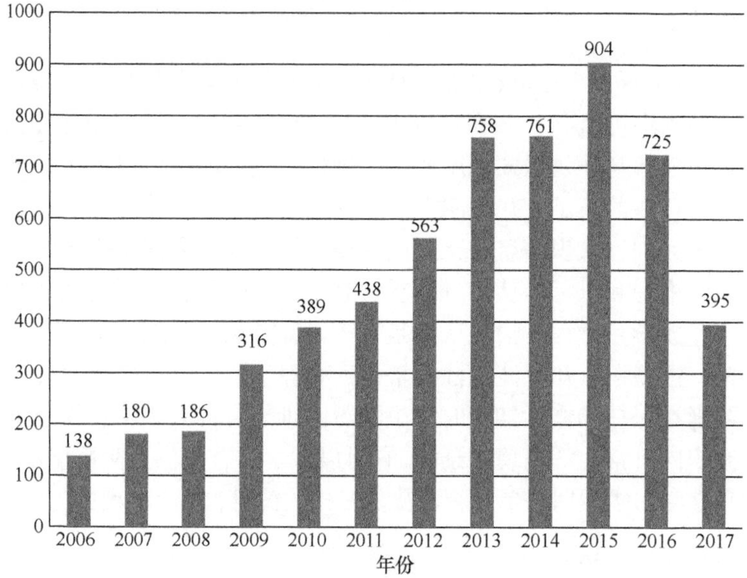

图 2-2　国内学习情境历年研究趋势（中国知网）

通过对这些文献进行梳理，可以得出以下几点结论。

第一，从研究内容上来看，大部分论文是研究学科课程下的传统课堂学习情境创设的方法、策略和原则等，学科主要涉及数学、语文、思想政治、物理、化学、英语等，基本上涵盖了中小学的所有学科，高等教育领域比较少。还有一小部分论文是研究情境创设基本理论的，这部分论文的学术水平较高，大部分发表在教育类核心期刊上。

第二，从研究作者的层次来看，大部分论文是中小学一线教师课堂教学经验的总结性论文，这些论文发表在普通的学习期刊上，论文的学术水平不高。通过深入检索有 1337 篇硕士论文，这些论文的作者主要攻读教育硕士，他们中大多数是在职中小学教师，其硕士论文的学术高度和深度停留在教学认识上。通过检索有 15 篇博士论文与情境创设相关，这些博士论文中没有直接研究情境创设，其中只有 3 篇相关度较大，如赵传兵[25]主要研究地理情境体验教学，王文静[26]主要研究情境认知与学习模式，姚静[27]主要研究情境问题学习对学习者数学认知的作用。其他博士论文只是在部分章节中提及情境创设，不是其研究的主要核心问题。

第三，从研究方法上来看，大部分论文都是教学经验总结性的论文，是一线教师基于自己课程教学的反思，缺乏理论深度。一些学术水平较高的论文属于思辨性的论文，主要是理论分析和总结，但理论研究的深度不够，缺乏系统性，并且很少有实证性的实验研究和准实验研究，这些成果可操作性不强。

第四，从研究主题上来看，信息化学习情境支持下的科学学习研究较少，把检索条件的检索词设置为“多媒体与情境创设”，共检索到 82 条相关论文，这些论文都是探讨多媒体技术在历史、英语、语文等学科课程教学情境创设中的应用，关于科学课程的较少，都是一般期刊论文。这说明信息技术支持下的情境创设研究不够深入和系统，大部分论文探讨在传统课堂中的情境创设，并且信息技术大多数停留在多媒体课件技术层次上，没有结合新的信息技术进行全面深入的研究。

2. 国外文献检索分析

利用全球著名的学术期刊全文数据库 ScienceDirect，以“Situated Learning”“Context Learning”“Environment learning”为检索词，检索领域设置为社会科学及自然科学领域进行检索，文献类型为期刊、书和相关成果。经过检索，截至 2017 年 8 月 5 日共计检索到 60804 条结果，2006 年～2017 年 8 月的文献量趋势分析如图 2-3 所示。对检索的文献按照来源期刊进行分类筛选，在 *Teaching and Teacher Education* 期刊中得到 723 篇相关文献，在 *Computer & Education* 期刊中得到 515 篇文献，在 *International Journal of Educational Development* 中得到 290 篇文献，在 *International Journal of Educational Research* 中得到 268 篇文献。可以看出，国外对情境学习的研究呈逐年增加的趋势，当前相关机构和研究者越来越重视并关注对学习情境的研究，并且在研究的广度和深度方面与国内有明显的差距。

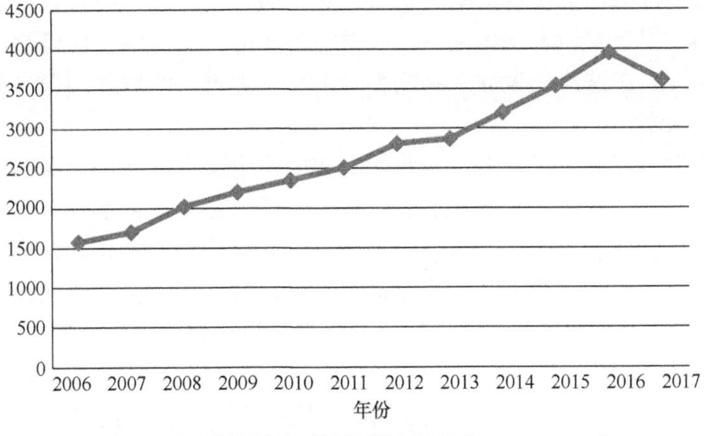

图 2-3　国外学习情境历年研究趋势（ScienceDirect）

2.2.2　传统学习中的情境创设研究现状述评

我国情境教育的研究是从 20 世纪 80 年代开始的，这个时期随着国外情境学习理论的引入逐步得到国内业界的重视。李吉林[12]对情境教学提出了一套较为可行的方法，他认为情境教学要做到形真、情深、意远、理念寓于其中，在具体实施步骤上应该从引入情境、分析情境、再现情境、驾驭情境等几个方面进行。高文[28]较为系统地分析了情境认识学习理论的背景与基本特征，在此基础上提出了情境学习模式设计的关键特征。裴新宁和赵健[29]认为知识的产生依靠具体的学习情境，学习情境是一个系统，并具有整体性，让学习者在真实而复杂的情境中体验知识、积累知识，并达到对知识的深入理解，从而真正具备解决实际问题的能力。王文静[30]认为情境认知学习理论在知识产生、内容建构、学习迁移及个人与环境关系等方面是对建构主义的发展。刘义和高芳[31]在情境认知理论的基础上提出了抛锚式学习模式、随机进入式学习模式和认知学徒式学习模式等三种情境认知学习模式。胡卫平[13]认为创设学习情境是一种学习策略，创设学习情境的目的在于激发学习者积极思维和主动学习，经过长期的理论和实践应用研究，他提出了“思维型”课堂学习的基本原理：①引入问题(创设情境，激发动机)；②认知冲突(激发学习者积极思维)；③元认知(反思我们如何解决问题)；④自主建构(学习者之间及师生之间的探究与对话)；⑤应用迁移(应用所学思维解决其他问题)。并在此基础上提出了思维型课堂学习的操作程序：创设情境—问题提出—自主探究—合作交流—总结反思—应用迁移。教师在课堂教学中创设一个好的学习情境可以有以下几点作用：第一，在情境化学习中教师更倾向于采取民主的学习方法，平等对待每一个学习者，培养学习者的创新意识和创造性思维；第二，激发学习者的学习兴趣和动机，鼓励学习者独立思考问题，勇于向权威提出挑战，使学习者积极参与学习活动，形成活跃的班级气氛；第三，鼓励学习者表达自己的不同观点；第四，引导学习者认识冲突，启发学习者的正向思维，促进学习者向高级思维能力发展。在这些代表性人物的影响下，一大批一线教师结合自身的学科教学进行实践探索。

在情境学习理论的影响下，一些硕士和博士论文也关注传统课堂教学中情境创设的研究。在硕士论文中，施红专[32]和马小彬[33]在中学化学教学实践中创设和运用情境，并总结了情境创设的原则和方法。黄芳[34]基于问卷调查对高中生物教师进行情境教学现状、原则、影响因素的研究，认为高中生物情境教学应坚持目标性原则、多样性原则、真实性原则和参与性原则，教师的专业素质、教学策略、师生关系及社会支持会影响情境学习。在博士论文中，王文静[26]主要探讨情境学习理论，并通过案例总结了情境教学模式。姚静[27]主要探究问题情境学习与数学认知关系，通过实证的方法验证问题情境学习对提升学习者数学问题提出、问题解决能力有明显效果。赵传兵[25]主要从理论上探究情境体验式学习在地理学科中应用的必要性、方法及评价手段等，认为把地理学习与生活情境结合起来，可以唤醒学习者正向的情意行为。

学习是情境驱动的，最有效的学习情境是基于问题、案例或活动倾向的学习方式，这种学习方式可以促使学习者沉浸在学习情境中[35]。国外很多学者很早就对情境创设和情境学习进行了有益的探索，最早可追溯到古希腊著名的哲学家苏格拉底的“产婆术”，通过设置问题情境的方法引导学习者自己找到问题的答案。

现代美国著名教育家杜威提出“以儿童为中心”的教育思想，主张儿童“从做中学”。这种思想认为学习者在学习新知识前应该有一个实际的经验情境来启发学习者的思维。虽然这种思想可以调动学习者的主动性和积极性，发挥学习者的主体作用，但忽视了理论知识的学习。苏联著名的教育家苏霍姆林斯基主张让学习者到大自然中观察和体验自然界中的事物，感受自然之美，通过真实的自然情境培养学习者的学习能力。保加利亚著名的教育心理学家奥尔基·洛扎诺夫在学习实践中首创了暗示学习法，他认为暗示学习就是利用情境激发学习者的学习动机，并建立激发个人潜力的心理倾向，进而把各种无意识暗示因素联系起来。他从理论上探究了情境学习的来源，有利于从实践层面推广情境学习，从而把情境学习的理论与实践推上了一个新的阶段。

Whitehead[36]认为传统学校环境中学习得来的知识是惰性知识。传统学校环境忽略情境化知识的学习，过于重视事实性知识的学习，这种学习缺乏迁移力和生存力[37]。情境创设要处理好与学习内容之间的关系，因为情境为学习提供框架，在设计中要注意把学习内容作为工具，并重视内容的多样性和可迁移性[7]。这些研究强调了学校教育中情境学习的重要性，但没有进行系统的研究。Brown 等[38]比较系统地论述了情境认识学习理论，他们认为知识是具有情境的，知识在情境中被运用和发展。20 世纪 90 年代初，美国权威杂志 *Educational Technology* 开辟专栏专门对情境认知与学习进行讨论，Keller[39]将这些论文以《情境学习的观点》为题结集出版，这标志着情境认知与学习理论的发展进入完善阶段。

情境可以是真实的工作场所，也可以是虚拟的场景或停留的环境[40]。情境认知更强调在真实环境中提供学习者经验，培养其自主完成学习过程。情境认知应该考虑学习者的学习兴趣，这也是情境化学习环境设计需要遵循的指导原则之一[6]。情境学习有利于促进学习者的正式和非正式学习，情境设计需要考虑情境的真实性、情境可迁移性、情境内容、学习支持、协作活动及情境评价等要素[7]。情境认知应用的理论基础是建构主义。情境化学习环境的主要特征是：①提供真实环境、活动、专家演示和整合评价；②支持多种角色和视角、协作知识建构、教练和支架；③促进反思和知识显性化[41]。

20 世纪 90 年代以来，随着建构主义学习理论的提出并逐步被西方教育界认可，建构主义学习理论强调的“情境”“协作”“会话”“意义建构”四大属性在信息技术的支持下使以学习者为中心的思想得到最大程度的体现，这对西方教育教学改革及课程改革产生了极大影响。因此，建构主义学习理论被认为是教育心理学的一场革命。信息技术在教育教学中的作用得到学界的重视，在情境学习理论和建构主义学习理论的指导下，关于信息技术支持下的情境学习理论与实践研究渗透到教育研究的各个领域，包括普通教育和远程教育等。

以上对传统学习中情境创设的相关研究主要集中在两个方面：第一，对情境学习与情境认知理论进行理论思辨，分析情境学习与情境认知的概念、理论基础及基本特征，在此基础上提出了情境学习模式；第二，基于情境学习理论和学习模式在学科学习中进行实践研究，基于案例或者调查研究方法分析情境学习理论及学习模式对学习者的学习效果。

2.3　信息化学习情境研究现状与趋势

随着信息技术的进步，如移动学习、计算机教育游戏和虚拟现实技术等的出现，数字化学习的情境感知能力将会越来越强大，通过各种数字化工具可以把现实世界的信息采集到数字设备中，然后经过数字化处理，可以在一定程度上实现现实世界和虚拟世界的互通互联，通过创设虚拟环境的知识学习增强学习者对现实生活的理解和创新应用能力。

计算机多媒体技术可促使学习情境进入课堂学习，并通过超文本技术和虚拟现实技术提供学习者容易接受的工具，进而方便将传统学徒制的重要特征放置于课堂学习环境中[42]。信息化学习情境是利用多媒体计算机技术创设接近实际的情境进行学习，利用生动、直观的形象有效地激发联想，唤醒长期记忆中的有关知识、经验和表象，从而使学习者能利用自己原有认知结构中的有关知识与经验去同化当前学习到的新知识，赋予新知识以某种意义。信息技术为学习情境创设提供了技术支持，信息化学习情境创设应该具有丰富性、多样性和整体性，尽可能地保持真实生活情境的复杂度，避免简单化，努力使学习结果具备跨情境的能力[43]。在数字化学习空间里，学习者的学习经验可以在不同情境构成的无缝学习空间中得到拓展，学习者只要对信息技术支持下的学习情境具有好奇心就可以持续进行学习，而且通过个人的数字化设备作为媒介载体，快捷地实现从一个情境切换到另外一个情境[44]。余胜泉[45]认为数字化学习就是在各种自然生活场景和学习情境中，学习者通过情境感知设备与情境中的相关人物或智能知识主体进行自然交互，实现共享和构建认知网络。情境感知是第三代数字化学习的最大特征之一。

美国新媒体联盟（The New Media Consortium，NMC）发布的《2013—2017 科学教育技术前瞻》中详细介绍了未来的核心信息技术的基本内容及主要特征[46]，表 2-1 总结了这些核心信息技术对科学学习的影响。在文献研究的基础上，梳理了国内外信息技术支撑下的学习情境近五年的研究成果，通过系统梳理，本章主要从国际视角基于计算机支持的协作学习（computer supported collaborative learning，CSCL）的学习情境、基于技术支撑下的建模教学（technology-enhanced modeling-based instruction,TMBI）的学习情境、基于虚拟现实技术的学习情境、基于计算机游戏的学习情境四个方面介绍信息化学习情境的研究趋势。

表 2-1　核心信息技术的主要特征及对科学学习的影响

技术类型	主要特征	对科学学习的影响
基于计算机支持的协作学习	方便快捷的合作空间应用成本低廉	实现多种学习资源的利用和分享； 允许专家及其他相关人员参与； 提供小组协作学习经验
基于技术支撑下的建模教学	为展示和解释科学过程和现象鼓励学习者通过技术使用、创造、分享和评价模型	提升科学探究； 促进模型思维； 推进协作建模； 提供脚手架
基于虚拟现实技术的学习情境	在 3D 空间中叠加相关交互信息，能对学习用户的输入指令进行快速响应	提供知识生成情境； 提供视觉的真实情境体验； 建立已有知识和新知识间的联系
基于计算机游戏的学习情境	创设多种情境和真实任务； 虚拟、直接和具体的可视化学习经验	改变学习者的行为和态度； 吸引和保持学习者参与学习； 训练数字叙事、计算思维和创造性思维

2.3.1　基于 CSCL 的学习情境

CSCL 的主要优势在于可有效支持协作学习，并在各个层次的教育中实施。CSCL 是信息技术支持的小组或团队学习，也是以信息技术为媒介的学习行为和活动。科学教育应用可以是通用的协作环境(如论坛等)，也可以是开发具体领域知识的工具。许多教育者相信 CSCL 环境可支持他们在科学学习中的想法，而这些想法主要依赖于工作、思维以及创造性知识。这些想法利用学习技术，如探究、批判性话语以及批判性思维，有利于促进并允许学习者深入学习和有意义学习。CSCL 可允许学习者和学习者地理位置分散，减少学习者和学习者讨论必须在同一地理位置的必要；另外允许学习者在任何时间参与学习，这也减少了必须共同学习的必要。

1) CSCL 作为科学认知与探究工具

以往 CSCL 研究在线协作学习集中在协作过程中小组成员活动空间信息的效果，感知概念引用到 CSCL 中之后，研究集中小组感知的认识(如关于小组成员的知识和经验等)，以及社会群体感知(如小组成员对小组学习过程的贡献)。最近几年，CSCL 研究集中探究科学认识、科学探究和社会群体感知如何影响协作活动(如对科学学习活动的认识)，以及协作空间的关系(如维持积极的小组气氛)对科学学习效果的影响。科学认识、科学探究和社会群体感知工具(如设计认知工具强化科学认识或社会群体感知)可帮助学习者在所有的空间内整合他们的学习活动。Janssen[47]等提出了一个 CSCL 研究框架说明群体认识如何影响对话空间的整合和协作效果，如图 2-4 所示。

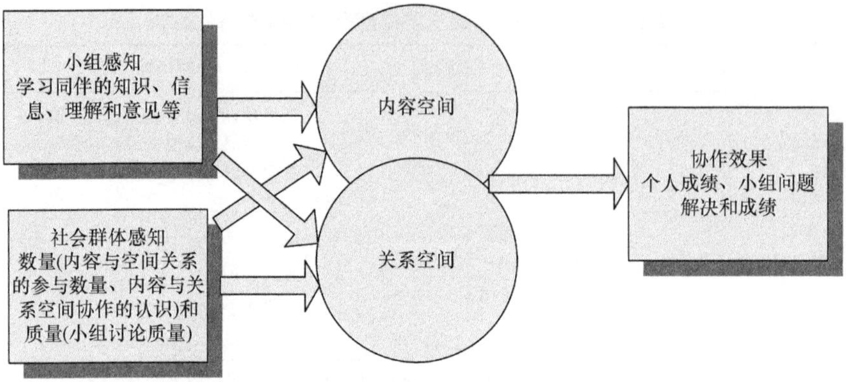

图 2-4　CSCL 中小组感知和社会群体感知的关系

2）基于 CSCL 的多媒体案例学习情境

在 CSCL 中运用多媒体案例进行学习，探究学习者是如何深入理解科学概念、解决科学问题并参加科学实践的，解释多媒体案例模拟结果，阅读并书写实践结果、角色扮演以及网络会议。多媒体案例创造情感参与、跨文化社会网络环境中的角色扮演以及协作精神可以构建支持这些学习者在实践中的个体发展。研究者认为，教育者和在线学习环境的开发者应考虑社会背景、创作和跨文化互动的机会，以便支持学习者参与科学实践[48]。

3）CSCL 研究方法

(1)系统方法(systemic approach)。

CSCL 工具支持学习者运用系统方法进行知识建构，知识建构是基于分布式协作学习的模式，也是基于专业领域科学家的工作来解决问题，如计算机支持的有目的网络学习环境(web computer supported international learning environment, WebCSILE)等。最近在科学探究学习研究中发现，许多学习者在 CSCL 支持下学习非常有效，并可以开发学习者的深度知识[49]。总体上说，系统方法在建构认知过程的脚手架上可以给我们有益的指导，如提出假设、解释数据以及科学解释。因此，系统方法需要我们从社会和文化的视角在特定的情境中去全面认识 CSCL。

(2)对话方法(dialogic approach)。

对话方法为 CSCL 提供新的分析概念，分析学习者和教师在协作学习中如何互动。对话方法可以使我们有深入的认识，并解释传统技能的发展，尤其关注交流、协调、信息共享、协作、协商、批判和决策能力等，以及如何设计 CSCL 工具支持这些活动。

(3)设计研究方法(design-based research，DBR)。

设计研究包括学习设计和技术设计。设计研究对 CSCL 的研究方法影响很大，它为该领域研究者解决研究困难提供了一种新方法。它有助于在学校环境下了解人们如何学习，并有效确保发生学习行为[50]。DBR 的发展一直处于理论和方法论的层次，在方法论层次上，DBR 认为教育者和研究者是伙伴关系，在此关系下进行严谨和反思性探究，测试和改进创新性学习环境，并基于以往的研究界定新的设计原则[51]。在理论层次上，设计原则是对我们学习知识的实践应用，DBR 并不会直接提供给我们一种合适的研究方法。但系统和对话方法可以被 DBR 综合应用。DBR 和技术设计之间很难建立关系，这是由于 DBR 集中在理论和方法论层面上，并没有和技术很好整合，在创造设计原则中遇到问题实际上有利于技术开发者。设计原则和技术认识之间存在隐性关系，而技术认识可以为设计原则提供方法。设计原则与技术认识整合可以借助技术工具更好地支撑原则，如脚手架。CSCL 工具使用可以利用设计原则，如自动反馈和指导的形式。

系统方法和对话方法为 CSCL 教育实践者和研究者提供了未来改革方向，但如何将两种方法有效结合在一起值得我们进一步研究。基于模型的 CSCL 情境对利用信息技术工具提升和理解学习具有非常重要的作用。但我们需要从多种视角进行分析，强调拓宽学习者的技能，也可以有助于我们对社会互动、学习与认知的理解，最终设计新的学习情境提升学习者的学习和认知效果。

2.3.2　基于 TMBI 的学习情境

科学家为探索自然界而开发概念性、物质性、有代表性的计算机模型，这些模型帮助解释和预测一个事件，可以代表一个现象的一个具体方面，可以描述一个系统的互动成分，也可以量化相关变量之间的关系[52]。科学模型可以不断变化，一些模型是基于其他研究者存在的缺陷进行改良过来的。他们已经成为科学语言的基本要素。在科学学习中技术支撑下的建模教学(technology-enhanced modeling-based instruction，TMBI)是当前及未来学习情境研究的重点领域之一，TMBI 对科学认知、个体社会化和课程设计方面有促进作用。TMBI 更加强调持续定量和定性建模、计算思想以及系统思想，这对科学建模至关重要。在学习情境中 TMBI 重视学习者之间的协作学习，并为学习者的有效协作提供及时的支架策略。

1) TMBI 的学习情境特征

利用信息技术进行情境创设时应该考虑技术支持的真实性、学习者的合作和反思过程、学习帮助以及整合评价等这些要素[44]。张新华[53]以建构主义学习理论和情境学习理论为基础,从课堂多媒体网络学习环境的视角把情境分为直观情境、知识情境、基于问题的学习情境、协作学习情境和知识创作情境等，并认为情境创设要注意符合学习者的认知结构水平、真实性、多样性，具有吸引力，以及重视教师的主导作用。杨华等[54]认为利用多媒体可以创设课堂情境和生活情境，在具体实施中主要有五种方法，即创设故事情境、问题情境、模拟实验情境、协作情境和网络情境。在创设情境过程中要注意充满趣味性、紧扣学习内容以及具有真实性。张怀德[55]认为信息技术与课程整合改变了传统的学习模式，可以营造新的学习情境，在学习设计中通过创设数学情境优化认知结构、创设数学模型优化思维结构、创设数学问题情境优化学习者的理解水平、创设数学平台优化信息结构、创设习题情境优化解题水平。

TMBI 作为建模学习，是科学教与学的一种创新方法，为了展示和解释科学过程和现象，它鼓励学习者通过技术使用、创造、分享和评价模型。建模学习已经研究了近 30 年，已经被证实在提升学习者的科学概念理解、批判性思维、科学探究能力方面是有效的[56]。TMBI 有以下几个特征。

第一，TMBI 鼓励学习者在学习中积极通过计算机参与建立、测试和修改他们的模型，通过建立和测试科学模型可模仿科学家们在自身领域所做的各项工作。

第二，TMBI 采用多种表示和替代模型的方法，主要包括物质模型、计算机可视化、图表、数学公式以及人物角色扮演模型，这些方法用不同的学习风格满足不同学习者[57]。

第三，TMBI 可建立一个在线学习同伴社区以便学习者共同建立模型，在社区可以与学习同伴交流他们的模型，也可以评价替代模型，目的是帮助他们更好理解复杂的科学话题。

信息技术快速发展为科学建模学习提供了尽可能多样化的媒体工具，许多 TMBI 环境已经应用到 K12 科学学习中[58]。这些 TMBI 环境可以支持学习者对生活中的科学现象进行建模，尤其是那些在真实生活中太细微不能看到的、过于抽象不能展现的、太复杂不能解释的，以及太危险不能亲自探索的科学现象。这些环境也要建立新的协作形式以便于学习者在班级内部共同构建模型[59]。TMBI 大部分能提供即时反馈和自动化脚手架，更能体现以学习者为中心的学习环境，学习者可以控制自己的学习节奏并接受个性化学习。

2）基于 TMBI 的学习情境研究趋向

基于科学教育中与 TMBI 相关技术和学习的最新进展，结合相关成功案例说明 TMBI 帮助学习者学习科学是有效的。其研究趋向介绍主要从以下四个方面展开：提升科学探究、促进模型思维、推进协作学习，以及提供脚手架。这四个主题聚焦于 TMBI 的功能，支持学习者的科学学习。

（1）提升科学探究。

为了提升学习者的科学探究学习，许多计算机模型可以作为科学学习材料，这些模型允许学习者亲自调查和探究科学现象。科学探究学习模式可以支持差异化学习，并允许学习者自我探究，这是科学实践一个非常关键的特征[60]。这方面的一个成功案例是科罗拉多大学博尔德分校开发的 PhET 互动模拟（http://phet.colorado.edu/），如图 2-5 所示。PhET 模拟一开始关注物理话题，但现在也包括其他学科，如数学、生物、化学以及地球科学。PhET 模拟是开放资源独立型编程，主要用 Java 和 Flash 工具编写。该模拟软件已经被翻译成许多语言并在世界各地使用，它有助于学习者可视化、测试科学模型以及探究学习，这些模拟软件也可支持不同类别的活动和作业[61]。

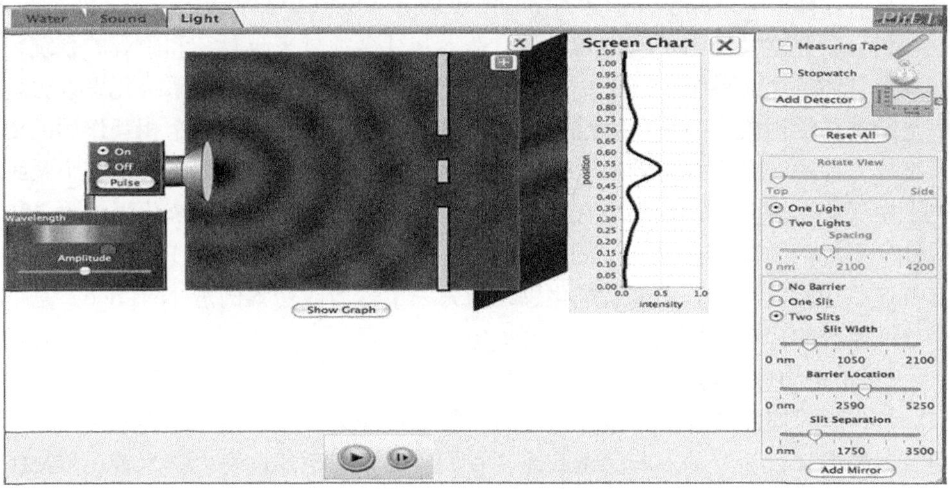

图 2-5　PhET 波动模型截图

(2)促进模型思维。

TMBI 环境可以支持模型思维的习惯，模型思维和其他的批判性思维有相同的特征，但它有自己独有的特征。这里主要介绍模型思维的三个方面：持续定量和定性建模、计算思想，以及系统思想。

定性 TMBI 的成功案例是 Model-It，它由密歇根大学教育高互动计算中心开发(http://hi-ce.org)。Model-It 可用于建立和测试科学现象的定性模型。计划、建立和测试模型可作为学习用户建模中的定性思维工具。许多开发的 TMBI 程序可以提升学习者科学学习中的定量思维，一项研究调查学习者对模型和建模认识(模型本质、模型目的、建模过程和模型评价等)与他们的基本认知过程(表面和深层)之间的关系[62]。学习者用 Powerism 工具建构函数软件，这是一个基于系统动力学方法的免费建模工具。类似于 STELLA，一个非常著名的商业系统动力学建模工具。该环境有五个模块：股票、利息、帮助工作、恒量和连接器。

科学家越来越依赖于计算机解决复杂问题，计算思维成为学习者在科学和数学教育中开发的一种批判性思维。计算思维作为信息技术科学家思考世界、解决问题和设计系统的一种方式[63]。把计算思维等同于用计算机编程，这是较为狭隘的解释。确定计算思维的特征包括：多种水平的抽象思维、人本化解决问题、集合数学和工程学思维，以及应用计算概念去度过每天生活。在科学学习中，学习者可以用计算机建模程序去完成计算实验。分子工作台(molecular workbench，MW)软件(http://mw.concord.org/modeler/)由联合财团 Concord Consortium 开发，是一个基于 JAVA 的建模工具，提供可视化的互动计算实验，也可为科学教与学建模。它包含了分子和原子互动实验，覆盖的话题范围包括物理学、化学和生物学。它的计算方法来源于分子动力学和量子动力学模拟方法[64]。

科学家建立模型为了模仿和解释自然界和社会中越来越复杂和微观的系统，如一个具体的生态系统、一个协作管理系统等。学习者需要发展系统化思维去理解复杂的科学现象。系统化思维主要表现在认识一个系统是由多个相互作用的要素组成，理解一个系统内的一个要素发生变化可能会导致其他要素甚至整个系统也发生变化。许多 TMBI 环境有助于开发学习者的系统思维，系统化思维更具包容性，系统动力建模就是其中的一个类型，如 Model-It、Stella、Powerism®等就具备这些功能。TMBI 促进系统化思维的另一个较为成功案例是 NetLogo，是一个分散系统的代理建模工具。

(3)推进协作学习。

协作学习对 TMBI 非常重要，因为科学知识作为一个社会化建构的整体，学习者需要参加社会互动不断完善和改变它们对科学现象的理解。学习者在 TMBI 情境下经常以混合协作形式分享资源并强化建模实践。Small Lab 是为高中学习者开发的一个关于地质演化的混合现实环境，学习者可以利用该情境和移动终端进行面对面的互动学习，班级成员可以分为不同的小组，每个小组负责不同的角色。ToonTalk 是一个视频游戏工具，可以帮助学习者学习运动学。

(4)提供脚手架。

学习者在科学学习环境中为了完成科学探究需要认知性和程序性支持，这就需要有互动性和动力性的计算机模型支持。这种支持称为脚手架，有助于学习者关注一个模型的关键点，分配认知负荷，提供相关资源和背景信息，评估学习者的现场学习并提供即时反馈[65]。这方面的一个成功案例是基于网络的科学探究环境(web-based inquiry science environment，WISE)系统，其建立在多年的研究和开发基础上，WISE 是一个强大的开放资源在线学习环境，如图 2-6 所示。可支持不同层次的学习者引导性探究，该环境嵌入了评价、同伴协作、互动计算机模型以及教师定制等功能。最近的版本已经升级到 WISE4.0，可支持物理、化学、生物等学科的科学探究学习。该项目有助于学习者学习核心科学概念和完成知识整合。

总之，为学习者学习科学而提供 TMBI 情境是当前和未来研究的重点领域之一。TMBI 环境有助于丰富和强化学习者的科学协作学习。尽管信息技术发展速度迅速，但是技术整合科学教育课程的程度很低[66]。信息技术促进科学学习存在很多挑战，如何更好利用 TMBI 并在不同背景的学校中实施需要进行深入的实证研究，这都是下一步具有重大现实意义和紧迫性的研究工作。

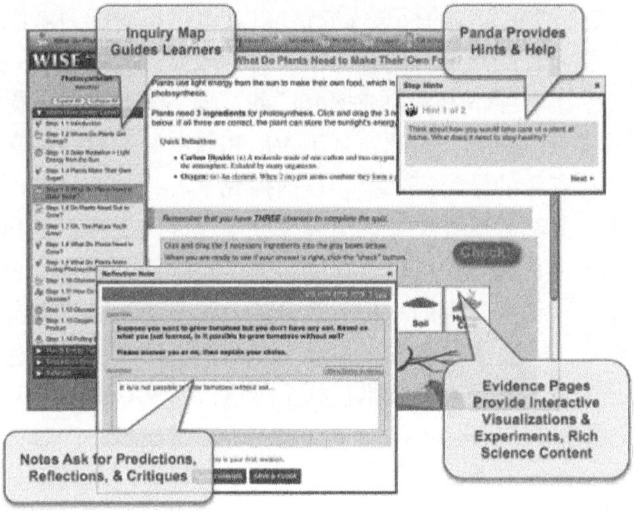

图 2-6　WISE 探究学习界面

2.3.3　基于虚拟现实技术的学习情境

虚拟现实(virtual reality，VR)和增强现实(augmented reality，AR)是近些年来主要的虚拟现实技术，在教育领域具有广阔的发展前景。VR 和 AR 将虚拟的信息应用到真实世界，真实的情境和虚拟的物体实时地叠加到了同一个画面或空间同时存在，可为改进科学教育创造沉浸式和悦趣化虚拟现实情境。

1)基于虚拟现实技术的学习情境实现方法

刘凤娜[67]利用英语词汇学习网站的方式创设英语学习情境，通过实验证明信息支持下的情境创设学习可明显促进学习者的认知和情感学习，并对提高英语学习效果是有效的。黄璐和章苏静[68]基于整合情境和沉浸学习理论提出了基于整合情境的虚拟实验游戏，探讨了情境化虚拟实验游戏的机理、设计模式和特点，结合设计案例总结情境化虚拟实验游戏应具有情境性、艺术性和娱乐性的特点，通过吸引学习者沉浸在游戏化学习情境中提升学习效果。廖宏建[69]基于情境学习理论利用 Kinect 体感交互技术构建英语课堂虚拟学习情境，在遵循提供可理解性输入材料和保持语言输入及输出的平衡性原则基础上，利用 Kinect 设计了参与现场解说、情境会话、实时现场配音训练、虚拟人偶与角色扮演、游戏式协作学习等五种虚拟学习情境。李海峰和苏仰娜[70]基于情境学习理论和小学习者的认知发展特征，利用 Flash 工具开发了用于英语单词学习的“接水果学单词”游戏，通过学习案例分析认为，将游戏化学习情境和英语单词学习结合不仅提高了学习者的学习兴趣和动机，而且还有效节省了学习时间并显著提升了学习者的学习效果。

VR 和 AR 支持创设真实的科学探究情境，在该情境中学习者能参与真实的探究任务。因此，学习者能把学习内容与学习科学探究过程结合在一起，探究学习环境可以提供脚手架引导学习者完成探究任务。脚手架的作用已得到广泛认可，它可以支持学习者自由探究。因此，基于 VR 和 AR 的学习环境支持的发现学习已经被证明是一种有效的学习模式[71]。目前探究学习领域的研究很少集中在探究学习自身的效果，大部分研究关注如何为探究学习提供支持工具和环境。学习者在这种沉浸式和悦趣化情境中可以获得更多关于科学探究的知识和技能，同时这是激发学习者学习动机和兴趣的一种有效方法，学习者通过深度参与学习培养其发现复杂问题的能力[72]。学习者在虚拟真实学习情境研究项目中利用技术进行创新学习的过程被记录下来，这些技术包括全球定位系统（global positioning system, GPS）或全球遥感（global remote sensing, GRS）等高端技术，同时学习者使用高端技术的熟练程度不断提升[73]。

VR 和 AR 可以支持缺乏探究学习经验的学习者控制和选择探究任务的大小，创造和管理计算机 VR 和 AR 支持的科学探究学习环境有以下几种方法。

（1）通过计算机模拟自然界有助于提供机会去探究更广泛的自然现象。此外，计算机模拟可以简化和突出强调科学现象的特定方面，帮助学习者观察这些现象的关键特征[74]。

（2）VR 和 AR 能提供工具支持探究过程，如利用工具分析或可视化数据，工具帮助学习者提出科学假设，也可以帮助学习者管理学习过程[75]。

（3）VR 和 AR 支持的建模工具可支持学习者用可以模拟的模型表达他们的思想，用这种方法，学习者可以用可操作性结果表征他们的思想和观点[76]。

（4）基于 VR 和 AR 的科学学习环境为真实科学探究提供自然条件，可以支持多个用户同时进行科学探究，把协作整合到学习过程可以使学习环境更接近于真实探究。协作探究的产生是与学习过程相关的，主要原因在于支持探究过程主要来自于同伴学习者而不是认知工具，一个探究技能较强的学习者可能会弥补探究能力较差的其他学习者。另外，学习者各自知识领域存在差别，这种差别会影响探究过程的顺利完成。目前这方面的研究主要关心发现尽可能多的方法支持协作探究学习中的交流和协作知识建构过程，可能会需要协作步骤的帮助。因此，为学习者提供不同的学习支持对协作探究过程是很有必要的。

2）基于虚拟现实技术的学习情境案例分析

目前 VR 和 AR 技术应用于学习情境创设的成功案例很多，繁星之夜（Starry Night Backyard）和城市之河（River City）就是两款比较科学的典型软件。繁星之夜是一款用于科学学习的虚拟天文软件，该软件利用 3D 视点原理模拟显示日出月落、蓝天白云、日夜晨昏、满天星斗，学习者通过这款软件可以看到很多天文景象，如图 2-7 所示。教师可以利用该软件指导学习者进行科学探究，它有助于学习者更深层次地科学理解月球概念。该软件还提供链接网络允许学习者下载更新自己的资料库，是学习者学习天文知识的最佳学习工具。城市之河是哈佛大学教育学院开发的一个多用户的游戏化虚拟环境(multi-user virtual environment, MUVE)，目的在于激发学习者的科学探究学习动机和兴趣，尤其是针对中学科学学习的实验环节的练习，通过该技术为学习者提供进行科学探究和实验的真实环境。在软件提供的虚拟学习环境中，学习者在一个虚拟小镇上为了发现居民患病的来源，需要提出问题并进行科学假设，然后在虚拟情境中进行科学探究活动，学习者可以学习包括地理、生物、化学与健康等多种学科的科学知识，学习小组成员之间利用各种数字学习工具和计算机代理进行互动学习。

图 2-7 繁星之夜主界面及操作界面

2.3.4 基于计算机游戏的学习情境

计算机游戏最初为娱乐而设计，主要关注游戏的商业价值，现在游戏越来越多地用于学习中，更多为教育目的而设计。计算机游戏被认为是一种有效的学习环境可以通过创设多种情境和真实任务促进积极的自主学习[77,78]。学习者作为设计者在计算机游戏中进行实践可以积极参与活动，并提供机会去训练数字叙事、计算思维和创造性思维[79,80]。教育游戏设计与制作中需要整合具体学科知识作为微世界，在微世界里学习者或设计者去探索、展示和检验他们领域的知识和技能[81,82]。

1) 计算机游戏对科学学习的作用

计算机游戏作为教师教学技能的一部分有助于课程学习[83,84]。许多教育研究者指出在课程学习中使用计算机游戏可以吸引和保持学习者参与学习，并提升学习效果[85]。计算机游戏有益于学科教学[86]，计算机游戏成为一种有效的学习平台和知识传递载体，这些平台和载体包括互联网门户网站、台式电脑、笔记本电脑、便签本、游戏机或其他手持计算和通信设备。计算机游戏是一种可视化和沉浸体验式学习，具有虚拟性、直接性和具体性特征。游戏可应用于创设以学习者为中心的学习情境，而这种环境可以是家庭环境，在家里父母要协助学习者获取知识。基于家庭环境的游戏学习可以通过技术构建一个学习者、家长与教师有机结合的学习平台。

如果学习者在学习过程中持积极的学习态度，具备经验化和情境化特征，基于问题并提供即时反馈就是最有效的。游戏支持的学习活动就具备这些特征。一些严肃游戏和说服性游戏在教育中可用于改变学习者的行为和态度。游戏分类主要基于玩游戏的学习和行为结果，流行的数字娱乐游戏表明玩家享受玩游戏并有积极的情绪体验。玩游戏越来越与学习以及已经开发的模型联系在一起，它可以检验数字游戏的学习效果。因此，有必要对学习技能(学习技术和技能)、知识(陈述性知识、程序性和假设性知识)以及情感结果(信念和态度)之间的区别与联系进行深入的实证研究。研究结果表明，游戏具有改变玩家情感的潜能，也可以帮助他们学习[87]。

2)计算机支持的游戏学习情境类型及评价模型

计算机游戏有助于学习者理解学习内容和解决问题，可以通过团队协作、交流和自我管理获取学习技能。认知学习结果的游戏模型可以分为知识和认知性技能、动力性技能、情感性学习结果和交流性学习结果。由此可以总结出评价计算机游戏学习的模型(如表 2-2 所示)，它包括动机变量，如兴趣和努力，这和学习者对游戏的偏好、感知和态度是一样的，另外还可以看学习者的学习成绩。目前的游戏学习分类主要和学习与技能获取相关，也和玩游戏的情感和动机性结果相关。

表 2-2　评价计算机游戏学习的模型

游戏类别	运行环境	研究方法
冒险		
动画训练		
棋盘游戏		定性研究
射击	移动	相关研究
通用在线游戏	非数字游戏	准实验研究
猜谜游戏	在线	随机对照实验研究
赛车游戏	视频控制	
角色扮演	虚拟世界	调查研究
仿真		
运动		

信息技术为计算机游戏在教育中的应用提供了更多的实现手段，计算机游戏的类型具有多样性、情境真实性、沉浸性、可协作等特点，但计算机游戏学习效果的影响因素是极为复杂的，学习者在游戏过程中会遇到很多困难，这包括原有的知识和经验、兴趣等，需要通过深入细致的实证研究加以分析。在具体研究方法中，把定量研究和质性研究结合起来有助于更好地理解学习者参与游戏学习的真正动机。为了更好地激励学习者参与游戏并获取更多的知识，在游戏设计中不仅提供学习者可以简单模仿和猜想的知识和技能，更有必要为学习者提供一些开放式探究性的学习任务和活动，通过多种具有较强挑战性的游戏学习可以使学习者的学习效果超出预期目标。另外，在游戏设计中必须要考虑不同学习者原有的学习经验和知识准备，游戏任务太难会超出学习者现有的知识和经验，结果会导致学习者失去学习兴趣，这样的游戏学习就会变得毫无意义。

大量研究已经表明，信息化学习情境有利于提升学习者对科学概念的理解能力和推理能力，并在问题和解决方法之间建立联系[88]。这主要体现在两个方面：第一，问题解决学习情境可有效支持学习者通过计算机学习工具解决问题，学习者用计算机工具建构方法模型[89]；第二，信息化学习情境对提升学习者的学习成就[90]、理解概念[91]、转变概念[92]、批判性思维[93]、科学推理能力[94]、问题解决是非常有效的。一些相关研究证明信息化学习情境支持的科学问题学习在大学阶段的科学学习是很有效的，但很少涉及中学阶段的科学学习。

2.4　信息化学习情境支持下的科学学习研究目前存在的问题

科学教育的本质在于培养学习者的科学探究能力和科学精神。基于科学知识类型的科学学习主要分为科学概念[95]、科学问题和科学探究活动[96]，而科学概念学习、科学问题学习和科学探究活动学习可以培养科学探究能力和科学精神，因此，科学学习主要包括科学概念、科学问题和科学探究活动三种类型，如图 2-8 所示。因此，信息化学习情境支持下的科学学习主要包括科学概念、科学问题和科学探究活动三个方面，本研究也基于这三个方面设计相关科学课程知识进行分析，探索这三种学习情境对学习者的情境兴趣、学习动机和学习效果的影响，思维型课堂学习理论认为，学习动机激发是学习情境发挥作用的基础，思维加工是学习情境中知识建构的核心，科学学习应该以学习情境创设和教师引导下的学习者探究为主要途径，最终培养学习者的科学探究能力和科学精神[6,7,13]。因此，这三种学习情境的操作模式设计包括情境创设、问题提出、自主探究、合作交流、总结反思(知识分享)及应用迁移这六个环节。

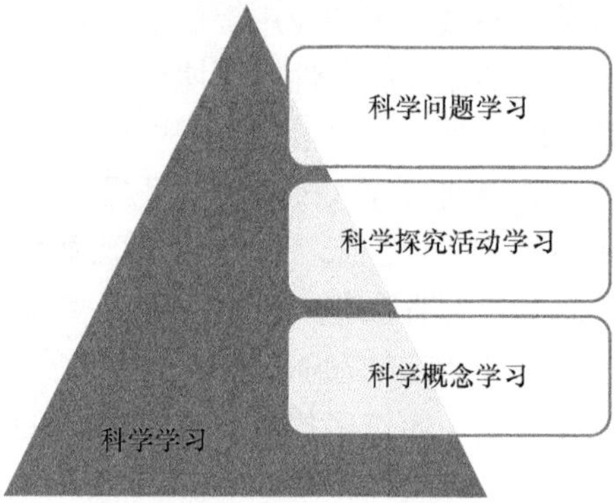

图 2-8　科学学习的类型

2.4.1　信息技术支持下的科学概念学习存在的问题

科学教育研究关注当前科学学习中存在的困难和误解，这些困难和误解是学习者科学知识构建的障碍，尤其当学习者初步接触新的科学概念学习时。初中阶段的学习者在接触科学课程时需要认识大量的科学概念，一些研究结果表明，许多学习者不能真正理解科学概念[97]；还有相关研究认为不但是学习者甚至有少数教师在学习中也对一些科学概念理解不到位[98]。一些科学概念运用传统的课堂学习干预方式很难取得好的效果[99]。过去近 20 年内大量对科学概念学习的实证研究主要聚焦于发展学习者的替代性概念。学习者在传统的课堂学习中没有真正实现有意义的深度学习，学习者在课堂中需要经过持续的科学探究来改变他们已有的认识，进而完善他们的科学概念，但这些观点与当前的科学概念课堂学习存在不一致的地方，该研究也表明，替代性概念会导致学习者无法真正理解课堂学习内容和实验室演示过程[100]。大量的实验研究表明，在课堂学习中适切地整合计算机仿真技术可以有效提升学习者对科学概念的理解程度，基于此，本研究探究信息化学习情境支持下的科学概念学习对学习者物理学习效果的影响。

信息技术整合到课程学习中有助于学习者及时发现概念学习困难提升学习效果[101]。鉴于以上的研究结论，我们可以关注新的信息和通信技术（technologies of information and communication，ICT），尤其是计算机仿真软件会有助于解决科学概念学习中出现的问题，这些问题暴露出学习者在科学概念学习中经常出现的困难。信息技术在教育中的应用范围逐渐扩大，在某种程度上出现多样化趋势。技术的多样化趋势会使学习者难以持续调查，并且在科学调查中这些技术越来越具复杂性和挑战性。当前许多科学教育研究者越来越重视研究 ICT 在教育中的应用，因此 ICT 在科学教育中的应用研究越来越普遍和深入，尤其是对计算机虚拟仿真的研究。计算机虚拟仿真技术在过去三十年里变得越来越具有影响力，对于从事科学学习的教师来说通过互联网也很容易接触到该技术。计算机仿真技术可以实现知识可视化，以及与自然现象动态互动可有助于学习者有意义地学习[102]。计算机模拟仿真可以逼真和动态地展现科学现象与实验，这些实验是在学校实验室无法动手体验和观察的，因为这些科学实验可能是非常危险的，也可能是成本比较高的，或是过于微观而无法看到的[103]。由于计算机虚拟仿真显示的是简化的自然世界，这可以使学习者集中注意力去观察和实践自己期望的科学现象[104]。

另外，计算机虚拟仿真允许学习者可视化具体的物体和变化过程，这些物体和过程通常会超出人们在自然界中的真实控制[105]。与教材和课堂讲授相比，信息技术支持的学习情境的优点在于它可以使学习者在一个真实无压力的环境里系统化探究假设情境，与简化的过程或系统真实互动，改变一个事件发生的时间，通过亲自实践最终完成任务并解决问题[106]。计算机虚拟仿真技术可以建构数学模型，并准确描述科学现象和过程，一个设计精良的计算机虚拟仿真软件能促使学习者积极参与互动，帮助学习者预测过程和行动结果，让学习者弄明白自己观察到的物理现象，探索修改初步结论所产生的影响，并评价观点与思维认知结果，激发学习者的批判性思维。以往的相关研究已经显示出信息技术对学习者科学学习的影响效果。但大多数研究聚焦于学习者在学习具体内容时获取的知识[107]。一些研究人员还指出信息技术能开发学习者的科学质疑能力和推理能力[108]，但还有少数研究认为信息技术支持的课堂学习与传统的课程学习相比并没有明显的优势[109]。有研究认为信息技术支持的科学实验学习并不比传统的实验室手动实验效果好[110]。一些研究者认为，学习者通过虚拟仿真技术等信息技术进行有意义地学习，其学习效果主要受学习方法和教师因素的影响[111]。也有研究认为，信息技术与“动手”实践活动整合在一起对学习效果的影响是最明显的[112]。因此，信息技术在科学学习中并不是我们期待的“包治百病的良药”，我们需要合理利用它才能发挥最大价值。

显而易见，信息技术的作用只有通过在具体的科学课程中实施才能体现出来，不当地利用信息技术也会对学习者产生一些负面影响[113]。仅仅在课程学习中提供计算机或软件没有关注学习支持和学习模式，这样难以达到期望的学习目标。信息技术在科学学习中的作用是通过信息技术、学习内容、教师与学习者之间的互动实现的。要使信息技术真正发挥教育创新的功能，教师需要具备必要的相关知识和技能[114]。没有适当的学习技能，计算机虚拟仿真技术的全部潜能难以发挥出来，如信息技术适用于练习探究技能。相反，该技术用于试验仿真或完全由教师控制完成[115]，限制使用信息技术让学习者分步探究的做法会影响信息技术的潜在价值，难以支持学习者在丰富的情境中自主创建、测试或评价他们的猜想。虽然教师在课堂中的角色会对信息技术的应用产生重要影响，但是目前很少有研究探讨如何有效利用信息技术支持科学学习[116]。

2.4.2 信息技术支持下的科学问题学习存在的问题

在信息化学习情境里，学习者在虚拟仿真实验操作过程中通过逐步推理解决问题，最终会改变其对知识的原有理解[117]。但是在信息技术提升学习成绩方面有不同的研究结果，有些研究认为，信息技术支持的学习并不能明显提升学习者的考试成绩[118,119]，他们认为信息技术支持的课堂学习和传统的课堂讲授式学习没有明显的区别；也有研究认为传统的课堂学习比信息技术支持的课堂学习更有效[120]；但也有不少研究者认为信息技术支持的课堂学习比传统的课堂学习有明显的优势[121,122]。究竟在什么条件下可以提升信息技术支持下的科学学习效果呢?不同的学习模式可以为增强学习效果提供适切的学习支持。因此，基于以往的研究结果，本研究对信息化学习情境支持下的科学问题学习中目前存在的问题进行分类总结，有效解决这些问题可以促进信息化学习情境支持下的科学问题学习。

(1)缺乏学习情境相关背景性知识。

问题情境学习相关背景知识不足可能会导致学习者无法做出假设或者准确地解释相关信息[123]。在信息技术支持的学习情境里，学习者使用在线词典即可帮助其了解相关概念的界定，也可帮助其获取背景性知识。背景性知识帮助学习者有效获取相关知识[124]，背景性知识可通过在线文件或者其他媒体提供给学习者[125]。

(2)如何帮助学习者做出合理假设。

学习者在问题学习情境中面临的主要挑战之一就是面对当前问题如何提出合理假设[126]，这可能比学习者基于已有的信息却不知道如何描述、生成和假设更有难度。56%的学习者的假设经过验证是错误的，学习者不能主动修改自己的错误假设，并一直坚持自己不正确的假设[127]。学习者经常无法适切地修改自己的原始目标，这会阻碍他们做出新的假设，这是因为他们坚持认为原有的假设是准确适切的。此类问题可以通过使学习者更容易提出或纠正假设得以改观。在信息技术支持的学习界面中提供假设提示菜单可以允许学习者通过选择适当的变量、相关因素或条件形成自己的假设[128]。假设提示菜单对学习过程和学习效果会产生正面影响。学习者在实施假设计划之前需要写下一个或多个逻辑假设，这也是一种学习支持[129]。以上相关研究都认为在问题学习情境中存在多个假设来优化问题解决过程。

(3)如何帮助学习者实施假设计划。

学习者在实施假设计划时经常会出现效率低的学习行为。这是因为许多学习者关注并操纵的变量与假设无关，他们实施假设计划的有效率在22%以下[130]。也有很多学习者不能充分利用与其实施假设计划相关的所有信息，他们倾向于设计完全相同的假设实施计划[131]。此外，学习者经常更加关注学习结果，而不是重视理解其学习过程并掌握学习方法，这就会导致他们在设计假设实施计划时无法获取完成的信息[132]。学习者在设计假设实施计划过程中有时候会更加关注信息技术支持的学习界面上的娱乐因素，而不是获取对解决问题更深入的理解[133]。这些问题可以通过提供学习者适当的科学探究提示或者给学习者科学问题解决过程的一般解释来解决，这将会有助于提升学习者的学习行为效率。实施假设计划提示帮助学习者提高其学习效率，虽然这些提示没有直接影响学习结果，但学习者实施假设计划的能力的确会得到提升[134]。实施计划提示也可以改变学习者在实施假设计划中的实际行为，提供学习者必要的提示信息可以确保学习者表现出最佳的学习行为。提供给学习者科学问题解决过程所需的全部指导性方案，引导他们一步一步地实施计划方案，最终成功解决问题[135]。

(4) 如何帮助学习者解释数据。

学习者完成假设实施计划后，必须要解释探究实验数据以验证自己的假设，也可以基于探究实验结果修改他们的假设，最后得出结论。发现假设实施结果经常可以决定学习者如何解释数据，这可能会导致学习者坚持执行错误的假设，不能客观地解释数据[136]。为了帮助学习者准确和客观地解释探究数据，利用计算机虚拟仿真技术可以生成研究结果图表，可以鼓励学习者预测其研究结果，为此，提供给学习者绘图工具可以帮助学习者解释复杂数据并为预测研究结果绘制图形。科学探究结构表可以形象化地比较变量之间的关系，可以帮助学习者解释数据并绘制探究结果。绘图工具和反馈工具可以同时呈现结果与预测图形，这将有助于学习者了解预测结果与实际结果之间的差异，学习者从中看出自己的问题并决定是否进行必要的修改。

(5) 如何帮助学习者调节学习过程。

在科学问题学习过程中，学习者必须自我监控并控制学习进程，这是科学问题学习中目前急需解决的问题之一[137]。学习者学习成功与学习过程中记笔记的数量成正比，学习者记笔记越详细深入其学习质量越高。学习过程中的支持或者帮助有助于那些背景性知识水平低下的学习者取得较好的学习成绩[138]。计算机游戏学习情境可以引导学习者自己设定学习目标[133]，使用记录簿可以帮助学习者在科学探究过程中及时记录相关数据和反思认识。在信息技术支持的科学问题学习中设计适当的家庭作业不仅可以有效改进学习者的学习进程，而且可以提高他们的学习成绩[139]。

2.4.3　信息技术支持下的科学探究活动学习存在的问题

1) 传统课堂科学探究活动

传统课堂科学探究活动是一种实践性学习，它主要包括学习者在现实世界里操作物体，并结合材料和设备来观察和了解自然界或物质世界。传统探究活动情境与虚拟仿真实验情境最主要的区别在于其物质属性。物质属性主要体现在学习者要亲自操作和使用实验材料和设备。学习者亲自操作和使用实验材料和设备是一种实践性探究行为，而这种探究行为是有目的和有计划的学习行为，学习者在探究中通过个人触觉和视觉等感官获取物体特征，如硬度、纹理、重量、惯性、形状、温度、平滑度等。

在传统课堂探究活动学习中，学习者动手操作实验的过程是学习者以熟练的方式与实验材料和设备积极互动的过程，在此过程中学习者需要具备一定的动手操作技能，这一点与虚拟仿真实验情境有明显的不同。换句话说，在传统探究活动情境里，学习者需要用手移动、布置、操作或控制实验材料和设备。学习者一般要根据实验设计和情境安排操作实验，通常教师会提供相应的学习材料和实验指导书。因此，在传统探究活动情境里，学习者通过积极接触并有目的地操作实验材料和设备来探究问题。例如，一个实验任务是将烧杯中的水通过使用电热板将其加热到一定温度，学习者仅仅通过触摸烧杯、电热板和温度计是无法完成实验任务的，学习者需要将盛水的烧杯放置在电热板上，并把温度计放置在烧杯中，然后打开电热板，直到水温达到预期温度。

科学探究活动必然会涉及科学实验情境的学习，实验情境可以利用计算机虚拟仿真技术搭建环境进行替代，这种虚拟仿真实验支持学习者进行仿真操作实验材料和设备，大量的实践研究已经显示其内在的优势，对学习者的学习产生了积极的影响[140,141]。在学习中强调传统探究活动情境主要因为传统的课堂学习更加强调教师权威的被动式学习，而虚拟仿真实验情境则更加强调学习者主体的主动探究式学习，但两种学习模式都会重视培养学习者的实践操作技能[142]。因此，真实情境里的探究性实践活动是科学学习的先决条件，即使是传统的探究活动学习也应该支持学习者的真实探究性实践活动，而不是被动式学习。

2) 信息化学习情境支持的科学探究活动

信息化学习情境支持的科学探究活动主要是通过信息技术实现的交互式动态可视化实验设备和材料。虚拟实验是一种学习经验，在学习过程中学习者与虚拟实验设备及材料互动并进行仿真操作，在实验中观察和理解自然或物质世界。虚拟仿真实验最早出现是为了弥补传统学校实验室环境里实验操作上存在的内在缺陷，正因为如此，传统科学实验情境的倡导者依然坚持认为虚拟仿真实验只是传统科学实验的替代品，而不能作为一种独立可行的实验方法[143]。尽管对虚拟仿真实验存在一些偏见，但虚拟仿真实验的研究者和开发者坚持认为虚拟仿真实验有巨大的学习潜力，如设计和开发的虚拟物理仿真实验环境，可以突破传统物理探究活动环境的局限，这种环境既可以与传统物理探究活动同步，还可以超越传统物理探究活动并提供更多更个性化的学习服务，这种优势是传统物理探究活动无法提供的。结果会有许多虚拟仿真实验环境跨越了科学学科领域，相对传统探究活动环境，虚拟仿真实验环境对学习者个体来说非常有意义并更易管理个人的探究学习，在物理实验中学习者感觉更加灵活方便，实验对象的可扩展性增强[144]。实际上，使用虚拟仿真实验和使用传统探究活动一样，他们都可以提供实践情境让学习者感知科学概念，一些过于抽象不容易理解的科学概念可以通过虚拟仿真实验实现。

在虚拟仿真实验情境里，学习者可以积极动手操作实验设备和材料解决问题，从而达到对科学现象的深刻理解[145]。虚拟仿真实验可以记录学习者的实验探究过程和操作技能，并及时提供给教师[140]。另外，虚拟仿真实验可以提供更加便携、安全、低成本的学习服务，学习者可以用它作为脚手架，减少误操作的发生，并可以放大或缩小时间和空间维度；学习者也可以灵活操作实验对象，并快速、灵活、动态地运用大数据显示实验过程及结果[146]。虚拟仿真实验相关研究表明，使用虚拟仿真实验情境可以支持并促进学习者多次使用虚拟实验环境，这是传统探究活动环境无法实现的[147]。因此，比较虚拟仿真实验和传统探究活动对于虚拟仿真实验的设计与开发非常重要。

在虚拟仿真实验环境里，虚拟仿真实验还具有内容丰富、透明度高的特点，内容丰富主要是指信息数量和关联物体的多样性，学习者可以透过操作物体和观察物理现象理解物理概念或发现本质规律；透明度是指学习者通过虚拟仿真实验可以直接感知物体及变量之间的对应变化效果，从中认识彼此之间的关系。虚拟仿真实验的内容丰富及透明度是衡量其促进学习的重要评价标准。

真实性也是虚拟仿真实验的重要评价标准，学习者通过虚拟仿真实验完成实验操作，观察实验变化结果[148]。在虚拟仿真实验过程中，学习者需要感受到和传统探究活动情境里一样的真实度。一些学者已经就虚拟仿真实验的真实度和学习效果之间的关系进行了实证研究，研究发现较低的真实度可以促进学习者获取知识[149]，因为它在一定程度上避免对学习者感官的过度刺激，并忽略了认识对象不相关的细节特征，让学习者集中精力去关注待学习的物体结构特征[150]，这可以使学习者的认识保持在较低的水平。也有研究认为，虚拟仿真实验的较高真实度可以使认识的物理对象与真实世界的物体及物理现象保持一致，学习者可以在一个逼真的自然环境里直接感知物理现象，也可以直接激活并操作认识对象探究物理规律。虚拟仿真实验可以为难以表达的抽象物理现象提供感知支架给学习者，而传统探究活动情境只能让学习者基于知觉和想象进行推理[151,152]。

3) 两种科学探究活动之间的联系与区别

就传统探究活动学习情境与信息化学习情境支持下的科学探究活动学习的普及程度与潜在优势进行对比来说，信息化学习情境支持下的科学探究活动学习可能会更有助于学习者的科学学习。一些学者、教师和教育管理者曾经对虚拟仿真实验的应用有所质疑，认为虚拟仿真实验在一定程度上剥夺了学习者动手实验的机会，因为动手操作实验设备和材料对科学学习至关重要。换句话说，传统探究活动学习情境里的科学动手操作实验设备和材料是科学学习必不可少的先决条件，真实环境里的动手操作实验不可缺少。这意味着在科学探究实践活动中如果没有学习者动手操作实验设备和材料，学习者单纯使用虚拟仿真实验进行科学探究实践活动，这在一定程度上会限制学习者的科学学习效果。

另一方面，在信息化学习情境支持下的科学探究活动学习中的虚拟仿真实验可以允许用户真实体验和操作，但无法使用户有现实物质世界的存在感，如用户无法用各种感官真实感知各种物质的品质，这一点可能对科学实验性实践活动来说非常重要。因此，虚拟仿真实验也要求将学习者的真实物质感知作为学习的一个基本要求。实际上，虚拟仿真实验可以支持实验在非物质条件下进行自主操作，并与传统探究活动情境里的动手操作实验一样可以促进学习者探究学习，学习者在虚拟仿真实验里可以自主操作实验材料和设备，并可以达到提升自身的实践能力。虚拟仿真实验还可以支持一些较为抽象的、微观世界不容易看到的，甚至无法在课堂里实现的实验，如操作核能以及矢量等，这些实验在传统探究活动室环境里是无法实现的。

信息化学习情境支持的科学探究活动和传统课堂探究活动之间最本质的区别是物质属性，如果学习目标没有明确要求学习者感知物体，信息技术支持的科学探究活动不会直接体现对学习的具体要求，如探究电磁规律实验，在实验操作时不会对实验器材进行切割来观察和操作。从理论的角度来看，物质属性是虚拟仿真实验的一个基本要求，因为当前的建构主义学习理论和认知主义学习理论等主要学习理论都认为学习必须在真实情境中进行。建构主义学习理论强调学习者积极主动参与学习的重要性，但没有明确指出需要学习者动手实践操作。认知主义理论侧重于强调在学习中需要学习者积极处理信息，通过亲自实践来达到目标技能的要求。一些研究认为物质属性不是特定学习技能或任务的先决条件，如发现行驶最远的汽车基本特征远比设计汽车图纸要重要得多[153]。但不能根据这些研究结果认定物质属性是学习者理解物理概念与发现物理规律的先决条件。

无论是传统课堂科学探究活动还是信息化学习情境支持的科学探究活动，它们涉及的实验设备和材料对学习非常重要，但在信息化学习情境支持的科学探究活动里实验操作的本质是虚拟的而不是真实物质状态的。虚拟仿真实验操作并不会改变操作的本质，虚拟仿真实验操作仍然是一个严谨的学习过程，如在物理虚拟仿真实验操作中，学习者需要以熟练的技能与实验设备和材料进行有目的的交互，学习者在实验中仍然可以像在传统物理探究活动中移动、安排、操作或控制实验设备和材料。虚拟仿真实验与传统探究活动唯一的区别在于传统探究活动中的交互行为是通过手动完成的，如用手抓取和移动物体等；而虚拟仿真实验中的抓取和移动物体等实验操作行为主要利用计算机鼠标点击、指向或拖动等虚拟手段完成。现有的课堂探究学习活动缺乏物质属性，缺乏积极主动的手动实践。虚拟实验操作与传统探究活动操作在操作过程中使用的技能有明显的区别。但虚拟仿真实验通过鼠标输入实验操作步骤信息这种方式难以有效提升学习者的实践技能。例如，用烧杯加热水，虚拟仿真实验与传统探究活动一样要执行相同的操作程序才可能使水加热到目标温度，这个操作程序是首先将盛有水的烧杯放到电热板上，然后把温度计插入烧杯中，并打开电热板经过一段时间进行加热，当水温达到一定温度时，学习者会收到与学习目标相关的反馈信息。毋庸置疑，虚拟仿真实验与传统探究活动不可能提供给学习者相同的反馈信息，实际上，即使虚拟仿真实验可以通过温度计交互行为提供给学习者详细的反馈信息，但在传统探究活动中通过手动操作实验设备和材料无法给予详细的反馈信息，如在实验开始时无法准确感知水温和加热板温度的具体信息。但是为了完成实验目的与任务，触摸输入信息对学习如何加热或测量水温就显得不再重要了。

在已有的研究中，除了单纯支持传统科学探究活动学习或信息化学习情境支持的科学探究活动之外，还有一些学者支持把传统探究活动情境和信息化学习情境支持的科学探究活动学习结合起来应用到科学探究活动中，这种结合主要是把实践活动分为若干个小活动，根据实际需要一部分采用传统探究活动，另外一部分采用虚拟仿真实验。这种混合型的实践活动可以吸取两种实验情境的优点[141]。但需要强调的是无论采用哪种学习模式都应该做到将学习者的真实物质感知作为学习的基本要求。当教师在实践活动中采用虚拟仿真实验情境时不能回避存在的现实问题，学习者在虚拟仿真世界里没有真实的物质体验可能会对学习者的学习效果产生负面影响。在相同的学习情境里不同的实践活动需要相同的学习主题和技能参与，真实物质感知并不需要在所有的实践活动中体现出来。但目前这方面的实践研究还很少，有待于进一步去证实并加以完善。

信息化学习情境支持下的科学探究活动作为一种学习策略正逐渐被科学教育者接受[96]。在科学探究活动过程中学习者提出假设、设计实验方案、实施实验、交流讨论实验现象、修改结果与重构设计方案等一系列操作程序都是基于科学调查完成的[154]。学习者在科学探究活动中利用活动设计方案可有效搜集实验数据，并进行深入探究。因此，开发、利用、评价和修改实验方案并给予合理解释在科学探究活动中起着核心作用，这也是科学教育中的最明显的特征[155]。随着各种信息技术理论在课程学习中的应用以及新的科学技术的出现，虚拟仿真实验已经成为科学教育中的一种新的学习方式[156]。虚拟仿真技术融合了仿真原则、信息、系统分析与设计以及其他相关技术[157]。虚拟仿真实验把各种信息技术和科学现象整合在一起为学习者从事科学探究活动创设一种真实的可视化环境[158]。基于虚拟现实技术的仿真实验可以应用于物理、化学等科学课程的教育中，教师和学习者通过虚拟仿真实验可以和在传统实验室环境一样从事系统化分析、线性与非线性计划、预测、做出决策及学习管理等[159]，这已经在科学探究活动中变得非常重要。

虚拟仿真技术学习功能是通过虚拟实验室体现出来的，教师和学习者在计算机虚拟实验情境里利用计算机界面操作科学探究活动，学习用户在探究实验中获得相关的知识和技能。在传统实验室环境里由于条件和安全等因素限制，很多科学探究活动无法让学习者亲自操作，学习效果也就难以得以保证。

总的来说，目前国内关于信息化学习情境支持下的科学学习研究可总结为以下四点：第一，理论研究起步较晚，大多数研究都是基于情境学习理论或建构主义学习理论的视角进行推理，没有结合信息化学习情境创设系统研究科学学习；第二，注意利用游戏、移动技术、虚拟现实技术等新技术创设学习情境和学习工具，能结合实际案例介绍各种情境设计与开发的特点及注意事项，这些研究主要是针对某一个情境的设计进行研究，但没有从科学学习过程的整体角度考虑如何设计支持科学学习的情境；第三，大多数研究停留在理论分析及应用研究层面，实证研究偏少；第四，缺乏信息化学习情境有效支持科学学习模式的研究，没有把传统课堂学习和信息化学习情境支持的科学学习进行交叉应用研究，在信息化学习情境支持的科学学习中传统课堂的地位和作用必须要重视和兼顾，信息化学习情境支持下的科学学习理论研究缺乏系统性，信息化学习情境创设有效应用于科学学习研究不够深入和全面。

2.5 问题提出

通过对国内外关于信息化学习情境支持下的科学学习研究进行深入分析，我们对国内外情境学习研究脉络有了比较清晰的认识，总结出了信息化学习情境支持下的科学学习的研究趋势。我们发现当前信息化学习情境支持下的科学学习研究主要存在以下两点问题。

(1) 在理论研究方面：国内研究主要集中于学科课程视域下的传统课堂学习情境创设的方法、策略和原则等，对情境学习与情境认知理论进行理论推理，分析情境学习与情境认知的概念、理论基础、学习模式及基本特征，而对于信息化学习情境支持的科学学习理论研究偏少；国外的相关研究更多从情境认知与学习理论、建构主义学习理论的视角关注于学习环境创设研究，但缺乏对信息化学习情境支持的科学学习进行理论和应用研究，对于情境认知与学习理论、建构主义学习理论指导下的学习情境研究只是单方面进行理论分析，没有结合信息化学习情境进行系统的理论研究，更缺乏具体可操作性的学习模式。

(2) 在应用研究层面：国内相关研究注意利用游戏、移动技术、虚拟现实技术等新技术创设学习情境，能结合实际案例介绍各种情境设计与开发的特点及注意事项，但缺乏深入的实证分析，无法说明情境创设对学习者学习兴趣、学习动机及学习效果的真正影响效果；国外相关研究相对于国内来说研究问题较为微观，大多研究能聚焦具体的核心问题通过实验研究和准实验研究进行实证分析，但普遍缺乏质性研究，没有针对信息化学习情境支持下的科学概念、科学问题和科学探究活动学习提出相应的模式，这样的研究结果难以大范围推广，只能局限在一定的区域、文化氛围、技术条件及学习者素质等条件范围内，难以对我国信息化学习情境支持下的科学学习提供系统的理论指导和实践应用。

基于以上文献梳理与分析，本研究提出以下两个问题。

第一，信息化学习情境如何有效支持科学学习？信息化学习情境有效支持科学学习模式是什么？

第二，与传统的课堂学习相比，信息化学习情境支持下的科学概念、科学问题和科学探究活动学习是否对学习者的学习效果有明显的影响？

2.6　本 章 小 结

总的来说，随着信息技术的飞速发展，信息技术在学校科学学习中的应用越来越普遍和深入，科学教育逐步转向作为实践的科学。信息技术支撑下的学习情境在培养学习者对科学概念的理解能力、科学问题的解决能力、科学探究活动中的探究能力以及沟通与协作能力等方面具有不可替代的优势，因此，信息技术支撑下的学习情境必定是未来科学教育研究的重点领域之一。但目前信息技术并没有被充分应用到科学学习中，没有真正和科学知识学习深入融合[160]。目前信息化学习情境创设存在两大缺陷：①并不是所有的特征都在一个情境中体现出来，大多数学习情境缺乏协作知识建构；②大部分学习情境都支持户外学习活动，很少支持室内学习活动[41]。传统的课堂学习依然是学校科学教育的主要学习形式，教师应该充分利用信息技术支持传统的课堂学习，促进学习管理。教师主宰科学学习方式的应用，信息技术不会替代科学教师的作用，信息技术只能是课堂学习的有效补充。包括学习工具和方法在内的信息化学习情境支持下的科学学习必须和传统学习情境有效结合起来，才会最大程度激发学习者的科学学习动机，提高其科学学习效果。

教师需要不断学习并接受新的教育思想，支持利用信息技术革新传统学习方法，在学习中积极利用信息技术创设科学学习情境，主动转变自身角色，才能发挥信息技术的最大作用。如果教师倾向于使用传统学习方式，在他们的教学中就会过多强调被动学习；如果教师能接受并积极开展学习方式改革，在他们的教学中就会重视并鼓励学习者积极参与和主动学习。如何利用信息技术激发学习者的科学学习动机、科学学习兴趣的学习？如何利用信息技术设计与开展有效的学习情境支撑科学概念学习、科学问题学习和科学探究学习？这都是值得我们深入探究的问题。

参 考 文 献

[1] 胡卫平. 科学思维培育学[M]. 北京：科学出版社, 2004: 50.

[2] Rogoff B, Gardner W P. Adult Guidance of Cognitive Development[M]//Rogoff B E, Lave J E. Everyday Cognition: Its Development in Social Context. Cambridge: Harvard University Press, 1984: 95-116.

[3] Ruth T. Teaching for transfer of learning[R]. ERIC: Document Reproduction Service, 1992: 352-469.

[4] Mclellan H. Situated learning: Continuing the conversation educational technology[J]. Educational Technology Research and Development, 1994, 34(10): 7-8.

[5] Cognition and Technology Group at Vanderbilt. The Jasper experiment: An exploration of issues in learning and instructional design[J]. Educational Technology Research and Development, 1992, 40(1): 65-80.

[6] Young M F. Instructional design for situated learning[J]. Educational Technology Research & Development, 1993, 41(1): 43-58.

[7] Choi J I, Hannafin M. Situated cognition and learning environments: Roles, structures, and implications for design[J]. Educational Technology Research and Development, 1995, 43(2): 53-69.

[8] 钟志贤. 论学习环境设计[J]. 电化教育研究, 2005, (7): 35-41.

[9] Wilson B G. Metaphors for instruction: Why we talk about learning environments[J]. Educational Technology, 1995, 35(5): 25-30.

[10] Jonassen D H, Peck K L. Learning with Teaching: A Constructivist Perspective[M]. New Jersey: Prentice Hall, 1999: 192-193.

[11] Bigge M L. 学习的基本理论与教学实践[M]. 北京：文化教育出版社, 1984.

[12] 李吉林. 李吉林情境教学理论与实践[M]. 北京：人民日报出版社, 1996: 32.

[13] Hu W. Thinking-based classroom teaching theory and practice in China[J]. The Routledge International Handbook of Research on Teaching Thinking, 2015, (1): 92.

[14] Duschl R A, Schweingruber H A, Shouse A W. Taking Science to School: Learning and Teaching Science in Grades K-8[M]. Washington D C: The National Academies Press, 2007: 276.

[15] Chen A, Darst P W, Pangrazi R P. An examination of situational interest and its sources[J]. British Journal of Educational Psychology, 2001,71(3): 373-390.

[16] Krapp A, Hidi S, Renninger A. Interest, Learning and Development[M]//Krapp A, Hidi S, Renninger A. The Role of Interest in Learning and Development. Hillsdale: Lawrence Erlbaum Association, 1992: 206.

[17] Tobias S. Interest, prior knowledge, and learning[J]. Review of Educational Research, 1994, 64(1): 37-54.

[18] Schiefele U, Krapp A, Winteler A. Interest as a Predictor of Academic Achievement: A

Meta-analysis of Research[M]//Krapp A, Hidi S, Renninger A. The Role of Interest in Learning and Development. Hillsdale: Lawrence Erlbaum Association, 1992: 184.

[19] Hidi S, Anderson V.Situational Interest and its Impact on Reading and Expository Writing[M]// Krapp A, Hidi S, Renninger A. The Role of Interest in Learning and Development. Hillsdale: Lawrence Erlbaum Association, 1992: 325.

[20] Rotgans J I, Schmidt H G. Situational interest and learning: Thirst for knowledge[J]. Learning & Instruction, 2014, 32: 37-50.

[21] Bransford J D, Sherwood R D, Hasselbring T S, et al. Anchored Instruction: Why We Need it and How Technology Can Help[M]//Nix D, Spiro R. Cognition, Education, and Multimedia: Exploring Ideas in High Technology. Mahwah: Lawrence Erlbaum Associates, 1992: 115-141.

[22] Bednar A K, Cunningham D, Duffy T M, et al.Theory into Practice: How Do We Think[M]// Anglin C J. Instructional Technology: Past, Present, and Future. Englewood: Libraries Unlimited, 1991: 88-101.

[23] Wilson B G, Myers K M. Situated Cognition in Theoretical and Practical Context[M]//Jonassen D H, Land S M. Theoretical Foundations of Learning Environments. Mahwah: Lawrence Erlbaum Associates, 1999, (3): 57-59.

[24] 戴维 · H · 乔纳森. 学习环境的理论基础[M]. 郑太年, 任友群, 译. 上海: 华东师范大学出版社, 2002: 55.

[25] 赵传兵. 唤醒情意: 地理情境体验学习[D]. 上海: 华东师范大学, 2010.

[26] 王文静. 基于情境认知与学习的学习模式研究[D]. 上海: 华东师范大学, 2002.

[27] 姚静. 情境问题学习对学习者数学认知的作用研究[D]. 上海: 华东师范大学, 2003.

[28] 高文. 情境学习与情境认知[J]. 教育发展研究, 2001, (8): 30-35.

[29] 裴新宁, 赵健. 学校学习情境中的学习设计[J]. 全球教育展望, 2004, 33(11): 61-65.

[30] 王文静. 情境认知与学习理论: 对建构主义的发展[J]. 全球教育展望, 2005, 34(4): 56-59.

[31] 刘义, 高芳. 情境认知学习理论与情境认知学习模式简析[J]. 教育探索, 2010, (6): 88-89.

[32] 施红专. 化学探究性学习问题情境创设的研究[D]. 南京: 南京师范大学, 2007.

[33] 马小彬. 情境创设在化学教学中的实践与探究[D]. 苏州: 苏州大学, 2007.

[34] 黄芳. 高中生物情境教学的教学策略研究[D]. 长春: 东北师范大学, 2008.

[35] Jonassen D. Thinking technology-context is everything[J]. Educational Technology, 1991, 31(6): 36.

[36] Whitehead A N. The Aims of Education and Other Essays[M]. New York: The Free Press, 1967: 129-138.

[37] Oliver H R. An instructional design framework for authentic learning environments[J]. Educational Technology Research and Development, 2000, 48(3): 23-48.

[38] Brown J S, Collins A, Duguid P. Situated cognition and the culture of learning[J]. Educational Researcher, 1989, 18(1): 32-42.

[39] Keller H D. Situated Learning Perspective: Identity Work in Institutions of Adult Education[M]. New York：Educational Technology Publications, 2007.

[40] 麦克莱伦. 信号处理引论[M]. 周利清, 译. 北京: 电子工业出版社, 2005: 186-202.

[41] Mar P S, Pedro J, Carlos A H, et al. Lessons learned from the design of situated learning

environments to support collaborative knowledge construction[J]. Computers & Education, 2015, 87: 70-82.

[42] 高文. 情境学习的关键特征及其对多媒体学习设计的启示[J]. 外国教育资料, 1997, (6): 59-62.

[43] 钟志贤, 刘春燕. 论学习环境设计中的任务、情境与问题概念[J]. 电化教育研究, 2006, (3): 16-21.

[44] 陈德怀. 面向“1 对 1”增强学习技术——科技增强学习的研究和实践[J]. 信息技术教育, 2006(2): 9-12.

[45] 余胜泉. 从知识传递到认知建构、再到情境认知——三代移动学习的发展与展望[J]. 中国电化教育, 2007, (6): 7-18.

[46] Johnson L, Adams S, Cummins M, et al. The technology outlook for STEM+ education 2012-2017: An NMC horizon report sector analysis[J]. New Media Consortium, 2012: 1-23.

[47] Janssen J, Bodemer D. Coordinated computer-supported collaborative learning: Awareness and awareness tools[J]. Educational Psychologist, 2013, 48(1): 40-55.

[48] Kang H, Lundeberg M A. Participation in science practices while working in a multimedia case-based environment[J]. Journal of Research in Science Teaching, 2010, 47(9): 1116-1136.

[49] Jong T D. Scaffolds for Scientific Discovery Learning[M]//Clark R E. Handling Complexity in Learning Environments: Research and Theory. London : Elsevier Science Publishers, 2006: 107-128.

[50] Brown A L. Design experiments: Theoretical and methodological challenges in creating complex interventions in classroom settings[J]. The Journal of the Learning Sciences, 1992, 2(2): 141-178.

[51] William A S, Philip B. Design-based research methods for studying learning in context: Introduction[J]. Educational Psychologist, 2004, 39(4): 199-201.

[52] Clement J. Model based learning as a key research area for science education[J]. International Journal of Science Education, 2000, 22(9): 1041-1053.

[53] 张新华. 关于在课堂多媒体网络环境下的情境创设[J]. 电化教育研究, 2001, (5): 48-52.

[54] 杨华, 余洪源, 田蓉. 谈多媒体课件的情境创设[J]. 中国成人教育, 2008, (3): 120-121.

[55] 张怀德. 信息技术与数学课程整合的实践与探索[J]. 电化教育研究, 2010, (1): 111-115.

[56] Schwarz C V, Reiser B J, Davis E A, et al. Developing a learning progression for scientific modeling: Making scientific modeling accessible and meaningful for learners[J]. Journal of Research in Science Teaching, 2010, 46(6): 632-654.

[57] Shen J, Confrey J. Justifying Alternative Models in Learning Astronomy: A study of K-8 science teachers' understanding of frames of reference[J]. International Journal of Science Education, 2010, 32(1): 1-29.

[58] Wu H K. Modelling a complex system: Using novice-expert analysis for developing an effective technology-enhanced learning environment[J]. International Journal of Science Education, 2010, 32(2): 195-219.

[59] Linn M C, Eylon B S. Science Learning and Instruction: Taking Advantage of Technology to Promote Knowledge Integration[M]. New York: Routledge, 2011: 259-271.

[60] National Research Council. A Framework for K-12 Science Education: Practices, Crosscutting Concepts, and Core Ideas[M]. Washington D C: The National Academies Press, 2011: 5-10.

[61] Wieman C E, Adams W K, Loeblein P, et al. Teaching physics using PhET simulations[J]. The Physics Teacher, 2010, 48(4): 225-227.

[62] Sins P, Savelsbergh E R, Joolingen W V, et al. The relation between students' epistemological understanding of computer models and their cognitive processing on a modelling task[J]. International Journal of Science Education, 2009, 31(9): 1205-1229.

[63] Wing J M. Computational thinking[J]. Communications of the ACM, 2006, 49(3): 33-35.

[64] Xie C, Tinker R, Tinker B, et al. Computational experiments for science education[J]. Science, 2011, 332(6037): 1516-1517.

[65] Adams W K, Paulson A, Wieman C E. What levels of guidance promote engaged exploration with interactive simulations[C]//American Institute of Physics, 2008.

[66] Songer N B. Digital Resources Versus Cognitive Tools: A Discussion of Learning Science with Technology[M]//Abell S K, Lederman N G. Handbook of Research on Science Education. Mahwah: Lawrence Erlbaum Associates Publishers, 2007: 308-315.

[67] 刘凤娜. 基于信息技术的初中英语学习情境的创设与应用研究[D]. 山东: 山东师范大学, 2012.

[68] 黄璐, 章苏静. 基于整合情境的游戏化虚拟实验的设计研究[J]. 现代教育技术, 2013, 23(11): 109-114.

[69] 廖宏建. 应用 Kinect 构建英语课堂虚拟学习情境研究[J]. 现代教育技术, 2014, 24(3): 64-70.

[70] 李海峰, 苏仰娜. 基于情境认知理论的小学英语移动学习资源建设——以“接水果学单词”游戏为例[J]. 现代中小学教育, 2014, (4): 82-85, 90.

[71] Ketelhut D J, Nelson B C, Clarke J, et al. A multi-user virtual environment for building and assessing higher order inquiry skills in science[J]. British Journal of Educational Technology, 2010, 41(1): 56-68.

[72] Code J, Clarke-Midura J, Zap N, et al. The utility of using immersive virtual environments for the assessment of science inquiry learning[J]. Journal of Interactive Learning Research, 2013, 24(4): 371-396.

[73] Ebenezer J, Kaya O N, Ebenezer D L. Engaging students in environmental research projects: Perceptions of fluency with innovative technologies and levels of scientific inquiry abilities[J]. Journal of Research in Science Teaching, 2011, 48(1): 94-116.

[74] Jong D T. Computer simulations-technological advances in inquiry learning[J]. Science, 2006, 312: 532-533.

[75] Jong D T. Scaffolds for Computer Simulation Based Scientific Discovery Learning[M]. London: Elsevier Science Publishers, 2006: 107-128.

[76] Schwarz C V, White B Y. Metamodeling knowledge: Developing students' understanding of scientific modeling[J]. Cognition & Instruction, 2005, 23(2): 165-205.

[77] Robertson J, Howells C. Computer game design: Opportunities for successful learning[J]. Computers & Education, 2008, 50(2): 559-578.

[78] Smeets E. Does ICT contribute to powerful learning environments in primary education[J]? Computers & Education, 2005, 44(3): 343-355.

[79] Leng E L, Ali W, Baki R.Computer games development experience and appreciative learning approach for creative process enhancement[J]. Computers & Education, 2010, 55(3): 1131-1144.

[80] Vos N, Meijden H, Denessen E . Effects of constructing versus playing an educational game on student motivation and deep learning strategy use[J]. Computers & Education, 2011, 56(1): 127-137.

[81] Mitchell J, Kelleher H, Saundry C. A Multimedia Mathematics Project in a Teacher Education Program[M]//Darling L F, Erickson G, Clarke A. Collective Improvisation in a Teacher Education Community. Berlin: Springer Netherlands, 2007: 101-118.

[82] Ke F. An implementation of design-based learning through creating educational computer games: A case study on mathematics learning during design and computing[J]. Computers & Education, 2014, 73(1): 26-39.

[83] Akkerman S, Admiraal W, Huizenga J. Storification in history education: A mobile game in and about medieval Amsterdam[J]. Computers & Education, 2009, 52(2): 449-459.

[84] Proctor M D, Marks Y. A survey of exemplar teachers' perceptions, use, and access of computer-based games and technology for classroom instruction[J]. Computers & Education, 2013, 62: 171-180.

[85] Papastergiou M. Digital game-based learning in high school computer science education: Impact on educational effectiveness and student motivation[J]. Computers & Education, 2009, 52: 1-12.

[86] Ke F, Grabowski B.Game playing for maths learning: Cooperative or not[J]? British Journal of Educational Technology, 2007, 38(2): 249-259.

[87] Garris R, Ahlers R, Driskell J E. Games, motivation, and learning: A research and practice model[J]. Simulation & Gaming, 2016, 33(4): 441-467.

[88] Bulu S T, Pedersen S. Scaffolding middle school students' content knowledge and ill-structured problem solving in a problem-based hypermedia learning environment[J]. Educational Technology Research & Development, 2010, 58(5): 507-529.

[89] Hung W. The 9-step problem design process for problem-based learning: Application of the 3C3R model[J]. Educational Research Review, 2009, 4(2): 118-141.

[90] Chang C Y. A problem-solving based computer-assisted tutorial for the earth sciences[J]. Journal of Computer Assisted Learning, 2010, 17(3): 263-274.

[91] Kumar D D, Sherwood R D. Effect of a problem based simulation on the conceptual understanding of undergraduate science education students[J].Journal of Science Education and Technology, 2007, 16(3): 239-246.

[92] Lee C B. Capturing and assessing conceptual change in problem solving[D]. Columbia: University of Missouri Columbia, 2006.

[93] Wesolowski M C. Facilitating problem based learning in an online biology laboratory course[D]. Newark:University of Delaware, 2008.

[94] Lu W H.Understanding the effect of computer-supported, case-based instruction on third-year

medical students' ethical reasoning[D]. Columbia: University of Missouri Columbia, 2007.
[95] Pyatt K, Sims R.Virtual and physical experimentation in inquiry-based science labs: Attitudes, performances and access[J]. Journal of Science Education and Technology, 2011, (6): 74-88.
[96] Neilson D, Campbell T, Alllred B. Model-based inquiry in physics: A buoyant force module[J]. Science Teacher, 2010, 77(8): 38-43.
[97] Libarkin J C, Anderson S W, Dahl J, et al. Qualitative analysis of college students' ideas about the earth: Interviews and openended questionnaires[J]. Journal Geosciences Education, 2005, 53: 17-26.
[98] Trumper R. A cross-college age study of science and nonscience students' conceptions of basic astronomy concepts in pre-service training for high-school teachers[J]. Journal of Science Education and Technology, 2001, 10: 189-195.
[99] Dahl J, Anderson S W, Libarkin J. Digging into earth science: Alternative conceptions held by K-12 teachers[J]. Journal of Science Education, 2005, 6: 65-68.
[100] Clement J. Students' preconceptions in introductory mechanics[J]. American Journal of Physics, 1982, 50(1): 66-71.
[101] Webb I. Affordances of ICT in science learning: Implications for an integrated pedagogy[J]. International Journal of Science Education, 2005, 27: 705-735.
[102] Perkins K, Adams W, Dubson M, et al. PhET: Interactive simulations for teaching and learning physics[J]. The Physics Teacher, 2006, 44(1): 18-23.
[103] Hennessy S, Wishart J, Whitelock D, et al. Pedagogical approaches for technology-integrated science teaching[J]. Computers & Education, 2007, 48(1): 137-152.
[104] Wieman C E, Perkins K K, Adams W K. Oersted medal lecture 2007: Interactive simulations for teaching physics: What works, what doesn't, and why[J]. American Journal of Physics, 2008, 76: 393-399.
[105] Jong T D, Linn M C, Zacharia Z C. Physical and virtual laboratories in science and engineering education[J]. Science, 2013, 340: 305-308.
[106] Rutten N, van Joolingen W R, van der Veen J T. The learning effects of computer simulations in science education[J]. Computers & Education, 2012, 58: 136-153.
[107] Trey L, Khan S. How science students can learn about unobservable phenomena using computer-based analogies[J]. Computers & Education, 2008, 51: 519-529.
[108] Chang K E, Chen Y L, Lin H Y, et al. Effects of learning support in simulation-based physics learning[J]. Computers & Education, 2008, 51(4): 1486-1498.
[109] Winn W, Stahr F, Sarason C, et al. Learning oceanography from a computer simulation compared with direct experience at sea[J]. Journal of Research in Science Teaching, 2010, 43(1): 25-42.
[110] Marshall J A, Young E S. Preservice teachers' theory development in physical and simulated environments[J]. Journal of Research in Science Teaching, 2010, 43(9): 907-937.
[111] Clark R E. Media will never influence learning[J]. Educational Technology Research and Development, 1994, 42(2): 21-29.
[112] Abdulwahed M, Nagy Z K. The TriLab, a novel ICT based triple access mode laboratory

education model[J]. Computers & Education, 2011, 56 (1) : 262-274.

[113] Waight N, Abd-El-Khalick F. The impact of technology on the enactment of inquiry in a technology enthusiast's sixth grade science classroom[J]. Journal of Research in Science Teaching, 2010, 44 (1) : 154-182.

[114] Dillon J, Osborne J, Ebrary I. Good Practice in Science Teaching: What Research Has to Say[M]. 2nd ed. Maidenhead: Open University Press, 2010: 46-67.

[115] Lindgren R, Schwartz D. Spatial learning and computer simulations in science[J]. International Journal of Science Education, 2009, 31: 419-438.

[116] Khan S. New pedagogies on teaching science with computer simulations[J]. Journal of Science Education and Technology, 2011, 20 (3) : 215-232.

[117] Jong T D, van Joolingen W R. Scientific discovery learning with computer simulations of conceptual domains[J]. Review of Educational Research, 1998, 68: 179-201.

[118] Reamon D T, Sheppard S D. The role of simulation software in an ideal learning environment[C]//ASME 1997 Design Engineering Technical Conferences, 1997: 14-17.

[119] Regan M, Sheppard S. Interactive multimedia courseware and the hands-on learning experience: An assessment study[J]. Journal of Engineering Education, 1996, 85 (2) : 123-132.

[120] Rieber L P, Boyce M, Assad C. The effects of computer animation on adult learning and retrieval tasks[J]. Journal of Computer-Based Instruction, 1990, 17: 46-52.

[121] Naps T L, Roessling G, Almstrum V, et al. Exploring the role of visualization and engagement in computer science education[J]. ACM SIGCSE Bulletin, 2003, 35: 131-152.

[122] Luo W, Stravers J A, Duffin K L. Lessons learned from using a web-based interactive landform simulation model (WILSIM) in a general education physical geography course[J]. Journal of Geoscience Education, 2005, 53: 489-493.

[123] Glaser R, Schauble L, Raghavan K, et al. Scientific reasoning across different domains[J]. Berlin: Springer, 1992, 84: 345-371.

[124] Zhang J, Qi C, Sun Y, et al. Triple scheme of learning support design for scientific discovery learning based on computer simulation: Experimental research[J]. Journal of Computer Assisted Learning, 2004, 20 (4) : 269-282.

[125] Thomas R, Neilson I. Harnessing simulations in the service of education: The interact simulation environment[J]. Computers & Education, 1995, 25 (1/2) : 21-29.

[126] Chinn C A, Brewer W F. The role of anomalous data in knowledge acquisition: A theoretical framework and implications for science instruction[J]. Review of Educational Research, 1993, 63: 1-49.

[127] Klahr D, Dunbar K. Dual space search during scientific reasoning[J]. Cognitive Science, 1988, 12: 1-48.

[128] Shute V J, Glaser R. A large-scale evaluation of an intelligent discovery world: Smithtown[J]. Interactive Learning Environments, 1990, 1: 51-77.

[129] Reid D J, Zhang J, Chen Q. Supporting scientific discovery learning in a simulation environment[J]. Journal of Computer Assisted Learning, 2010, 19 (1) : 9-20.

[130] Joolingen W R, Jong T. Supporting hypothesis generation by learners exploring an interactive

computer simulation[J]. Instructional Science, 1991, 20(5/6): 389-404.

[131] Kuhn D, Schauble L, Garcia-Mila M. Cross-domain development of scientific reasoning[J]. Cognition and Instruction, 1992, 9: 285-327.

[132] Schauble L, Glase R, Raghavan K, et al. Causal models and experimentation strategies in scientific reasoning[J]. The Journal of the Learning Sciences, 1991, 1: 201-239.

[133] White B Y. Designing computer games to help physics students understand Newton's laws of motion[J]. Cognition and Instruction, 1993, 1: 69-108.

[134] Rivers R H, Vockell E. Computer simulations to stimulate scientific problem solving[J]. Journal of Research in Science Teaching, 1987, 24: 403-415.

[135] Linn M C, Songer N B. Teaching thermodynamics to middle school students: What are appropriate cognitive demands[J]? Journal of Research in Science Teaching, 1991, 28(10): 885-918.

[136] Klahr D, Fa A L, Dunbar K. Heuristics for scientific experimentation: A developmental study[J]. Cognitive Psychology, 1993, 25: 111-146.

[137] Azevedo R. Computer environments as metacognitive tools for enhancing learning[J]. Educational Psychologist, 2005, 40: 193-197.

[138] Charney D, Kusbit R. Goal setting and procedure selection in acquiring computer skills: A comparison of tutorials, problem solving, and learner exploration[J]. Cognition & Instruction, 1990, 7(4): 323-342.

[139] Moreno R, Mayer R E. Role of guidance, reflection, and interactivity in an agent-based multimedia game[J]. Journal of Educational Psychology, 2005, 97(1): 117-128.

[140] Rudinger B J. Technology-Enhanced Learning[M]. Dordrecht: Springer, 2019: 21-37.

[141] Zacharia Z C, Olympiou G, Papaevripidou M. Effects of experimenting with physical and virtual manipulatives on students' conceptual understanding in heat and temperature[J]. Journal of Research in Science Teaching, 2010, 45(9): 1021-1035.

[142] Olympiou G. Investigating the effects of physical and virtual manipulative experimentation on students' conceptual understanding in heat and temperature[D]. Nicosia: University of Cyprus, 2006.

[143] Kirschner P, Huisman W. Dry laboratories in science education; computer-based practical work[J]. International Journal of Science Education, 1998, 20: 665-682.

[144] Triona L M, Klahr D. Point and click or grab and heft: Comparing the influence of physical and virtual instructional materials on elementary school students' ability to design experiments[J]. Cognition & Instruction, 2003, 21(2): 149-173.

[145] National Research Council. How People Learn: Brain, Mind, Experience, and School[M]. Washington D C: The National Academies Press, 1999: 125-136.

[146] Hsu Y S, Thomas R A. The impacts of a web-aided instructional simulation on science learning[J]. International Journal of Science Education, 2002, 24: 955-979.

[147] Zacharia Z C. Comparing and combining real and virtual experimentation: An effort to enhance students' conceptual understanding of electric circuits[J]. Journal of Computer Assisted Learning, 2010, 23(2): 120-132.

[148] Scheiter K, Gerjets P, Huk T, et al. The effects of realism in learning with dynamic visualizations[J]. Learning & Instruction, 2009, 19(6): 481-494.

[149] Alessi S M. Fidelity in the design of instructional simulations[J]. Journal of Computer-Based Instruction, 1988, 15: 40-47.

[150] Mayer R E. The Cambridge Handbook of Multimedia Learning[M]. New York: Cambridge University Press, 2005: 321-334.

[151] Goldstone R L, Son J Y. The transfer of scientific principles using concrete and idealized simulations[J]. The Journal of the Learning Sciences, 2005, 14: 69-110.

[152] Mcneil N M, Uttal D H, Jarvin L, et al. Should you show me the money? Concrete objects both hurt and help performance on mathematics problems[J]. Learning & Instruction, 2009, 19(2): 171-184.

[153] Klahr D, Triona L M, Williams C. Hands on what? The relative effectiveness of physical versus virtual materials in an engineering design project by middle school children[J]. Journal of Research in Science Teaching, 2010, 44(1): 183-203.

[154] Oh P S, Oh S J. What teachers of science need to know about models: An overview[J]. International Journal of Science Education, 2011, 33(8): 1109-1130.

[155] Passmore C, Stewart J, Cartier J. Model-based inquiry and school science: Creating connections[J]. School Science and Mathematics, 2009, 109(7): 394-402.

[156] Min J, Wu Y S. Development of a web-based system to support selfdirectedlearning of microfabrication technologies[J]. Educational Technology & Society, 2012, 15(4): 205-213.

[157] Maekitalo K, Weinberger A, Haekkinen P, et al. Epistemic cooperation scripts in online learning environments: Fostering learning by reducing uncertainty in discourse[J]? Computers in Human Behavior, 2005, 21(4): 603-622.

[158] Clark D B, D'Angelo C M, Menekse M. Initial structuring of online discussions to improve learning and argumentation: Incorporating students' own explanations as seed comments versus an augmented-preset approach to seeding discussions[J]. Journal of Science Education and Technology, 2009, 18(4): 321-333.

[159] Min J, Lin Y T, Wu D W. Effect of a blended learning environment on student critical thinking and knowledge transformation[J]. Interactive Learning Environments, 2014, 10: 85-97.

[160] Belland B R. Using the theory of habitus to move beyond the study of barriers to technology integration[J]. Computers & Education, 2009, 52(2): 353-364.

第 3 章　理论基础与整体研究设计

基于前面章节对信息化学习情境支持的科学学习国内外研究现状与问题的分析，本章首先总结了信息化学习情境在科学学习中的作用，依据不同的分类方法对信息化学习情境进行分类，然后建构了信息化学习情境支持下的科学学习理论基础，最后基于研究问题和理论基础进行整体研究设计。情境创设是信息化学习中不可缺少的重要组成部分，信息化学习情境支持下的科学学习需要有系统的理论作为指导。

3.1　信息化学习情境在科学学习中的作用

信息化学习情境对科学学习的作用主要体现在以下几个方面：①促进学习者的认知加工速度和高阶学习，发展学习者的高阶思维能力；②可以使学习者把自己和其他真实世界的经验与科学学习有效结合起来，扩大学习者的经验范围；促进学习者有意义地学习；③促进数据的收集和分析；④有利于激活学习者的原有的认知结构，为学习者的学习提供经验和意义关联；⑤激发学习者的科学学习动机，提供给学习者沉浸式的学习环境。信息化学习情境已被证明能有效促进科学学习，并与其他学习方法整合，为有效促进学习提供更大潜力[1]。信息化学习情境可以有效克服传统课堂学习环境的不足，信息化学习情境与传统课堂学习情境的区别如表 3-1 所示。

表 3-1　信息化学习情境与传统课堂学习情境的区别

信息化学习情境	传统课堂学习情境
重视利用技术工具解决情境中的问题或任务	更多的是心智思维工作
强调基于技术工具进行协作与交流	倾向于个人自主学习
强调情境化推理	强调抽象推理和概念理解
重视自主探究和独立解决问题	注重获得普遍认可的知识和经验
面对真实而具有挑战性的学习任务	追求相对简单而清晰的学习任务

信息技术不应作为教师或专家权威的替代品，仅仅发挥传递信息的功能，相反，它应该能够发挥更具促进性和支撑性的作用，帮助学习者去获得丰富的促进

深度理解的学习经验。例如，①把抽象的知识用具体的形式进行表征；②让学习者通过视觉方式、视听觉方式和言语方式清晰阐述他们的知识是如何形成的；③在一个支持同步清晰阐述、反思和学习的复杂设计过程中，让学习者通过用户界面去操作和修改他们的知识发展；④支持整合视觉方式、视听觉方式和言语方式的学习反思；⑤基于网络的学习者共同体可以让学习者分享和整合他们的学习经验和成果，并从协作学习中获益。信息化学习情境更加强调以学习者为中心，培养学习者的数字化学习能力。

3.2　信息化学习情境类型

从教育哲学视角分析教学情境的教育文化差异有利于我们总体上认识信息技术支持下的科学学习情境的现状与发展趋势。从认识论的角度来看，信息技术支持下的科学学习情境既可以为客观主义教学服务，也可为建构主义教学服务。从价值观的角度来看，信息技术支持下的科学学习情境既可以为个体教学服务，也可为集体教学服务。因此，从教育哲学角度来看[2]，信息技术支持下的科学学习情境依据教育文化维度差异可以分为四大区域类型(如图 3-1 所示)，每个区域依

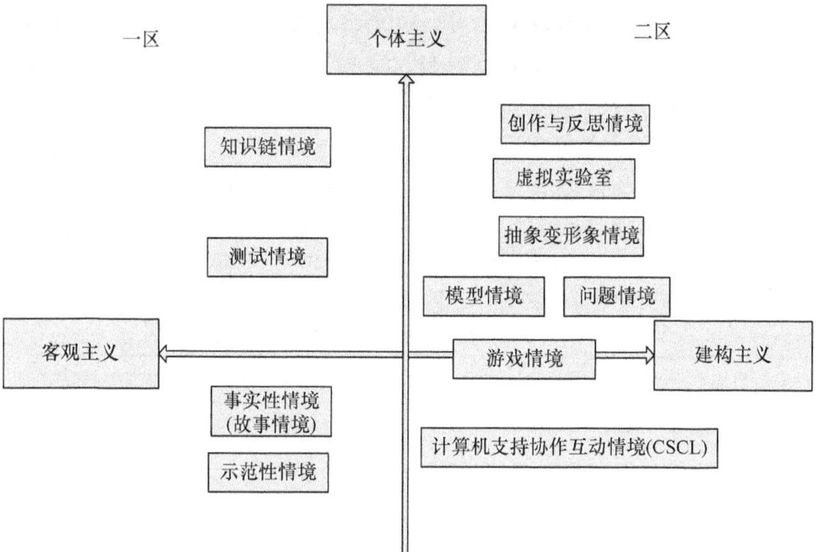

图 3-1　信息技术支持下的科学学习情境文化分类

据学习情境的来源、作用和技术功能又分为不同的类型。依据学习情境的产生来源可以把科学学习情境分为事实性情境(故事情境)、游戏情境、模拟情境和示范性情境；依据学习情境的作用把科学学习情境分为抽象变形象情境、测试情境、协作互动情境、创作与反思情境及问题情境；依据信息技术的功能把科学学习情境分为虚拟仿真科学学习情境和资源型科学学习情境[3]，具体来说，可分为创作与反思情境、虚拟实验室、知识链情境、游戏情境、模型情境以及计算机支持协作学习情境等。虚拟仿真科学学习情境主要基于虚拟现实技术创设的接近真实的模拟科学学习情境，使学习者可以更逼近地感受真实生活情境，学习者通过实践和模拟实验进行探究式学习。资源型科学学习情境是在丰富信息资源支持下的科学学习情境，学习者可以通过不同的应用案例和相关文字、视频、图片等信息资料主动进行探究式学习。

由图 3-1 可以看出，信息技术支持下的传统科学学习情境主要集中在一区和三区，强调以教师为中心，利用信息技术支持教师创设教学情境传授知识，在一些教学任务中信息技术可以直接替代教师传递知识，一区教师主要针对个体进行教学，三区教师主要针对班级群体学习者进行教学。20 世纪 80 年代以后，随着信息技术的发展和建构主义学习理论的应用，在教学中强调以学生为中心，教师转变角色尊重学生的主体地位，国际上信息化教学的研究逐步转移到二区，信息技术支持下的科学学习情境研究也重视学习者的有意义学习。20 世纪 90 年代以来，网络技术和虚拟现实技术的成熟，在教学中开始强调协作学习和虚拟仿真学习，由此使信息技术支持下的科学学习情境研究进入一个新的文化形态(四区)。未来的信息技术支持下的科学学习情境研究将会跨越多种文化趋向，凸显出多样化和复杂性。需要指出的是，对这些科学学习情境进行分类严格来说不能单一用一种教育哲学文化趋向进行划分，有的科学学习情境往往结合了多种不同的教学哲学思想。下面我们对这些典型的科学学习情境做简要介绍。

3.2.1　事实性情境(故事情境)

事实性情境又称为故事情境，应用信息技术提供有关科学现象、形态结构，或者是科学史料、文献等客观、真实的科学事实或故事，使学习者获得真实的事实性材料，以便理解相关科学知识，也加深对科学事实的认识。信息技术通过声音、画面等形式把学习内容直观呈现在学习者面前，这种直观的学习情境让学习者具体而又客观地感知科学事实。根据学习内容和学习者特征利用信息技术提供一些相关情节、景色、现象的真实画面，或者利用动画仿真技术模拟还原真实意境。例如，学习物理力学牛顿万有引力定律时，可通过动画模拟牛顿在苹果树下思考苹果为什么会落地的意境，把学习者带入真实生活意境思考问题，使教师和学习者之间建立共同的生活经验，学习者在意境性情境中通过观察、感知和思考，形成表象。事实性情境可以基于计算机多媒体系统为学习者提供一种丰富逼真的信息情境，系统搜集了许多真实科学案例的文字、图片、动画、视频、音频等相关资料，学习者在学习科学知识时根据学习任务探究相关科学问题，根据需要从系统中抽取并了解相关科学历史和资料(如医疗事故、UFO 事件、重大环境事故等)，通过收集和分析资料，以科学案例为证据得出问题的结论。

3.2.2 示范性情境

通过信息技术提供一系列标准的行为模式(如科学实验、操作性行为、动作等)，可以通过视频录制教师、专家或学者的示范性动作，也可以通过动画模拟真实的操作模式和动作规范，学习者利用这些视频或者动画进行模仿和练习并进行操作技能方面的学习。

3.2.3 抽象变形象情境

利用信息技术提供科学课程中某一典型事物的运行、生长和发展的完整过程，并借助通俗易懂的语言进行解释，帮助学习者对该抽象概念、复杂原理及典型事物的特性、发生和发展的原因和规律有清晰的认识。例如，可以利用动画模拟植物光合作用的原理，把植物在光合作用影响下的生长和发展过程完整地展示给学习者，在此过程中可通过语言进行描述，帮助学习者理解光合作用原理。抽象变形象学习情境可以帮助学习者突破学习难点，掌握复杂难懂的科学原理及概念。

3.2.4 测试情境

测试情境是利用信息技术创设接近于真实生活场景的测试题，学习者在回答问题前通过计算机多媒体技术呈现一个与测试内容相关的真实情境，帮助学习者正确认识测试问题的知识背景，激发学习者在真实情境中积极思考问题、分析问题，并给出客观的回答。测试情境用于检测与调控学习者的个别化学习，也可以用于检测教师的教学效果及学习能力。测试情境包括事前测试情境、分配学习任务、提供事后测试情境，以及进行测试分析和提供分析报告。操练与练习情境是测试情境中一种极为常见的情境，在学习中应用较为广泛，该类情境不向学习者讲授新的知识，而是通过计算机向学习者呈现问题，学习者直接在计算机上回答问题，计算机给予学习者适当的即时反馈。计算机多媒体技术通过动画、视频、声音及图片等创设可视化的问题情境。操练情境主要涉及记忆和联想的问题，在问题设置形式上通常会采用选择题和搭配题；练习情境的主要目的在于帮助学习者形成和巩固问题求解技能，在问题设置形式上大多采用简答题的形式。

3.2.5 知识链情境

知识链情境主要是利用计算机网络的超文本特性实现对学习内容知识点的最优化组织与管理。根据学习目标要求，将不同媒体形式的学习内容有机整合在一起；根据学习内容包含的知识点之间的逻辑关系，把不同学习形式的信息资源有机整合在一起；根据学习者知识水平之间的差异，把相关学科的背景资料和拓展性知识有机整合在一起。按照超文本的非线性网状结构组织管理学习内容更符合我们的思维习惯，有利于学习者对知识结构的理解，最终实现知识转化。需要强调的是网络资源丰富，学习者依据自己的经验和兴趣超链接自己的知识需要教师的及时帮助，因为学习者很容易在海量信息中迷失方向。

3.2.6 问题情境

问题情境可以通过各种媒体形式展示具体问题，根据学习主题由浅入深地设置各种问题，激发学习者的学习动机和兴趣，引发学习者主动思考问题，在问题情境中主动探究。学习者根据自身的经验和兴趣选择学习内容并参与问题讨论和问题解决中去，教师提供及时的帮助，引导学习者利用认知工具查阅信息资源，最终解决问题。问题情境有利于培养学习者的科学意识和科学思维习惯，加深对科学现象的认识，在问题解决中提升科学探究能力。

问题情境和真实情境紧密相关，创设真实情境可使学习者在教室中获取和分享经验。问题情境的关键在于解决问题的情境是真实情境还是虚假猜想的。大部分真实情境是学习者解决问题必不可少的要素，问题设计的标准应该是学习效果，不是真实性。在科学学习中，学习者没有经历真实经验，因此在创设问题情境时需要认识以下三点：①拓展沉浸问题的重要性；②共同体的核心作用；③了解什么是可行的，什么做法是可以接受的和不可接受的。问题情境设计必须考虑学习者的学习动机和学习知识，而不是侧重用技术虚拟环境，任何问题的设计都需要选择合适的学习方法来提升学习。毋庸置疑，学习情境通过在实践共同体中分析学习活动本质来革新学习方法，提升学习质量。

3.2.7 创作与反思情境

创作与反思情境是为学习者利用计算机创作工具及网络学习平台解决问题、创作与反思思维产品、模拟实验过程而创设的情境。例如，利用网络和办公软件工具可以为学习者提供一个科学语言表达和写作的环境，有利于培养学习者的信息查获、信息筛选和信息评价的能力。计算机也可以提供各种认知工具帮助学习者解决问题并创作与反思学习产品，如力学计算程序、化合分析程序、社会科学统计软件包（statistical product and service solutions，SPSS）、几何画板、BlackBoard

学习平台、Moodle 平台、工程数学计算程序 MATLAB 等。通过这些创作工具提供的创作与反思情境可以加深对学科知识的意义建构，也可以培养学习者的创造性思维与反思能力。

3.2.8 模型情境

模型情境是利用计算机建模和仿真技术来表现自然界的结构和动态，为学习者提供一种可以体验和观察的学习情境。科学家为探索自然界而开发概念性、物质性、有代表性的计算机模型，这些模型帮助解释和预测一个事件，可以代表一个现象的一个具体方面，可以描述一个系统的互动成分，也可以量化相关变量之间的关系。模型情境是科学教与学的一种创新方法，为了展示和解释科学过程和现象模型情境鼓励学习者通过技术使用、创造、分享和评价模型。模型情境有助于提升学习者的科学概念理解、批判性思维、科学探究能力。

创设模型情境的核心工作是建立真实世界的模型,这种模型可以是数学模型,也可以是逻辑模型和过程模型，然后用计算机程序描述该模型，通过执行程序运算后输出结果，输出结果在一定程度上可以反映学习者在真实世界的行为。模型情境允许学习者通过改变输入数据的范围来观测模型的变化状态。

信息技术的快速发展为科学建模学习提供了尽可能多样化的媒体工具，许多模型情境已经应用到中小学科学学习中。这些模型情境可以支持学习者对生活中的科学现象进行建模，尤其是那些在真实生活中太细微不能看到的、过于抽象不能展现的、太复杂不能解释的，以及太危险不能亲自探索的科学现象。这些情境也建立了新的协作形式以便于学习者在班级内部共同构建模型，模型情境大部分能提供即时反馈和自动化脚手架，更能体现以学习者为中心的学习情境，学习者可以控制自己的学习节奏并接受个性化学习，例如，美国科罗拉多大学博尔德分校开发的 PhET 互动模型情境。PhET 模拟开始时只关注物理话题，但现在也包括其他学科，如数学、生物、化学以及地球科学。该模型软件有助于学习者可视化、测试科学模型以及探究学习，这些模型软件也可支持不同类别的活动和作业。

3.2.9 游戏情境

在信息技术支撑下，游戏情境与计算机虚拟现实技术关系密切。计算机游戏被认为是一种有效的学习情境，它可以通过创设多种情境和真实任务促进积极的自主学习情境。目前大多数游戏学习情境是基于虚拟现实技术开发的，在借鉴传统游戏开发技术的基础上通过改变游戏环境、游戏规则及游戏角色等实现游戏化学习，使计算机游戏情境更具有趣味性、竞争性和参与性，实现寓教于乐的目的。把多媒体技术恰当地融入游戏学习中可以逼真地再现游戏角色和场景，达到激发学习者的动机和兴趣的目的，学习者在计算机游戏中进行实践可以积极参与活动，并提供机会去训练数字叙事、计算思维和创造性思维。例如，联系外星人（Alien Contact）是一个采用增强现实技术实现的教育游戏项目，该项目旨在提升学习者的数学和科学素养。该项目主要使用了手持式计算机（portable personal computer，PPC）、GPS 或 GRS 等高端技术，将学习者在真实世界中的情境和虚拟游戏中的信息相叠加，当学习者在现实中移动时，他们的手持计算机地图上就同时显示出了学习者所在的位置、虚拟的人物及一系列数字物品，学习者可以在真实和虚拟交织的空间中通过视频、声音和文本等多种形式进行交互学习。学习者在该课程学习中四个人分为一组，分别承担化学家、计算机专家、语言学家和美国联邦调查局专家的角色，他们从各自的视角收集数据，同时可以协作解决游戏中的各种学习问题。

3.2.10　虚拟实验室

虚拟实验室是利用虚拟现实技术仿真实验过程情境或设想某些真实情境，供学习者观察与操纵其中的对象，学习者可以先观察演示实验，然后通过计算机模拟环境亲自操作实验，学习者根据自身的需要可以重复实验，使其在实验中获得体验，设置数据参数并观测实验结果，通过搜集和分析数据来验证结论并获取新的认识。例如，NOBOOK 虚拟实验室基于 ActionScript3.0 编程语言开发的多点触控虚拟实验，该实验室实验项目与中小学物理和化学课程实验内容同步，并配置互联网智能学习平台，该虚拟实验室可以跨个人电脑和移动平台使用，学习者在学习中仿佛置身于真实实验环境，可以通过网络平台共享实验资源及交流互动，教师也可通过该平台实现学习管理、实时监控及学习帮助等功能。

3.2.11　计算机支持协作互动情境（CSCL）

CSCL 情境强调利用计算机支持学习者与同伴之间进行交互活动，学习同伴在网络通信工具的支持下突破地域和时间的限制。CSCL 情境可有效支持教师在科学学习中的想法，而这些想法主要依赖于工作、思维以及创造性知识。教师的创造性想法通过探究学习、批判性话语以及批判性思维可以促进学习者深入学习和有意义学习。CSCL 情境可以支持同伴互教、小组讨论、小组练习、基于主体和客体的小组学习等合作性学习活动。

协同实验室是基于网络环境而创设的一种协作实验情境，应该说是计算机支持协作学习情境的一种类型，它是对真实实验环境和虚拟网络实验平台的集成，它实现了基于网络环境的问题求解过程。协同实验室是虚拟实验室的一种特殊形式，它强调网络协同实验情境，学习者通过协同设计实验方案，通过仿真实验验证实验情形，根据验证结果可以把虚拟实验转移到真实实验情境中进行再次检验。

学习者在实验中的所有行为都会被系统自动记录下来，师生通过分析这些记录数据可以找到最佳的学习路径，也可以评价学习者的协作学习行为和学习效果。另外，协同实验室可以支持学习者在教师的指导下自由分组实验，所有学习小组都可以形成一个小的学习型组织，小组在实验过程中，只有组长有权限控制实验器材，获取实验数据，其他小组成员只是向组长提供建议和观察到的实验结果。在协同实验室需要强调的是，小组协同实验应该分工明确，教师在小组实验过程中应该及时监控每个小组成员的表现和实验成果，并及时给予指导和帮助。

3.3 信息化学习情境支持下的科学学习理论基础

信息化学习情境支持下的科学学习较为复杂，我们应该从多种理论视角审视它，不同的视角可以更全面客观地认识学习情境。学习情境创设可从心理学理论视角、教育学理论视角、技术理论视角、文化理论视角和社会学视角进行思考[4]。这五大理论视角互相补充，有机组合在一起有利于科学合理地创设学习情境。从心理学理论视角来看，学习情境创设主要涉及学习心理学的内容。学习情境探究从心理学角度审视学习是如何发生的，在学习过程中学习者是如何思维的，这些现象需要通过心理学相关理论来解释，因此，心理学理论是学习情境创设的重要理论支撑。从教育学理论的视角来看，学习情境创设应该重视学习内容的表现，根据不同类型的学习内容利用信息技术创设相应的学习情境，在学习过程中还要考虑如何为学习者提供恰当的学习支持和帮助。心理学理论和教育学理论与学习情境创设关系最为密切，在学习情境创设过程中必须有这两个方面的理论作为支撑。

当前，信息技术飞速发展催生数字生活时代，人们的数字化学习能力不断得到提升，在学习情境创设时应该考虑信息技术的应用。利用信息技术创设学习情境，既要考虑技术的适切性，又要考虑学习效果，这种技术的适切性不是一味地追求新技术的应用，关键在于技术成本和实效性，在情境创设中应该追求技术的最佳方案与学习效果的平衡，达到双赢的结果。从文化理论的视角来看，学校所有的学习活动都在一定的文化氛围中进行，这种文化氛围是基于认识论和价值观而形成的，不同的认识论和价值观对学习情境影响是有明显差异的，因为学习情境可以反映出特定的认识论和价值观。从社会学视角来看，学习情境创设一定要重视其社会交流互动及应用效果，学习情境是为学习服务的，在学习过程中利用信息技术创设合理的学习情境有利于唤醒学习者原有的学习经验，进而主动建构新知识。社会学理论强调最大程度地利用信息技术创设学习情境，并在学习中积极应用。

3.3.1　思维型课堂学习理论

1) 思维型课堂学习理论内涵

在教育中重视学习思维在中国有很长的历史，学习思维理论在长期的教育教学实践中不断得到丰富和完善。课堂学习是学校教育教学实施的主要途径，也是教师的教与学习者学习的一个有机整体。课堂学习中教师有目的和有计划地创设学习情境和组织学习者开展学习活动，师生活动的核心在于思维，思维是促进学习者全面发展的基础，也是提高课堂学习质量的关键要素。胡卫平教授基于皮亚杰的认知主义理论、维果斯基的建构主义理论以及林崇德的思维理论，经过 30 多年的课堂教学理论和实践研究，创造性提出了思维型课堂学习理论[5]。该理论认为，在课堂上应以激发学习者积极思维为核心，学习中以学习者为主体，努力丰富学习者知识，提高学习者创新思维能力，培养学习者态度。

思维型课堂学习理论包括动机激发、认知冲突、元认知、自主建构和应用迁移等五个方面的基本原理，如图 3-2 所示。动机激发阶段主要是引入问题和创设情境的过程，动机和兴趣在思维中发挥着重要作用，因为思维活动需要学习者主动积极的动机和兴趣，没有主动积极的动机和兴趣驱动，难以获取有效的思维，而提出问题和创设情境就是动机激发的关键。认知冲突就是学习者发现自己的困惑或与以前经验和理解不一致的地方，认知冲突是激励学习者积极思维的一种有效手段，它可以促进学习者积极修正原有的概念框架，最终建构新知识。元认知的主要目的在于让学习者在学习实践中管理自身的思维，学习者努力寻找解决问题的有效途径或方法，并把这个过程作为一种习惯化的思维模式，学习者在这个过程中始终控制和管理自己的学习和思维；每一次学习活动结束，学习者都应该

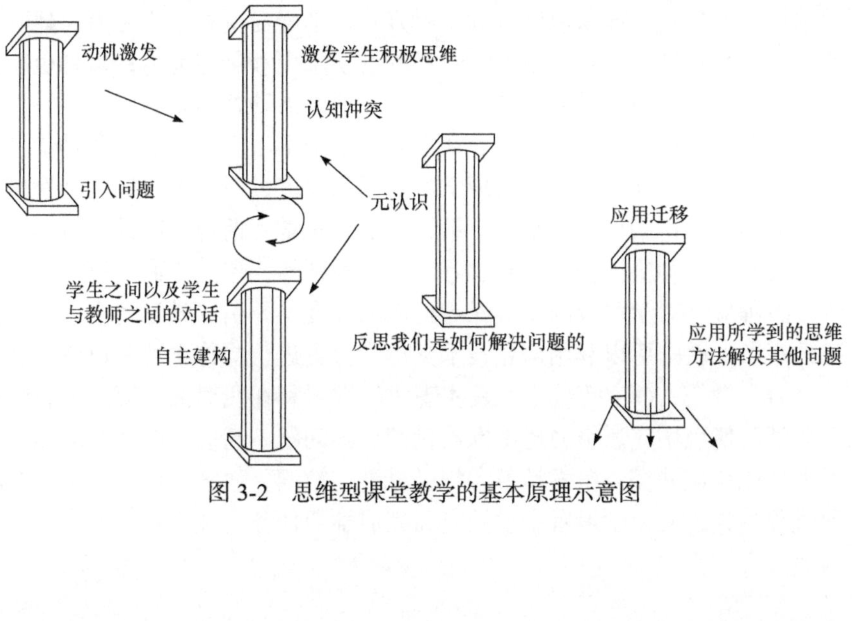

图 3-2　思维型课堂教学的基本原理示意图

反思和总结自己解决问题的思维方法、思维策略、问题结果以及解决方法等。自主建构主要通过师生之间的互动或者学习者之间的互动来建构学习环境，教师允许学习者通过与其他人协作解释自己的推理过程，总结经验和教训，讨论是自主建构最有效的方法，但讨论必须包括对论证过程的分析。应用迁移主要是应用所学的思维方法解决日常生活中的其他问题情境，培养学习者分析问题和解决问题的能力，最终提升其创造力，这就需要学习者自身训练思维质量，养成有效的思维习惯。

2) 思维型课堂学习理论与信息化学习情境支持下的科学学习

思维型课堂学习理论强调学习者通过思维提升对知识的理解深度，重视学习者围绕学习目标的积极思维和内在兴趣，主张在课堂上加强师生互动。一个好的思维环境是学习者积极思维的前提条件，在课堂学习中教师需要创设良好的学习情境来促进学习者积极思维。该理论的基本要求之一就是在课堂学习过程中要根据学习内容创设带有目的性的学习情境，促使学习者主动进行知识建构[6]。学习者在信息技术创设的情境中进行学习，教师可以利用信息技术创设的生动直观的情境激发学习者的学习兴趣，唤醒学习者与情境有关的原有知识和经验，根据刺激情境提供的信息与学习者的原有知识和经验的弥合程度,实现同化和顺应过程,最终达到对新知识的意义建构。

信息技术不再是帮助教师传授知识的手段和方法，而是用来为学习者积极主动学习创设学习情境、帮助学习者协作学习和互动交流服务的。信息技术可作为学习者主动学习、协作探究的认知工具。思维型课堂学习理论的具体操作程序是“情境创设-问题提出-自主探究-合作交流-总结反思-应用迁移”。思维型课堂学习理论对信息化学习情境支持下的科学学习的影响有以下四点。第一，在创设信息化学习情境中，教师应该采取民主的学习方式，平等对待每个学习者，建立以学习者为主体的教育理念，重点培养学习者的创新意识和创造能力；教师也应该鼓励学习者独立思维，敢于挑战权威，积极参与课堂活动并活跃课堂氛围。学习情境支持学习者主动探究和自由学习，在学习情境中学习者可以利用各种信息资源和信息工具完成学习任务，最终实现学习目标的要求，对学习目标的掌握可以达到理解、应用、分析和评价的水平。第二，信息化学习情境鼓励并支持学习者提出自己的疑问，教师应该积极应对学习者的各种疑问，包括正面的评价和负面的批评等。教师应该对学习者的质疑保持正面的态度，并引导学习者全面客观的表达自己的观点。教师可以利用信息技术支持学习者进行协作学习和讨论，通过网络学习平台、微信、QQ 等技术工具实现协作学习和在线对话。第三，教师在创设信息化学习情境中应该努力提出高质量的认知问题，高质量的认知问题可以引导学习者形成认识冲突，激发学习者积极思维。第四，教师在信息技术支持的情境学习过程中为了支持学习者主动探究和完成学习任务，在学习过程中要为学习者提供必要的各种信息资源和信息工具，这些资源可以是课件、视频、动画等，也可以是网站、几何画板、仿真软件等。

3.3.2　情境认知与学习理论

1) 情境认知与学习理论内涵

情境认知与学习理论将学习者隐喻为“认知学徒”，重视隐性知识的学习，强调通过“活动感知”（active perception）为学习者建构学习模式搭建抛锚式学习的支架、发展学习者的自信心。情境认知与学习理论强调外部学习环境对于学习的重要意义。现在，移动通信技术让随时随地获取任何知识成为可能，极大地提高了学习活动的质量。因此，移动学习为情境认知与学习理论提供了技术支持，情境认知与学习理论则为科学学习提供了理论基础。

情境认知与学习理论的基本内涵可以总结为以下几点：第一，学习者认知过程的本质由具体的学习情境决定，情境是一切认知或学习活动的基础；第二，心理与环境的互动必须关注日常生活中的情境，只有接近于真实的日常生活情境才能反映出个体认识的真实状况；第三，学习是在真实情境中的一种实践活动，学习者通过与情境中的实践共同体积极互动而改变自身的行为去适应环境变化，学习是实践共同体中的一种“合法的边缘性参与”；第四，允许学习者反思自己的学习过程；第五，重视学习资源和认知工具的运用；第六，强调学习者之间的协作和社会性建构；第七，教师要提供及时的引导和帮助；第八，提供真实性评价。

由此可以看出，情境认知与学习理论同建构主义学习理论在很多观点上是一致的，它们都强调社会文化背景对个体认知与意义建构的重要性，重视情境创设和协作学习，二者在教育实践中存在着部分暗合点，但是并不完全相同。情境认知与学习理论是对建构主义学习理论的继承与发展，建构主义关注学习者个体，情境认知与学习理论关注学习者个体与社会文化情境的互动关系，在这方面有自己独立的观点。另外，情境认知理论还关注自然环境中的认知过程。

2) 情境认知与学习理论和信息技术支持下的学习情境建构

从表面上看，情境学习在科学教育应用中存在着不确定性，但可以肯定的是它可以激发师生提升传统学校课程学习的效果。学校是一个实践共同体，在这个共同体里有正式学习和非正式学习行为发生，但学校里的学习行为不是情境化的，因为课程知识不是实践共同体，学习者需要在共同体创设的情境中获取知识。知识是由存储在大脑里的各种碎片化信息组成的，这些信息需要教育者合理设计并组合，在教师环境中把这些静止和孤立的信息通过营造具体的情境有效传递给学习者。在科学学习中，学习者没有经历真实生活经验，因此在创设情境时需要认识以下三点：①拓展沉浸内容的重要性；②共同体的核心作用；③了解什么是可行的，什么做法是可以接受的。问题设计必须考虑学习者的学习动机和学习知识，而不是侧重用技术虚拟环境，任何问题的设计都需要选择合适的学习方法来提升学习。

情境认知与学习理论对信息技术支持下的情境创设具有极强的指导价值，在创设信息化学习情境时需要全面把握情境认知与学习理论的本质和精髓。总的来说，基于情境认知与学习理论的视角创设信息化学习情境应该考虑以下几个方面：①根据学习内容在生活中的应用情况，利用信息技术再现真实的情境；②利用信息技术为学习者提供真实的学习活动；③利用信息技术为学习者提供多种学习情境，允许学习者根据自己的经验和兴趣扮演学习角色；④利用信息技术支持协作性知识建构；⑤教师提供及时的学习支架和建议。

3.3.3　活动理论

1）活动理论的内涵

活动理论起源于德国康德与黑格尔的古典哲学，形成于马克思辩证唯物主义和苏联心理学的社会历史学派。活动理论强调活动在知识和技能内化过程中的连接作用，活动是个体意识产生的基础。活动理论关注以下几个方面：①实践活动本身；②人们在活动中使用工具的本质；③活动中人们之间的社会关系；④人与情境的关系；⑤活动的目的与意义；⑥活动主体或客体在活动中改变的结果[7]。活动理论的内涵为，所有的人类活动都处于人与自然环境和社会环境的双向互动中进行的，人类的学习与活动相互作用，并在个人与群体的实践过程中产生，文化工具是活动的中介，人的心理发展和实践活动是辩证统一的关系。活动理论的基本单位是活动，活动系统包含主体、客体、共同体、工具、规则和劳动分工等六个要素，其中，主体、客体和共同体是核心成分，工具、规则和劳动分工是次要成分，次要成分是核心成分之间联系的桥梁。它们之间的互动关系如图 3-3 所示[8]。

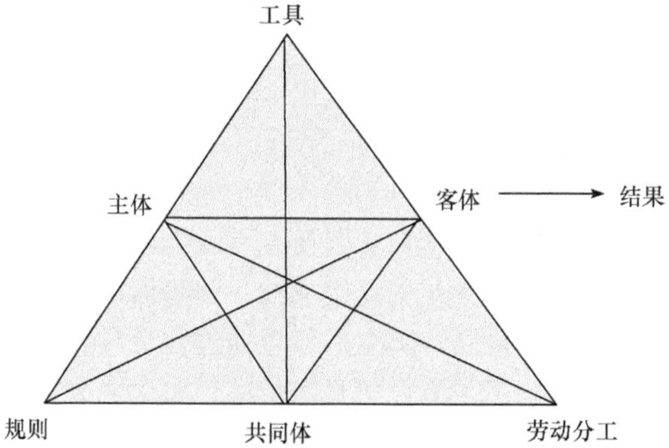

图 3-3　活动理论系统各个要素之间的互动关系

2) 活动理论与信息化学习情境支持下的科学学习

活动理论可为信息化学习情境支持下的科学学习提供实践指导，活动理论重视实践，它的价值在于理论本身的精神内涵，可为学习设计提供一个描述性设计工具，随着信息技术的发展，活动理论与技术的结合会有效支撑终身教育和个性化教育。基于活动理论的精神内涵，运用信息技术创设学习情境时可以依据以下六个步骤进行。

第一，明确学习情境或任务的目的：了解学习活动产生的相关情境，明晰学习者的学习动机及对学习活动产生的认知矛盾。

第二，分析学习活动系统：明确学习活动系统的参与者，界定学习活动相关的学习共同体，并明确期望达到的学习结果。

第三，分析学习活动结构：界定学习活动本身，把学习活动分解为行动和操作。

第四，分析学习工具和中介：明确学习情境中可以使用的技术工具、规则、模式或标准化方法，并明确情境中各个角色的作用。

第五，分析情境：分析内在或学习主体驱动的情境范围，界定外在或学习共同体驱动的情境范围。

第六，分析情境系统的动态特性：分析情境系统中各个部分之间的关系，包括学习共同体成员之间的互动关系及变化过程。

3.3.4 联通主义学习理论

1) 联通主义学习理论内涵

联通主义学习理论是随着网络时代的发展而提出来的一种新的学习理论，网络时代促使人们的交流方式发生了巨大变化，网络技术的进步有利于知识的不断增长，这也同时缩短了知识的更新周期。处于互联生活中的每个网民都可以在各种网络平台上方便快捷地分享自己的知识，这为联通学习提供了基础条件。数字化时代促使人们的学习工具、学习方式和学习资源都发生了巨大转变，学校不再是唯一的学习场所，纸质教材不是学习者获取知识的唯一途径，基于网络进行合作交流学习已经成为人们获取知识的重要途径。加拿大学习者 Siemens[9]在《学习技术与远程学习》中系统阐述了联通主义学习理论，他认为学习不是一个人的活动，而是连接专门节点和信息源的过程。联通主义学习理论的内涵可主要概括为以下几点：①知识是一个动态变化的过程；②知识是以碎片化方式传播于网络中的，处于网络中的每个学习者既是这些碎片化知识的拥有者，也是这些知识的创造者，他们可以对这些碎片化知识进行创造、完善和批判等；③学习是一个连续的、知识网络形成的过程，这就需要建立人际交往关系和知识网络；④学习的重点不是学习内容本身，而是在于创建个人学习网络的行为中；⑤学习中的困难是因为缺乏做的过程；⑥重视联通中的节点，强调在个人学习网络中及时更新各个联通的节点；⑦学习中的创造性是学习者对现有思想和概念之间通过联通节点建立新的联系，并具备创造新知识的能力。

2）联通主义学习理论与信息化学习情境支持下的科学学习

传统学习理论强调个体的学习活动，而联通主义学习理论不仅重视个体学习，还重视群体间的学习活动，这种群体间学习互动关注学习者的外部学习环境。联通主义学习理论关注合作互动网络情境的创设，学习者的认知过程所获得的知识和技能存在于学习者群体、认知工具和交互活动中，教师在利用信息技术进行学习情境创设时不仅要重视学习资源和网络学习环境的设计，更要重视学习活动和交互活动的设计，实现知识的联结、重组与创造，如图 3-4 所示。运用信息技术可以支持分布式交互和协作学习活动。在学习情境创设时可以把学习情境视为一个系统进行设计，通过信息技术支持学习者之间的观点碰撞，通过技术工具使思维可视化[7]。

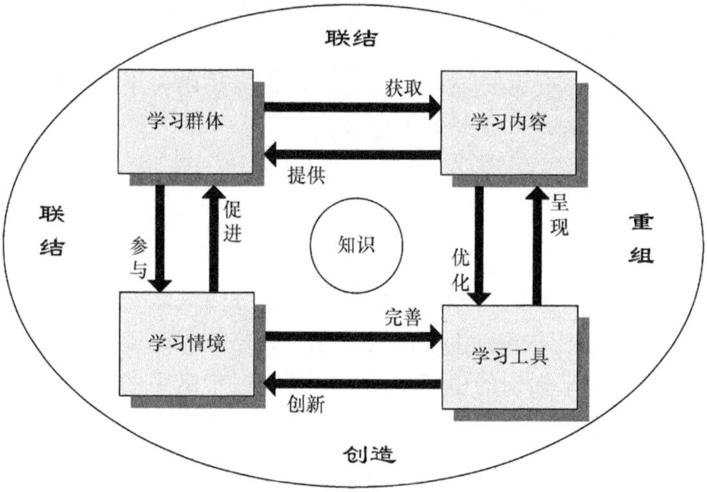

图 3-4　基于联通主义学习理论的学习情境构建

基于联通主义学习理论的内涵，在利用信息技术创设学习情境时可从以下几个方面考虑：①通过 QQ、微信、神经网络模仿及虚拟实验室创设学习情境；②通过网络、多媒体技术等共享资源，实现知识重组；③教师应根据社会发展灵活更新和调整学习内容、学习目标及学习方法，学习者在网络中容易地接触到机械性记忆的知识，教师应该允许并相信学习者可以自己掌握，教师应把学习重点放在更高级的学习目标；④在情境学习前提出明确的学习目的，支持学习小组形成自己的文化氛围；⑤协作活动中分工明确，支持学习者之间相互观察、反思与评价；⑥利用技术平台记录学习者的活动轨迹、学习成果，通过记录数据及时分析每个人的学习状态，提供学习者及时的个性化建议；⑦重视对学习成果的分析与评价，通过学习平台与其他学习者分享收获；⑧教师授课不应局限于教材，要加强自身学习，不断丰富自身的知识储备与教育教学理论，努力帮助学习者转变学习方式，指导学习者获取知识的有效途径，促使学习者建立自己的学习网络，进而实现对知识的创造。

3.3.5　沉浸理论

1) 沉浸理论内涵

Csikszentmihalyi[10]首次提出了沉浸理论（flow theory），该理论主要解释人们在日常学习或生活中能全身心投入情境中的原因，该理论认为个体在全身心投入情境中时，注意力会非常集中，在此过程中会屏蔽所有不相关的知觉，从而进入一种沉浸的状态，这种沉浸的状态被称为“流”（flow）。沉浸理论的主要内涵有以下几个方面：①在沉浸开始之前需要集中注意力、目标明确，挑战难度要符合学习者已有的知识和技能，活动要简单并很快使学习者上手，活动的趣味性可以吸引学习者；②在学习者进行实践活动时让玩家高度关注学习活动，保持行动与意识的统一，学习者能够感受情境时间的变化，并可以监控和控制活动进程；③通过学习活动可以激发学习者的探索欲望，主动接受和使用信息技术，自觉认识和控制自己的行为，最终促进学习[11]。

个体处于沉浸的状态主要表现为以下几个方面：①目标明确，规则清晰，学习者在已有的知识和能力范围之内可以完成学习目标；②聚精会神，注意力高度集中；③丧失时间感，忘记时间的快慢节奏；④对行动结果做出快速反应，对活动给予的奖励和惩罚能及时做出调整；⑤学习者自己可以掌控活动形式和进程；⑥活动对学习者具有较强的吸引力使其全身心投入活动中；⑦活动的价值让学习者愿意去实现；⑧保持行动与意识的统一；⑨学习者已有的知识和技能通过努力可以应付挑战，挑战活动的难度要适当。沉浸理论最关键的要素是把握好挑战活动难度与学习者已有知识和技能之间的平衡关系，挑战太难会使学习者无法控制活动进程，进而产生焦虑和挫败感，挑战太简单会使学习者感觉单调乏味而失去学习兴趣。挑战难度和学习者已有的知识和技能关系如图 3-5 所示。

通过图 3-5 可以看出，横坐标代表学习者已有的知识和技能，纵坐标代表学习活动的挑战难度。当挑战难度过低，学习者已有的知识和技能足以应付挑战时，会使学习者感到单调乏味，对学习活动逐渐失去兴趣；当挑战难度过大超过学习者已有的知识和技能时，会使学习者产生挫败感和焦虑感，最终也会使学习者放弃学习活动。最合理的挑战活动应该保持两者的平衡处于中间的沉浸区内，沉浸区可以激发学习者的学习兴趣和动机，促使学习者完成学习任务，进而确保较好的学习效果。

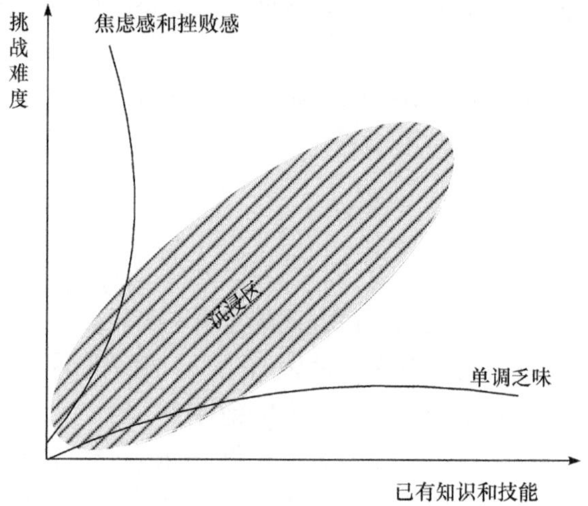

图 3-5　挑战难度和已有的知识和技能关系

2)沉浸理论与信息化学习情境支持下的科学学习

在信息化学习中要想达到理想的学习效果，首先应该考虑使学习如何能够吸引学习者，尤其是一些基础水平较差的学习者，把他们的兴趣充分调动起来，并集中注意力，让学习者沉浸在信息技术支持的游戏化学习情境和虚拟现实学习情境里。在技术支持的虚拟现实情境里，深度沉浸的学习更容易获得满足感和成就感[12]。因此，基于沉浸理论利用信息技术创设游戏化学习情境和虚拟现实学习情境把学习者带入一个接近于现实的复杂情境，这种沉浸式学习情境既包括学习情境，又包括虚拟的现实生活情境。在沉浸式学习情境具体设计中应该从教学层面、行为层面和心理层面进行架构，构建一个由外到内的认知过程，从学习进入，启发学习者主动实践和探索，在沉浸体验中实现知识迁移。信息技术支持的沉浸式学习情境体系架构如图 3-6 所示。

通过图 3-6 可以看出，沉浸式学习情境创设从教学层面开始，也是最基础的工作，这个层面里教师根据学习内容和学习者特征利用信息技术创设学习情境，设计交互界面，学习者进入学习情境，激发学习兴趣和动机。通过教学层面的引导，学习者跃迁至行为层面，在行为层面学习者在游戏化情境或虚拟现实情境里进行实践操作，通过技术工具交互信息和控制实践过程，在实践操作过程中可开展探究合作学习，教师给予学习者适当的指导和帮助。经过行为层面的实践操作学习者跃迁至最高层面——心理层面，学习者通过练习与测试及时巩固实践成果，师生之间进行双向反馈。通过沉浸式学习情境使学习者维持稳定的学习状态，最终实现知识迁移。

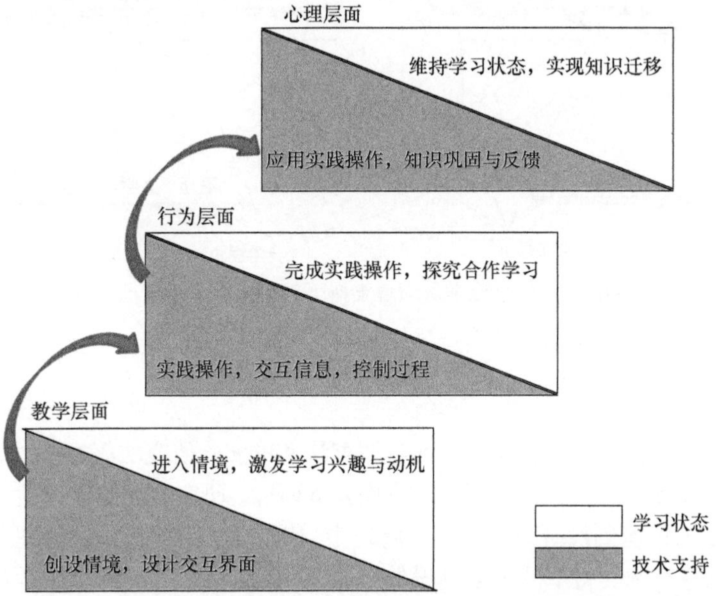

图 3-6　信息技术支持的沉浸式学习情境体系架构

以上对思维型课程学习理论、情境认知与学习理论、活动理论、联通主义学习理论及沉浸理论内涵进行分析，在此基础上分别阐述了各个理论与信息化学习情境创设的方案。通过进一步对比分析，这五个理论之间有许多共同特点：①倡导以学习者为中心的教育理念，促进学习者高阶思维能力的发展；②重视学习者的实践活动，让学习者体验真实情境；③认同社会文化的重要性，注意营造适切的文化氛围；④关注学习共同体和实践共同体的建立，认同知识的社会性建构；⑤重视信息技术的支持；⑥提倡协作学习与互动交流；⑦强调要结合学习者已有的知识和经验。

从心理学理论视角、教育学理论视角、技术理论视角、文化理论视角和社会学理论视角系统分析信息化学习情境支持下的科学学习理论基础，在系统整合各个理论思想精髓的基础上构建信息化学习情境支持下的科学学习理论框架。该理论框架把思维型课堂学习理论、情境认知与学习理论、活动理论、联通主义学习理论及沉浸理论嵌入到多元理论模型中，如图 3-7 所示。该理论框架可以清晰地反映出各个理论的特点，用不同的视角支撑学习情境创设，有利于我们正确认识理论的应用价值。

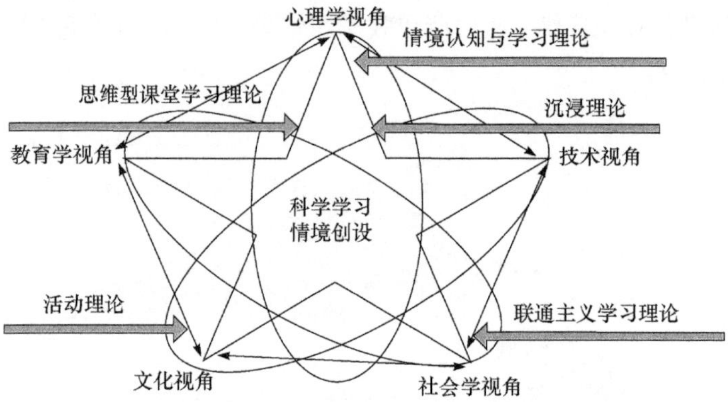

图 3-7　信息化学习情境支持下的科学学习理论框架

3.4　研 究 思 路

本研究综合采用文献分析法、问卷调查法和准实验研究法等方法，主要从理论建构、模式设计以及实验验证等三个方面开展研究。研究内容主要包括国内外信息技术支持下的情境创设研究现状与发展趋势、信息化学习情境创设的理论基础和指导模型、信息技术支持下的情境创设的指导原则和操作模式、信息化学习情境支持下的科学概念、科学问题和科学探究活动学习分别对学习者的情境兴趣、学习动机和学习效果的影响进行实证研究等五个方面，本研究总体框架设计如图 3-8 所示。

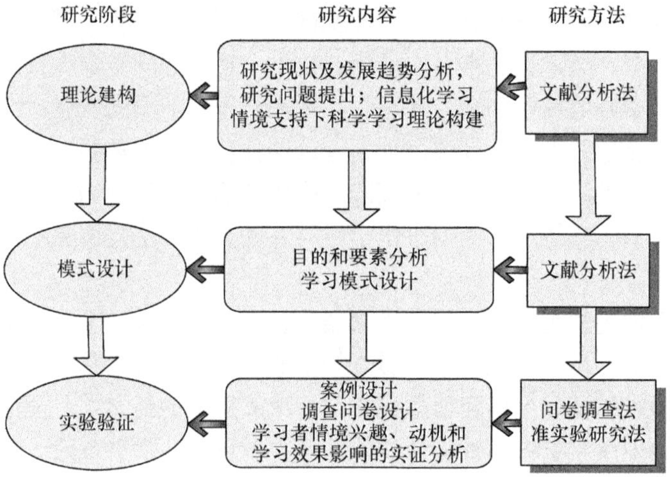

图 3-8　本研究总体框架设计

3.4.1　理论建构

通过系统梳理国内外信息技术支持下学习情境研究的相关文献和相关理论研

究成果，了解当前国内外信息化学习情境研究现状与发展趋势，为开展我国信息化学习情境研究提供支撑和借鉴。在文献分析的基础上，针对当前我国相关研究存在的不足，开展信息化学习情境支持下的科学学习的理论研究，构建信息化学习情境支持下科学学习的理论基础，为后续的调查研究与实践探索提供理论支撑。

3.4.2　模式设计

围绕信息化学习情境支持的科学学习理论基础分析信息化学习情境支持下的科学学习的目的和要素，总结信息化学习情境创设的指导原则，并从科学概念学习、科学问题学习和科学探究活动学习三个方面分析与设计信息化学习情境支持的科学学习模式。

3.4.3　实验验证

编制学习者在信息化学习情境支持下的科学概念、科学问题和科学探究活动学习中的情境兴趣及科学学习动机等各项调查问卷，设计与开发信息化学习情境支持下的科学学习案例，根据实验内容在中学选取实验班级，通过问卷调查和实地考察等方法，了解信息化学习情境支持下的科学学习现状，与教师交流和讨论信息化学习情境支持下的科学学习的要素、指导原则和模式，以物理学科为例针对不同的实验项目在中学物理课堂中分别开展为期一年的准实验研究，搜集分析相关数据，对学习者的信息化学习情境兴趣、科学学习动机和学习效果的影响进行实证分析研究。

3.5　整体研究设计与实施方案

基于信息化学习情境支持下的科学概念、科学问题与科学探究活动学习模式，从实验准备、量表编制、实验培训和实验实施等四个阶段分别介绍了信息化学习情境支持下的科学学习研究整体实施方案。

3.5.1　实验准备

基于文献分析法形成的信息化学习情境支持下科学学习的理论基础，信息技术支持下的情境创设的要素、指导原则和科学学习模式，设计具体的情境案例和调查问卷，主要编制信息化学习情境支持下的科学学习对学习者的情境兴趣和科学学习动机问卷。情境案例的设计与选取遵循信息化学习情境创设的指导原则，主要分为信息化学习情境支持下的科学概念学习、信息化学习情境支持下的科学问题学习和信息化学习情境支持下的科学探究活动学习。

3.5.2　量表编制

基于三维目标体系构建学习情境评价指标体系，可以通过学习情境兴趣和科学学习动机来观测学习者的情感态度和价值观对课程学习的影响，通过学习作品、学习方式和技巧来观测学习过程与方法。根据学习内容和学习目标编制课前和课后测试题，通过课前和课后测试评价学习者对知识和技能的掌握程度。调查问卷主要分为学习情境兴趣和科学学习动机等。

(1)测试题编写。

根据初中物理学习大纲编制，试题参照 PISA2015 科学测试评价框架编制[13]，在编制中基于真实情境设计，在能力层面主要考察学习者科学地解释现象、评价和设计科学探究以及科学地阐释资料和证据等。在知识层面主要评价学习者的系统性内容、程序性知识和认识观。在态度层面主要考察学习者对科学的兴趣、科学探究的评价以及对环境的觉知。试题内容大部分是基于真实情境对定性知识的描述。科学概念学习前测与后测试题重点考察学习者对物理概念的掌握程度，能区别类似概念，把握概念的核心要素并正确应用其解决问题，测试共 10 个题目，且在难易程度上有一定区分度和层次。科学问题前测与后测试题重点考察学习者对物理问题的分析能力和解决能力，特别是科学推理能力，其前测与后测共 10 个试题，其中考察科学推理能力的试题各为 5 个。科学探究活动学习前测与后测试题重点考察学习者实验探究的掌握程度，特别是学习者的科学探究能力，可侧重于分别从观察能力、分析能力和知识转化应用能力进行考察，这方面的试题前测与后测各占 5 个。

(2)学习情境兴趣量表。

学习情境兴趣量表采用颜弘志[14]的学习情境兴趣量表。该量表依据人类六大基本情绪修改而设计，人类六个基本情绪分别为快乐、惊讶、悲伤、生气、厌恶和恐惧[15,16]。本研究根据预试时的观察与个别访谈，修改为中学学习者较容易接受的词汇，例如，学习者参与信息技术支持下的学习情境极少表现出恐惧、生气与厌恶等极端情绪，但却容易出现担心、厌烦与无聊等相似但较轻微的情绪，于是修改恐惧、生气与厌恶三者为担心、厌烦与无聊。其他情绪专业术语按照原有词汇进行设计，例如，快乐以兴奋取代，惊讶以好奇取代，悲伤以失望取代。所以本情境兴趣问卷的六个主要施测选项为，兴奋(原快乐)、好奇(原惊讶)、厌烦(原生气)、失望(原悲伤)、无聊(原厌恶)、担心(原恐惧)，问卷题目见附录 2。此问卷由学习者根据个人意愿选择作答。关于情绪的归类(正负向)，其中，兴奋为正向情绪，而惊讶原为中性情绪，但若使用好奇则被归类于正向情绪[17]。而厌烦、失望、无聊、担心在本研究中归类于负向情绪。在本研究中将情境兴趣问卷与脸部表情质性资料等，都归于学习动机表现中情境兴趣表现的一部分。经过预测检验结果显示，该量表的 Cronbach's α系数为 0.91，其结构效度和预测效度较为理想，是区分学习者学习情境兴趣较为有效的测量工具。

(3)科学学习动机量表。

本研究采用 Tuan[18]和颜弘志等的科学学习动机量表。该量表包括六个子量表：自我效能、主动学习策略、科学学习价值、非表现目标、成就目标、学习情境诱因，量表如附录 1 所示，并将此科学学习动机量表进行修改，经过效度检验后作为本研究的科学学习动机量表。学习动机量表共 35 个测试项目，每个测试项目主要由完全不同意 1、有点不同意 2、不确定 3、有点同意 4 和完全同意 5 共五个分值选项设置回答项。经过预测检验结果显示，该量表的 Cronbach's α 系数为 0.87，其结构效度和预测效度较为理想，是区分学习者科学学习动机较为有效的测量工具。科学动机测量主要在实验干预前后测试，观察一年时间里学习者在信息化学习情境支持下的科学学习对其科学学习动机的影响。

3.5.3　实验培训

在进行信息化学习情境支持下的科学学习过程中，首先要对教师进行简单的技术培训与方法指导，了解信息技术支持下情境学习的基本模式和学习方法，熟悉掌握实验案例相关软件的内容及操作技术。对学习者进行及时的指导，通过预习指导帮助学习者掌握情境案例学习必须具备的前端知识，引导学习者学会使用技术工具，能熟练地运用这些工具解决具体问题，并从情境中发现规律，深层次理解科学概念。情境学习结束后组织学习者进行总结和评价。通过这种情境化学习方式，支持学习者自主或协作进行科学探究，使学习者获得不同的情感体验。通过不同的情感体验，加深学习者对科学知识的理解，进一步巩固所掌握的科学探究方法，养成严谨的科学态度。通过信息化学习情境支持的科学学习，锻炼学习者的创新意识和批判性思维能力，提高数字化学习能力，体会科学学习的乐趣，养成主动学习的习惯，掌握科学的学习方法。

3.5.4　实验实施

依据不同学习情境案例在初中自然班级开展为期一年的准实验研究，搜集分析相关数据，对学习者在信息技术支持下的学习情境兴趣、科学学习动机和学习效果的影响进行实证分析研究。根据实验情境案例所涉及的情境学习内容选取一个县城的初级中学和班级。为了有效推进本研究实验，本研究实验连续追踪一个年级的学习者在八年级到九年级之间的物理学习情况，并把本研究模式在该学校推广应用，整个时间长度为一年。物理教师跟班走，一直带到该班学习者初中毕业，每个实验案例大约利用 2～3 个课时进行学习。在实验学校选取 4 个标准自然班约 132 名学习者作为被试，男生女生在各班的比例保持自然状态。选择其中

2 个班作为实验班参与信息技术支持下的学习情境学习；另外 2 个班作为控制班参与常规的传统课堂学习。这 4 个班的学习者平均成绩分布大致相同。在学习过程中，用学前测试和学后测试评价学习者的学习变化结果，测试题由任课教师根据情境案例所涉及的学习内容和学习目标进行设计，在学习开始和结束时专门施测，最后把测试结果结合在一起进行对比分析。科学学习情境兴趣问卷获取调查数据主要在学习前后测试，科学学习动机问卷主要用于测试学习者在一年的研究实验干预前后的变化情况。数据分析使用 SPSS19.0 软件进行处理。综合以上分析，本研究实施的整体技术路线如图 3-9 所示。

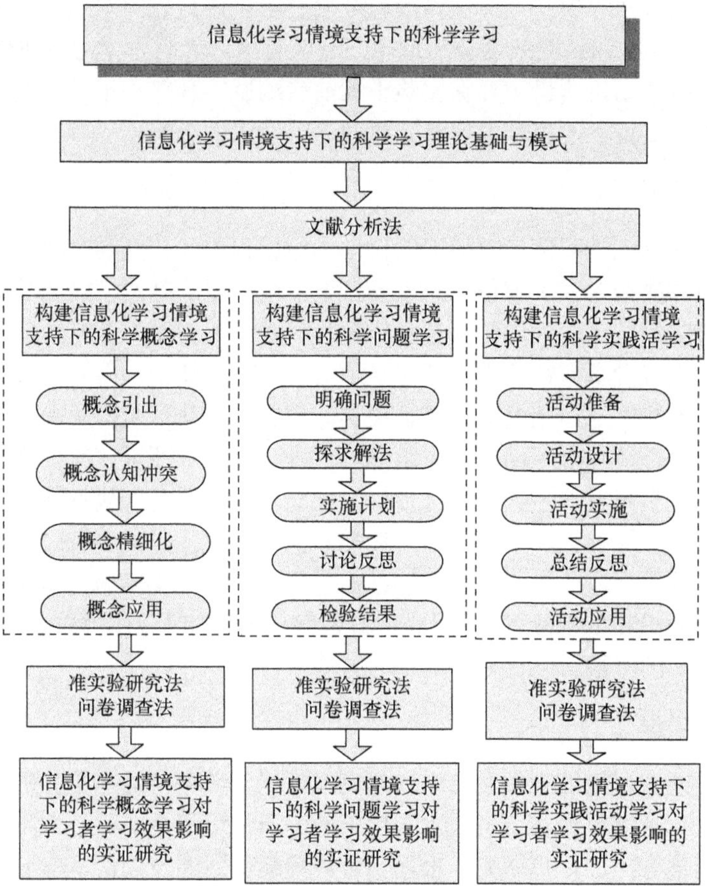

图 3-9　本研究实施的整体技术路线

3.6 本章小结

本章主要基于研究问题进行理论探究与整体研究设计。信息化学习情境支持下的科学学习是以思维型课堂学习理论、情境认知与学习理论、活动理论、联通主义学习理论及沉浸理论为基础，并与从心理学理论视角、教育学理论视角、技术理论视角、文化理论视角和社会学理论视角进行融合构建信息化学习情境支持下的科学学习理论基础。信息化学习情境支持下的科学学习理论基础体现出以学习者为中心的教育理念，教师利用信息技术创设学习情境激发学习者的科学学习动机，引导学习者主动思维，鼓励学习者在情境认知中积极利用信息技术进行探究式学习，教师要提供适当的信息资源和工具支持学习者进行小组协作探究和互动交流，学习者通过信息化学习平台进行反思和成果分享，最终实现知识迁移与应用。整体研究设计主要包括理论构建、模式分析和实验验证三个方面，然后从研究准备、编制测试题和调查问卷、实验培训和实验实施等四个阶段分别介绍了整体实施方案，并总结研究实施的整体技术路线。

参 考 文 献

[1] Webb M E. Affordances of ICT in science learning: Implications for an integrated pedagogy[J]. International Journal of Science Education, 2005, 27(6): 705-735.

[2] 祝智庭, 顾小清, 闫寒冰. 现代教育技术: 走进信息化教育[M]. 北京: 高等教育出版社, 2005: 156-157.

[3] 何克抗. 建构主义——革新传统教学的理论基础[J]. 电化教育研究, 1997,(3): 3-9.

[4] Hannafin M J, Hannafin K M, Oliver L K. Grounded practice and the design of constructivist learning environments[J]. Educational Technology Research & Development, 1997, 45(3): 101-117.

[5] 林崇德, 胡卫平. 思维型课堂学习的理论与实践[J]. 北京师范大学学报(社会科学版), 2010,(1): 29-36.

[6] 胡卫平, 魏运华. 思维结构与课堂学习——聚焦思维结构的智力理论对课堂教学的指导[J]. 课程 · 教材 · 教法, 2010, 30(6): 32-37.

[7] 戴维 · H · 乔纳森. 学习环境的理论基础[M]. 郑太年, 任友群, 译. 上海: 华东师范大学出版社, 2002: 84-122.

[8] Engestro M R. Learning by Expanding: An Activity-Theoretical Approach to Developmental Research[M]. Helsinki: Orienta-Konsultit, 1987: 361-373.

[9] Siemens G. Connectivism: A learning theory for the digital age[J]. Instructional Technology & Distance Learning, 2005, 2(1): 3-10.

[10] Csikszentmihalyi M, Graef R. Sociallization into sleep: Exploratory findings[J]. Merrill-Palmer Quarterly of Behavior and Development, 1975, 21(1): 3-18.

[11] Kiili K. Digital game-based learning: Towards an experiential gaming model[J]. Internet & Higher Education, 2005, 8(1): 13-24.

[12] Shin N. Online learner's 'flow' experience: An empirical study[J]. British Journal of Educational Technology, 2010, 37(5): 705-720.

[13] OECD. PISA 2015 draft science framework[DB/OL]. [2020-11-20]. http://www.oecd.org/pisa/

pisaproducts/Draft%20PISA%202015%20Science%20Framework%20.pdf.
[14] 颜弘志. 小学生之学习动机对物质溶解概念改变影响之研究——以数位学习平台为基础[D]. 彰化: 彰化师范大学, 2010.
[15] Ekman P. Telling Lies[M]. New York: Norton & Company, 1985: 279-291.
[16] Shaver P, Schwartz J, Kirson D, et al. Emotion knowledge: Further exploration of a prototype approach[J]. Journal of Personality and Social Psychology, 1987, 52(6): 1061-1086.
[17] Silvia P J. Interest: The curious emotion[J]. Current Directions in Psychological Science, 2008, 17(1): 57-60.
[18] Tuan H L, Chin C C, Shieh S H. The development of a questionnaire to measure students' motivation towards science learning[J]. International Journal of Science Education, 2005, 27(6): 639-654.

第 4 章　信息化学习情境的要素与创设流程

前面章节基于文献梳理总结了信息化学习情境支持下的科学学习理论，从具体应用的角度来说，信息化学习情境的特点与要素有哪些？信息化学习情境创设的一般流程是什么呢？因此很有必要在理论基础的指导下对信息化学习情境创设的要素和一般流程进行详细的分析。

4.1　信息化学习情境设计特点

信息化学习情境的设计目标主要体现在三个方面：①提供真实环境和活动；②支持多种角色和视角、协作知识建构、教练和支架；③促进反思和知识显性化。在学习中教师首先要告诉学习者学习什么，然后引导学习者如何学习认识并应用知识，这是一个知识的完整学习过程。知识的转化过程需要在学习情境中完成。传统学习情境设计主要是以行为主义理论和认知主义理论为基础的，信息化学习情境设计是以思维型课堂学习理论、情境认知与学习理论、活动理论、联通主义学习理论及沉浸理论为基础的，信息化学习情境设计应该体现以学习者为中心，以促进学习者有意义地学习为根本宗旨，最终实现知识转化，培养学习者的高阶思维能力。为了更清晰地认识信息化学习情境创设的特点，本研究对传统学习情境与信息化学习情境创设特点做了对比分析，如表 4-1 所示。

表 4-1　传统学习情境与信息化学习情境设计特点对比分析

传统学习情境设计	信息化学习情境设计
设计过程是线性和客观的	设计过程是非线性的、螺旋形递进的
自上而下有规则的制定设计计划，按照计划有组织的顺序展开设计	制定计划开始不明确，随着开发工作推进逐步明晰，开发过程是小组协作完成的
学习专家对情境设计至关重要	不存在学习专家，教师及开发者需要懂得学习内容与学习情境
劣构问题或复杂任务需要分解和细化逐步讲授	劣构问题或复杂任务在意义丰富的情境中发展理解
学习重心在于认识事实与强化技能，计算机用于演示与记录信息、评价学习者	学习重心是在学习情境中提出问题或布置任务，并提供给学习者获取解决问题或完成任务的必要条件
以考试为主的终结性评价，教师是评价的主体	过程性评价为主，终结性评价为辅，教师评价、自我评价和学伴评价相结合
客观性数据是学习过程的组成要素，从学习前测试到学习后测试	主观性数据对学习者评价价值最大，如电子作品、观察、面谈、论坛等

4.2　信息化学习情境的要素

在信息化学习中创设学习情境已经得到了教育界的重视，美国“21 世纪人才培养计划项目”明确要求学习者能够在不同的语境和情境下学会协作和解决问题[1,2]。学习情境是一种新型的课堂学习策略[3]，该研究认为学习只有在社会和自然情境中才会产生有意义地学习，并指出学习情境的六个要素：认知学徒、协作、反思、指导、多样化实践和清晰的表达。这种观点虽然存在不少争议，但引起了学界对学习情境的研究热情。Mclellan[4]认为利用信息技术创设的学习情境可用来模拟真实的“微观世界”（替代现实生活的真实情境），他认为信息技术作为一个“真实世界”的锚，可以扩大学习者的实践经验。Stein[5]定义了学习情境的四个关键要素：①内容：学习者必须执行的任务和过程；②情境：围绕学习者的真实情境因素，以及在意义创造过程中支持他们有效学习；③社区：社区群体学习交流来创造意义协商；④参与：学习者成为学习过程的中心，在自发或者教师指导下形成的学习社区中与他人一起完成任务或解决问题。

计算机多媒体技术和网络技术的快速发展为学习情境的创设提供了强大的交互性开发工具，特别是虚拟现实技术、增强现实技术、移动技术和 3D 打印技术的发展为学习者创设更加个性化和生活化的体验情境，这种数字化的学习方式被教师和学习者逐渐适应并接受，信息技术可以将学习情境的要素更好地镶嵌在传统的课程学习环境中。信息技术支持的学习情境可以为学习者提供替代现实生活的真实情境，这种情境既可以是虚拟真实社会的工作场景，也可以是利用视频或多媒体技术重现的一种停留情境。因此，信息技术可在最大程度上支持学习者进行科学探究、协作互动、认识学徒、反思和清晰表达等，而这些要素是科学课程学习的有效方式。基于以上的分析，我们总结信息技术支持下的学习情境的基本要素应该包括：①情境；②学习内容；③学习支持；④学习评价。这四大基本要素相互联系构成学习情境整体，符合我们提出的学习情境理论指导框架、目的和宗旨，体现出情境创设的连续性和认知发展倾向性特点，支持学习者有意义地学习与知识转移。每个要素所包含的具体内容如表 4-2 所示。

表 4-2　信息化学习情境要素

基本要素	具体内容
情境	日常生活情境认知
	真实情境
	知识转化

续表

基本要素	具体内容
学习内容	知识作为工具 内容多样化 模拟性和拓展性问题
学习支持	模型 学习支架 帮助 协作 反思 认知工具和信息资源
学习评价	自我参照标准多样性和灵活性评价

4.2.1　情境

情境在建立学习者原有经验和现有知识之间有意义联系方面发挥着至关重要的作用，也可以促进知识、技能和经验之间的联系。情境是问题或活动发生的社会文化环境[6]，因此，情境包括问题或活动发生的气氛、物理环境及发生的背景事件[7]。信息技术支持下的学习情境对学习的影响可从三个方面进行分析：日常生活情境认知、真实情境和知识转化。

1) 日常生活情境认知：正式学习和非正式学习

科学现象与科学规律来源于日常生活，信息技术可以用于创设接近于日常生活的真实情境，个人在日常生活情境中的思维和行为与受控环境有很大差异[8]。这种差异主要在学校的正式学习环境和日常的非正式活动中。例如，儿童在实验室记忆测试中遇到困难，但他们可以精确记住他们父母藏在家里的东西的位置；学习者在严格控制的考试环境中表现出较差的逻辑推理能力和问题沟通能力，但在较为熟悉的情境中经常可以精确推理并进行有说服力的沟通。相对于学习者的个人真实生活经验，正式教育情境对学习者更加陌生和无力，因此为学习者的日常思维和行为提供较少的支持，学习者很难用正式知识解决日常问题。因为正式教育情境一味强调学习者服从教师权威和课程内容不利于学习者有意义的学习。在非正式学习情境中，学习者应用实践性和常规性知识解决日常问题。

正式学习和非正式学习存在很大的差异，正式学习强调概括性和系统性问题解决策略，教师程序化地引导学习者解决问题，这种程序被教师认为足够强大可适用于各种问题情境。但在日常课程学习中，学习者趋向于应用灵活高效的实践策略，而不是正式的自下而上的方法。例如，我们去商场购物很少应用正式的数学知识去解决购物问题，商场里真实的物理环境(商品标签、购物经验等)可以帮助我们进行脑力计算。

正式学习环境强调知识的抽象性和象征性。但在信息技术创设的日常生活情境中，人们通过具体的参照物和各种认知工具把思维和知识引入具体的生活情境中。例如，在传统的学校数学考试中学习者一般不允许使用计算工具，学习者只能用笔和纸答题，而在日常生活情境中学习者习惯用计算器、量规、计算机等解决日常计算问题。人们通过每天的经验和观察来持续性的获取实践性知识和技能，并在日常环境中不断总结和提升自己的知识和技能。日常生活情境可以发展人们的直觉性推理能力、解决问题能力、沟通能力及探究能力，人们在真实的文化氛围中工作和学习可以有效沟通并建构个人的知识。在学校环境里，学习者要接受教师或课本里提供的唯一的“正确”思维和解决问题方法，这只能使学习者的认识和经验整齐划一，无法使学习者有独立的见解。因此，信息技术创设约接近于日常生活的真实情境可以很好地反映学习者的认知需求和认知过程。

2) 真实情境

在不同领域的人要面对生产的挑战，而不是复制知识，知识通过讨论、演示和物体表征等形式创造出来[9]。学习者应学习专家的技能，需要参加和专家一样的认知活动，这种认知活动是在真实情境中的真实任务，这种真实任务是有意义和有明确目的的学习活动，在活动中学习者参加真实问题解决的情境。多媒体计算机技术和网络技术可用于创设接近于实际的真实情境，给学习者带来视听觉的真实学习体验。真实情境有重要的动机性潜力，在传统教室里，学习者经常被教师布置一些和真实生活关联不紧密的任务和问题。这些问题和任务脱离学习者的生活经验，只是来源于教师的个人抽象认识，无法为学习者提供有效的学习。信息技术创设的真实情境应该基于学习者日常生活情境中的一般学习活动，对学习者来说具有较强的动机性潜力。信息技术创设的真实情境会成为学习者自我学习的参照，让学习者有目的的参与学习。

信息技术创设的真实情境经常是基于问题或任务的情境，学习者可以更好地利用技术工具评估和应用他们的学习内容。在真实情境中学习者根据自己的经验来选择合适的学习方法或策略。学习者将通过有效发现、认识、评价和利用信息资源来学习如何利用情境化学习资源完成学习目标。学习者学会及时应对情境的变化以便于解决问题。信息技术创设的真实情境帮助学习者形成情境思维的意识，进而为学习活动提供指导。实际上，信息技术创设的真实情境可引导学习者利用情境化信息资源，并作为问题解决的先行组织者。

3) 知识转化

正式教育在培养学习者的知识应用能力方面是十分局限的，在日常生活情境中，人们基于特定情境中的经验进行直觉推理，用各种方法解决问题。正式教育强调抽象概括，非情境化的知识很难转化成真实生活情境。学习者很少接触日常生活工具，但他们可以通过信息技术简化的虚拟情境进行体验式学习，通过在信息技术创设的真实情境中抛锚知识和技能来促使学习者进行日常认知。因此，信息技术创设的真实情境为学习者提供实践机会，使学习者通过实践反思和验证自己对知识和技能存在的模糊认识或不正确认识，从而实现有意义的学习，信息技术支持下的学习情境更有利于解决真实生活中的科学问题，最终实现知识和技能的转化。

4.2.2　学习内容

如果学习情境影响了认知，就不能确保学习一定会发生。学习情境和学习内容有着千丝万缕的联系，学习情境为学习内容提供了“舞台”，但学习内容决定了学习情境的真实性和准确性。这对理解学习情境和学习内容的关系是非常重要的，学习情境和学习内容的有效结合可以促进学习者的认知加工和知识转化。学习内容和学习情境的关系主要表现在以下三个方面：知识作为工具、内容多样化、模拟性和拓展性问题。

1) 知识作为工具

在正式教育环境中，知识经常是以单一的非情境化形式获得的，这可能有助于对学习者进行考试，但不能真正使学习者解决问题。知识和工具结合有助于学习者利用认知工具来改变自己的认识[3]。认识不是万能的，它受特定文化因素的影响，文化群体决定知识如何应用。例如，木匠和橱柜工匠会使用不同的凿子工作，物理学家和工程师使用不同的数学知识。合理应用知识工具并不是了解抽象概念，而是在工具的演变过程中体现文化和活动功能。因此，在不了解知识工具的应用文化情况下是不可能合理利用知识的。同样学习者不了解科学概念的实践价值和应用环境是不可能用数学知识工具解决科学问题的。学习内容离开具体的情境就难以了解它的价值。

在学习中把知识和技能从它们应用的情境中孤立出来是难以实现转化的。在正式教育环境中，学习者可以用数学知识和技能去解决物理问题，但当他们在日常情境中遇到物理问题时却不能很好地应用数学知识和技能。学习者在有意义的学习情境里，由于学习情境可以为知识应用提供支持，使得课程内容变得更容易转化，学习者可以结合自身经历的情境去学习经验和学习策略，进而转化为知识去努力解决真实问题。

2) 内容多样化

概念性知识和技能不利于促进知识转化，具体知识也不利于在不同情境中转化。那么学习者怎样灵活的转化知识和技能呢？可转化的知识与具体领域的知识交织在一起，例如，人们很难运用纯粹的逻辑性和抽象的规则去解决问题，相反他们提取各种相关的经验去有效分析如何解决问题。学习者的推理能力需要与自我调控、问题解决及元认知技能同步进行培养，只有这样才能有效实现知识和技能转化[10]。知识转化的灵活性并不是指学习者把他们的知识和技能应用在所有的情境中，而是指在一般性的学习中允许学习者把知识和技能应用在真实生活情境，而这种真实情境是学习者已经学习的实践经验。提供不同的内容反映类似的概念，学习者可以利用不同的方法掌握学习内容，知识被应用并由此一般化。学习情境强调教师在真实情境中运用不同的具体事例，而不是学习者抽象的技能和方法，用这种方式知识和技能变得具体化和适用性。

3）模拟性和拓展性问题

在不同情境中识别相似性的能力对知识转化是非常重要的，在完成科学性问题解决任务中，学习者遇到和以前相似的问题会更好地解决[11]。模拟性和拓展性问题有助于学习者灵活的展现知识，为了使学习者更好理解情境中蕴含的数学原理，需要使情境中的事件与思维、学习计划产生关联。模拟性问题通过改变原始问题的一个或多个参数形成，拓展性问题有助于学习者整合课程知识。例如，拓展数学概念与物理、化学之间的关系。学习情境在学习中的重要性在某种程度上取决于是否能适切的嵌入学习内容。在问题情境中，学习者获取知识并知道何时、如何运用这些知识。概念通过各种知识解释，这有助于促进学习者的一般推理能力和具体情境化学习技能。科学实践中通过实验探究活动检验知识并发现新的知识。为了在不同的情境中运用知识，学习者必须区别情境的共同点和差别，这有助于丰富学习者的学习经验。

4.2.3 学习支持

学习被认为是个人对现实生活的建构，经验是理解、应用知识和技能的基础。在学习情境中，给学习者提供学习支持有助于他们对经历的现实世界进行意义建构。学习支持提供学习者内化信息的机会，有助于促进其高阶能力的发展、自我管理及自我评价能力。在学习情境中，学习支持有以下几种形式：模型、学习支架、帮助、协作、反思、认知工具和信息资源。

1）模型

模型是认知学徒的基础，学习者在信息技术支持下的学习情境里通过观察和模仿完成任务。模型在学习者用重要的方法完成学习任务中最有效。在学习情境中有两种模型最为关键：①物理过程的建模，如利用虚拟现实技术演示在烘烤面包时如何组合原材料成分；②思维过程建模，如利用虚拟现实技术解释为什么使用不同原材料成分可以制作理想的样式和口味。学习者可以通过模型观察正常生活中看不见的过程，并分析和总结发生原因和结果。

2）学习支架

学习支架有以下五个优点：①可以提供学习支持；②可以作为学习工具；③可以拓展学习空间；④可以允许学习者解决学习困难；⑤可以有选择地满足学

习者的学习需要。如果学习者具备完整的认知结构就不需要提供支架，而学习者的认知结构不完整或不稳定时就需要提供支架。支架支持把学习者已经建立的知识和学习方法整合在一起，有助于把掌握的知识转化到学习任务中[12]。学习支架可支持和简化学习任务，使学习者能有效管理他们的学习，并支持学习者完成难度较大的学习任务。学习任务难度的设置应具有一定的挑战性：挑战性太小可能引起学习者厌倦，挑战性太大容易使学习者有挫折感，最终使学习者失去学习信心。因此，学习支架可以弥补学习任务需求和学习技能水平之间的差距，这需要在学习者的认知水平和学习特征之间创设竞争机制实现[13]。

学习支架涉及从执行一个学习任务到提供提示帮助，支架在学习者完成学习任务过程中逐渐减少、重新组合甚至消失。学习发生在师生活动过程中，通过师生共同交流可以使学习者对学习问题更加熟悉，教师可以根据学习者的学习情况及时调整支架，给学习者提供合适的支持以便他们可以自主学习。在学习者的最近发展区需要给予学习支持(教师提示或者技术工具)，学习者对新知识的学习不可能完全自主完成[14]。

3) 帮助

帮助是学习者在努力学习或完成学习任务时观察并帮助他们，这包括引导学习者的注意力、提醒被忽略的步骤、提供提示和反馈、用具有挑战性和结构化的方式做事、提供额外的学习任务、问题和问题情境。教师解释学习者的学习活动和背景知识，并对学习者如何、何时和为何学习进行提供指导。教师可指出学习者思维中的错误、误解或错误的推理，并帮助他们矫正。在情境化学习环境中，建议和指导帮助学习者尽可能地利用他们自身的认知资源和知识。学习者必须自己决定学习的过程和问题解决策略。因此，建议和指导是隐形的不是显性的帮助，是间接的不是直接的帮助，在学习者真正需要时才提供建议和指导。

4) 协作

在一个文化中，思想和信仰通过交流和讨论而发生改变和最终形成[3]。因此，学习在一定程度上是通过社会交流和小组互动形成的，协作是学习中不可缺少的一部分。在小组内部，社会性互动和交流影响甚至改变学习者的原有认识。协作普遍存在于日常生活中，信息技术通信工具可以给课堂学习创造良好的协作学习情境。学习者努力利用图式和情境线索与其他人互动来解决问题。在协作学习中，学习者学会与他人协商讨论并分享学习责任。学习者阐述、解释、描述、对比和协商不同的学习经验，最终达成共识。由于每个学习者的学习经验和兴趣不一样，学习者对一些领域或问题了解比较深入，可以成为“专家”，在协作学习中师生之间、学生之间彼此可以学习相长。所有的小组成员都有可能成为学习组织者，学习组织者需要为发起的对话、学习成员和支撑性批判负责，学习组织者的职责是鼓励讨论、解释学习内容并帮助消除误解。

5) 反思

反思作为一种认知过程通过个人探究和与他人协作来实现从实践经验中学习[15]。尽管反思和教育实践相关，它对不同领域的学习者来说是一种具有挑战性的活动，学习者需要进一步的反思性支持。例如，学习者意识到他们的经验经常受到内因和外显性知识的影响，也会受到已有经验的影响。另外，学习者一般等待并认可教师展示的评价结果，而不是他们自己评价自己的经验[16]。为了支持自我评价，学习者需要了解评价标准和相关操作依据。反思需要对经验和观察进行创新思维，这对于学习者来说是挑战性任务，在这种情境下，与他人互动显得十分必要。

信息技术在最近几年发展迅猛，并已经广泛应用到教育中，一些信息技术支持的学习情境可支持学习者强化他们的控制能力和反思能力。技术支持的学习情境已经被广泛应用到科学教育中的探究学习,并被看作是学习者在教师或帮助者、学习支持工具和技术资源帮助下获取知识和技能的学习系统[17]。在线学习环境里，学习者能在任何地点、任何时间学习，但是教师不可能单一通过在线学习的方式去引导学习者参加反思性实践。在这种情境里可以设计一些机制去引导学习者关注批判性观点和参加反思性实践[18]。另外对于教师来说，计算机促进探究学习是因为它能展示模型和模仿[19]。因此，技术可以用于支持反思，这可以增加学习者对学习过程的自我调控意识，科学学习需要不同形式情境的支持。

6) 认知工具和信息资源

认知工具和设备允许并鼓励学习者表达他们的思维和想法。学习情境提供多样化的认知工具和信息资源用来支持以学习者为中心的学习。认知工具有多种形式，从简单的工作支持设备，如计算器、电子字典及记事本等，到视频、课件、音频、网站、数据库、仿真软件及在线交流工具等。学习工具为学习者提供机会去展现并优化自身的认知潜能。在计算机支持的有意义的学习情境里，学习者以图片、文字、音频或视频的形式建构自身的经验认识数据库，学习者通过放大或缩小数据库里的信息来优化自身的认知。另外，学习者可以通过记笔记、链接其他笔记以及评价笔记来阐述自己的认识。通过创设数据库的过程，可以鼓励学习者认真考虑如何处理学习项目。

学习支持是学习者学习过程中必不可少的组成部分，相对于传统学习，学习支持鼓励学习者模仿外部知识，信息技术支持下的学习情境努力帮助学习者提升自身的认知能力、自我控制能力和自我矫正能力。学习情境应该鼓励学习者积极主动的学习并为学习者提供机会去内化信息。从这种意义上来说，学习情境中的学习支持具有较少的指导性，更多的是具有连续性和较高的互动性。

4.2.4　学习评价

学习评价在不同科学学习情境中有不同的作用，在宏观层面，学习评价用于评价教师、教学、课程和教育系统的效果，目的在于区分教师专业能力的相对发展水平。在微观层面，学习评价用于引导学习者关注特定话题，诊断学习者的学习困难并提供相应的支持，还可用来向学习者、教师和父母汇报学习者的学习进步。因此，越来越多的人认为传统评价方法，如标准化测验、常模参照测验和教师组织的测试等无法评价学习者的重要学习结果。此类测试侧重于评价学习者对陈述性知识和程序性知识的记忆程度，很少提供对学习者的理解水平和个人思维品质的评价。因此，需要根据科学学习情境的特征选择合适的评价手段和方法，这有利于客观评价学习者的学习成果。学习者需要经历在复杂的任务情境中解决真实问题，因此，评价需要接近于真实生活的学习任务，并借助于更加复杂和挑战性的智力过程，评价标准应反映解决问题的多样性和创新性。

1) 自我参照标准

在科学学习情境里，学习者的进步是相对于他(她)自己的目标和以往的成绩来说的。评价聚焦于真实问题解决情境中学习者的感知-行为过程。评价使学习者不仅关注自己的绩效结果，也关注在绩效基础上对认知加工要素、策略和知识结构的分析。进步和成绩是针对学习者的个人目标和以往成绩来说的，而不是根据团体标准评价的。

2) 多样性和灵活性评价

在科学学习情境里，学习者通过科学学习情境深入处理信息并重组知识，根据相关问题灵活应用知识和技能。因此，评价侧重于考察学习者高阶思维技能的灵活性，而不是常规的知识记忆。评价的作用有以下几点：第一，激励学习者积极思维；第二，对新情境做出反应；第三，总结并完善自己的工作；第四，评价自己和他人的工作；第五，用语言和可视化方式交流学习成果[20]。这可以促进学习者把知识作为学习工具去解释和处理新情境，而不是简单的验证以往遇到的情境。

科学学习情境和日常生活一样有许多方法可以评价学习者已经学习过的知识。为了深入了解学习者的思维，我们需要认识学习者在解决问题时所使用的策略。我们评价学习者可以通过以下三个方面进行观察：①学习者是否可以轻松找到解决问题的合理方法；②学习者是否可以从多个视角看待问题；③学习者是否可以为自己的观点提供合理的理由[21]。同样，由于学习者的学习动机存在巨大的差异，用相同的标准评价所有的学习者是不合适的。评价标准是不固定的，它应该能反映学习者之间的差别，而不是反映学习者之间的共同点。因此，评价是一个多维度的过程，它包括与学习者思维、行为或表现相关的多种评价手段和标准。因此，科学学习情境评价方法通常应该多样化，具体可举例以下三种常用的评价方法。

(1) 作品集。

许多教育者倡导基于评价的作品集，作品集是有目的的搜集学习者学习过程中的作品和最终作品，通过作品集的帮助可以促进学习者个人的学习发展，学习者积极应对自己的评价。作品集包括各种学习材料，如视频磁带、作业、绘画、计算机程序等。例如，一个艺术家的作品集里包括用艺术媒介和技术创造的艺术作品、早期草图、完成品、参赛作品及教师、学生和同行的评价等。作品集可持续支持学习者的认知发展，有助于学习者深入了解和反思自己的学习过程。作品集也可以提供给教师具体的参考标准，有助于教师科学引导和指导学习者完成自己的学习目标。

(2)绩效评价。

绩效评价是指向学习者询问作品或学习任务的过程，这需要一定的方法。绩效评价需要搜集学习者的各种信息，如观察学习者的表现、演示、访谈、学习项目、模拟以及角色扮演等。为了使评价更为客观，绩效必须和真实生活相关。这就意味着学习者必须应用知识，而不是要求学生机械性记忆知识。好的绩效评价可以反映真实生活的复杂性，并可以同时从多个方面进行测量。绩效评价包括展示与程序性或问题性情景相关的任务、项目或调查等。例如，科学评价会检查学习者对实验设备的处理、证明假设的实验设计及支持论证的实证证据等。在绩效评价过程中，学习者有机会展示自己的各种能力。绩效任务支持学习者在学习中扮演他们在真实生活场景中期望的角色。通过绩效评价，学习者认识到学习不是简单的记忆训练，而是对研究领域的复杂性的探索和追求。

(3)概念地图。

概念地图帮助学习者用具体有意义的方式表达概念，概念地图用图表来表达课程、单元或领域知识的组织关系[22]。在明确了与学习主题相关的概念后，学习者按照一定的层次创造可视化的认知模型，如层次年表，各个层次之间的关系被明确和标注说明。学习者根据对这些概念的认识利用绘图来表达其相互关系。因此，概念地图支持学习者表达对概念的多种认识，并能区分概念之间的差异。同时也是一种用来区分学习者认知水平的有效途径。

传统的以终结性考试为主的评价方式很难客观地评价师生教学成果和学习效果，这是因为传统的终结性考试强调学习者同质化的记忆事实性知识和程序，而不是强调学习者独特的高度异质化的思维。由于传统考试是基于外部标准来判定成绩的，这种高度标准化考试易用于评价学习者的学习成绩。为了用于促进学习者的高阶思维技能，考试应该从传统的知识记忆评价转变为以学习者为中心的评价。以学习者为中心的评价强调学习者认知发展的分析和管理能力，而不是单纯评价学习者的成绩。

4.3　信息化学习情境创设流程

从教学设计的流程上来看，学习情境的设计是一种教学策略的设计。学习情境创设需要遵循教学设计流程，首先在分析学习需要、学习内容和学习者特征的基础上进行学习目标分析，然后进行学习情境设计，信息化学习情境设计主要包括学习情境应用环境设计、学习情境资源设计、学习情境认知工具设计和学习情境评价。我们需要紧密结合心理学理论视角、教育学理论视角、技术理论视角、文化理论视角和实用主义理论视角系统审视信息技术支持下的情境学习设计。学习情境设计具体包括四个步骤：选择情境、提供学习支持、决定教师角色，以及情境学习评价。基于信息技术支持下的学习情境的理论模型和有意义学习的宗旨，我们提出了信息技术支持下的学习情境设计流程，其设计的步骤如图 4-1 所示。

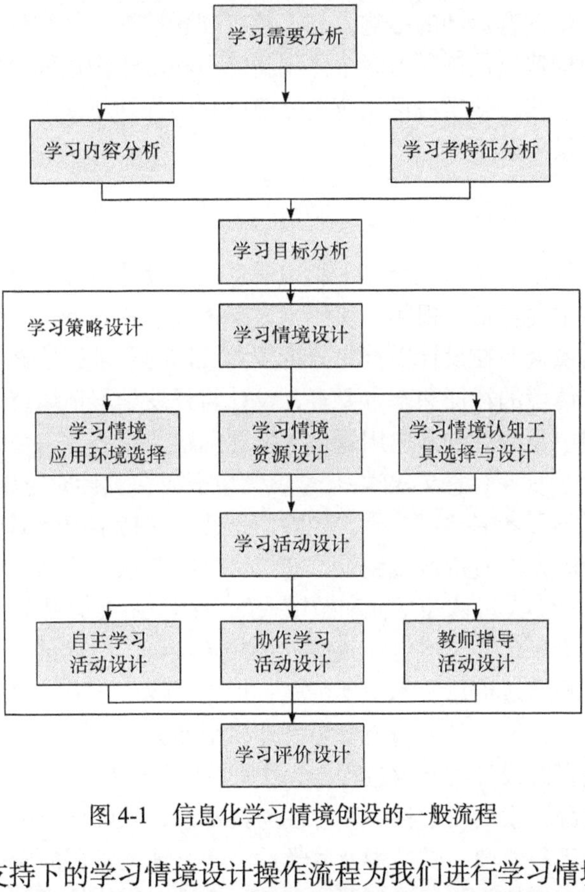

图 4-1　信息化学习情境创设的一般流程

信息技术支持下的学习情境设计操作流程为我们进行学习情境创设提供了清晰的实践路径，信息技术支持下的学习情境设计首先应该选择学习情境的应用环境，然后基于学习情境的基本要素利用多媒体技术工具或网络技术工具设计与开发多媒体学习资源，通过学习资源展示社会文化或自然界的真实情境，在真实情境中根据学习需要适时提供认知工具促进学习者进行有意义地学习。

4.3.1 学习情境应用环境选择

计算机多媒体技术、网络技术、虚拟现实技术、全息影像技术、可视化技术、3D 打印技术等新兴的信息技术对传统的教育教学环境产生了深远影响,这些新技术一方面与传统媒体进行整合强化传统媒体的功能，另一方面不断构造出新型教学媒体环境。目前常用的信息技术支持下的学习情境应用环境主要包括：适合于课堂多媒体组合教学用的多媒体综合教室、适合于个别化学习的电子阅览室、适合于协作学习的普通计算机教室和多媒体网络教室、适合于资源共享的校园网和地区性的教育内联网、适合于信息共享和数字化远程通信的智慧教室和虚拟大学等。最近几年，受创客运动的影响，创客教育理念被推广并被教育界逐步接受，各个学校在努力构建以促进学习者个体创新能力和协作沟通能力发展为核心的创客空间。通过在这些科学学习情境应用环境中利用各种新兴的媒体技术，极大提高了教与学的质量和效率。

4.3.2 学习情境资源设计

学习情境的创设与应用关键在于利用信息技术设计与开发学习情境资源，这些学习情境资源主要包括：视频、课件、多媒体教学软件、仿真软件和网站等。这些科学学习情境资源在设计中首先分析教学目标的要求，依据教学情境的理论基础，结合学习情境的特征和基本要素，设计与开发学习情境资源的应用方式，在教学情境实施中及时评价其应用效果，发现问题及时修改，最终使学习情境资源更有效地促进学习者有意义地学习。学习情境资源在设计时应该考虑以下八点：①支持教师测试学习者的学习效果，检验信息技术支持学习情境创设目标；②用非线性和非序列的方式看待情境创设；③提供真实背景、活动、专家演示、多种角色和整合评价；④支持认知学徒和抛锚式学习；⑤提供学习支架、模型、帮助、认知工具及信息资源；⑥学习者和其他教师共同参与，形成学习共同体或实践共同体；⑦支持教师通过信息技术呈现情境、指导实践；⑧通过协作和反思活动获取知识并提升实践技能。学习情境资源设计模型如图 4-2 所示。

在学习情境资源设计与开发过程中，教师要与学科专家、技术人员密切沟通，保证学习情境资源开发的科学性、教育性与技术性，教师可以根据教学需要把学习情境资源应用于教学前、教学中及教学后。学习情境资源的应用方式主要可分为四类：第一，多媒体学习情境资源，利用计算机多媒体技术创设基于现实生活的情境资源，这些情境资源与学习内容关系密切，有利于帮助学习者全身心投入学习活动，实现知识转化，如事实性情境、意境性情境、示范性情境、问题情境、原理性情境等；第二，利用网络提供多样化的信息资源，教师提供与问题和任务相关的文本、图形、声音、视频和动画等信息资源，还可以提供相关的多媒体案

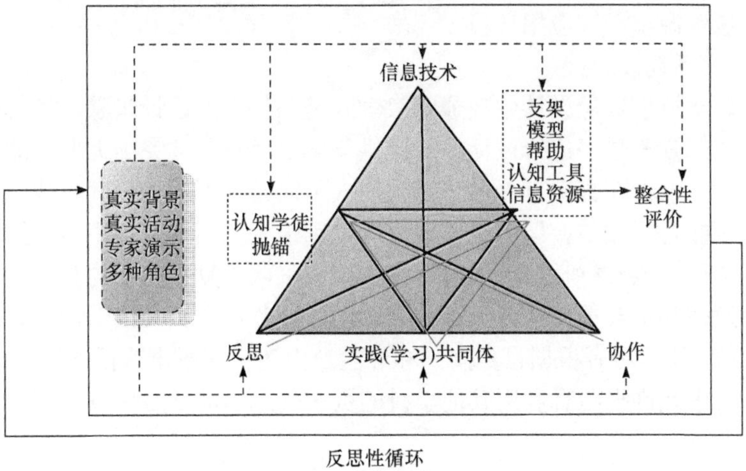

图 4-2　学习情境资源设计模型

例情境资源，这些信息资源生动逼真、内容丰富、信息量大，具有交互功能，学习者可以自由查询和检索，供学习者作为分析、思考和探究的对象，进而帮助学习者解决问题或完成任务；第三，建立虚拟实验情境，计算机虚拟现实技术和增强现实技术可以设计与开发仿真实验情境，学习者通过交互性操作或输入必要的参数进行模拟实验，虚拟实验情境中完成科学探究任务，如模型情境、虚拟实验室、微型世界等；第四，协作学习情境，利用计算机网络技术创设师生可以相互协作及交流的学习情境,学习者可以基于问题或任务以小组为单位共同创作作品、反思或进行实践活动，在协作学习中提升学习者的高阶思维能力及合作能力，如协同实验室、计算机支持协作学习情境、计算机游戏学习情境等。

4.3.3　学习情境认知工具设计

利用信息技术支持学习情境资源创设需要综合考虑学习者、学习情境应用环境、学习情境要素及认知工具之间的相互作用，实现学习者有意义地学习。下面基于学习情境的基本要素分析信息化教学设计的影响。

(1) 真实背景。

科学学习情境的相关理论认为学习情境应为学习者提供基于现实生活的真实背景，现实生活情境是完整而又复杂的，通过信息技术支持的这种真实背景也应保证情境资源的完整性和复杂性，它应反映出知识在真实生活中的作用，让学习者在这种真实背景中体验和探索真实世界。因此，在利用交互式多媒体技术设计和开发学习情境资源时必须保持真实背景的复杂性，根据教学内容在现实世界中选取恰当的情境案例，然后将该案例进行分解，简化情境资源设计步骤。此外，知识背景应该为情境资源的运用提供明确的动机，同时还应该考虑允许教师和学习者在情境资源里探索应用环境。

(2) 真实活动。

传统教学情境资源设计中教师对教学问题和任务的设计步骤、学习过程和建议等是按照规则和顺序进行设计的，提供给学习者一套“完美无瑕”的问题或任务解决方案。然而在真实世界中，不同的人可以通过不同的角度看待一个问题，虽然结果可能是一致的，但解决方案可能差别很大。因此，利用信息技术设计的学习情境资源应该支持学习者通过调查和探索来认识复杂多变的真实世界，学习者有多种途径和机会选择情景资源去完成学习任务，在真实活动设计时可以把任务进行分解，让学习者根据自身知识和经验自由选择完成学习任务的步调。另外，在学习活动中允许学习者利用其他学科的资源完成当前学习任务，而这种任务是跨越学科的整合性任务。

(3) 专家演示。

学习情境资源利用视频和动画等信息技术为学习者提供了专家或教师示范操作流程或成熟动作的途径，学习者在正式学习实践技能之前有机会利用技术工具对学习任务进行详细观察。学习者在观察过程中认识专家的思维过程，并描述和模仿专家的示范动作，照此循环下去逐步掌握成熟化操作的技巧。视频是利用摄像机录制专家或教师的动作过程，动画主要是模拟真实情境的动作过程，相对于视频来说，动画可能在表现真实情境方面不如视频，但两者结合起来可能表现效果会更好，因为有些瞬间变化和室外环境的动作通过摄像机是难以清晰拍摄出来的，利用动画会清晰地再现专家的演示过程。

(4) 多种角色——随机进入式学习。

学习情境资源应该为学习者提供多种角色和选择的机会，因此，学习情境资源是一个整体，它包含着大量的信息和多种学习情境。利用信息技术设计与开发学习情境资源应该按照非线性的随机方式进行，信息技术的多媒体性和交互性可为学习者提供多种情境选择，让学习者进行随机进入式学习，支持学习者进行多种角色扮演和自由探究。这种随机进入式学习不是对学习内容的重复和巩固，而是提供学习者认识事物全貌的机会，并达到高阶学习的层次。在学习情境资源设计时可以根据同一学习内容设计不同的情境，随机进入式学习情境资源设计流程如图 4-3 所示，主要包括呈现基本情境、随机进入学习、思维发展训练、小组协作学习和学习效果评价等。

图 4-3　随机进入式学习情境资源设计流程

(5)认知学徒与抛锚。

教师在教学中应该重视培养学习者用实际的方法解决真实世界的问题，不能简单用预先准备好的教案。认知学徒强调学科内容知识和专家或教师在完成复杂任务中的思维过程的有机结合。学徒概念强调有经验的学习活动的重要性，重视学习的情境化。在认知学徒中不太容易观察到师生的思维过程，这需要借助于信息技术提供真实的情境资源帮助师生在实践过程中相互观察和理解思维过程。教师是一个指导者，是解决问题策略的分析者，教师的作用可通过智能导师实现，或在网络中利用通信工具给学习者提供示范、教练和帮助。

抛锚式学习情境资源的实质是将学习内容分解为小的知识点，并安排在有意义的真实情境中，这种有意义的真实情境根据知识点可分解为不同的学习情境资源，每个学习情境包含了相应的小知识点和情境要素，学习者在这种学习情境资源中逐个解决问题，系统地掌握学习内容。学习者能够在一定的时间段内从不同的角度对学习情境资源进行持续探究,学习情境资源中的各个锚点(情境中的相关真实事件或问题)能支撑学习者延伸课程学习。抛锚式学习情境资源设计流程如图 4-4 所示，主要包括创设情境、确定问题(真实事件)、自主探究学习、小组协作学习和学习效果评价等。

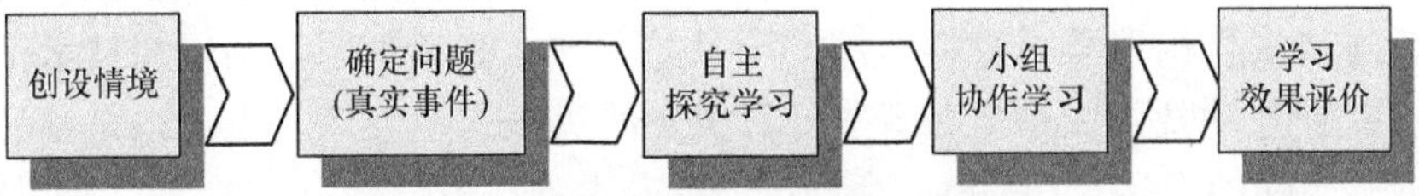

图 4-4　抛锚式学习情境资源设计流程

(6)学习支持。

学习情境资源应该根据学习者的实际需求提供及时的学习支持，如支架、帮助、认知工具和信息资源等。这些学习支持是教师提供给学习者必要的技能、方法、工具和资源，这对于学习者顺利完成学习任务是必不可少的，但学习者自己本身在学习初期很难提供。在情境学习中随着学习者高阶能力的增强，学习支持会逐步减少直至取消，最终使学习者独立完成学习任务。教师在利用信息技术设计学习情境资源时需要考虑如何为学习者顺利完成任务提供完备的学习支持。

基于维果斯基的“最近发展区理论”,我们可以按照学习智力的“最近发展区”搭建学习支架，该支架可以科学引导学习者在学习情境中从基础认识上升到高阶学习，我们可以利用信息技术设计支架式的学习情境资源，支架式学习情境资源设计流程如图 4-5 所示，主要包括搭建支架、进入情境、个体探究、小组协作学习和学习效果评价等。教师在学习者利用学习情境资源进行课堂探究学习时及时发现学习者存在的问题，并提供指导和建议。当学习者利用学习情境资源进行个别化学习时，教师和资源开发者应该考虑在学习情境中设置帮助提示，尽可能为学习者提供全面的信息资源和认知工具，帮助学习者独立完成任务。

图 4-5　支架式学习情境资源设计流程

(7)协作与反思。

学习情境资源不仅要支持学习者的个别化学习，更要支持学习者之间通过协作与反思建构知识，因为学习小组可以发挥群体智慧，有效弥补个人学习中存在的缺陷，激励学习者个人积极贡献自身的力量。学习者可以根据学习需要利用多种信息化认知工具表达自己或团队的思想，小组基于问题或任务先通过协商进行预测和假设，然后提出一套实施方案，在学习过程中小组成员会反思自己的学习行为。

技术支持的学习情境可以有效促进学生的学习，技术支持学习主要有三种类型：技术工具、预先提示的技术工具和作为互动的技术工具[23]。主要的技术工具是视频、博客和作品集，视频帮助学习者认识学习过程，博客和作品集帮助学习者提高反思能力以及促进同伴互动。预先提示经常被应用到技术工具中，在技术工具中经常以提示和引导问题的形式出现，这种支持会提供给学习者反思流程并鼓励学习者认真构思学习材料、深度反思并开展自我反思。互动也在技术工具中出现，这种互动既可以是学习者与计算机之间进行人机互动，也可以是学习同伴之间或师生间的人际互动活动，互动可以提升批判性思维能力，支持学习者从多种视角学习。各种技术支持的学习效果都依赖于环境类型和反思活动，如表 4-3 所示。

表 4-3　各种技术工具支持反思的学习效果分析

支持类型	学习效果
技术工具	鼓励反思、自我意识、同伴学习
预先提示的技术工具	直接关注重点知识、给予反思流程、鼓励深度反思
作为互动的技术工具	给予替代性观点、发展批判性思维、容易结合其他方法

反思在课堂学习中尤其重要，因为学生最初认识自然现象不可能通过自然解释。在学习情境里，多种学习方法可以利用反思，包括探究学习在内。探究学习能提升学习调节技能。因此，反思是一种探究能力，探究能力通过探究学习得以提升。尽管反思和教育实践相关，它对不同领域的学生是一种具有挑战性的活动，学生需要进一步的反思性支持。例如，学生意识到他们的经验经常受到内因和外显性知识的影响，也会受到已有经验的影响。为了支持自我评价，学生需要了解评价标准和相关操作依据。反思需要对经验和观察进行创新思维，这对于学生来

说是挑战性任务，在这种情境下与他人互动显得十分必要。

4.3.4　学习情境评价

学习情境应该在学习者解决问题或完成任务后对学习进行整合性评价。传统的学习评价主要基于考试为主的终结性评价，学习情境评价必须像验收产品质量一样重视评价，基于学习情境的评价必须脱离线性模型，应该在一开始就接受真实情境的复杂性、非线性和无序性[24]。另外，基于情境的评价必须适应并合理利用学习者的数字化学习习惯，数字化学习在拓展学习者的感知和问题解决能力方面超出了他们在传统学习中所获得的能力。学习情境的理论基础强调无缝隙评价感知和协同评价学习和思维，基于情境的学习评价主要有三个维度：承担转移、提供意义、为跨课程调查提供帮助。学习情境的评价应该是以过程性评价为主、终结性评价为辅的，目的是促进学习者知识转移和高阶学习。因此，整合性评价是利用信息技术创设一种真实的评价情境，这种评价既可以通过技术反映评价结果，也可以体现学习者的学习过程。只有这种整合性评价才能为学习者认知发展提供有益的指导。

整合性学习情境评价既要考虑一般学习评价的基本程序，也要考虑学习情境自身的特点，学习情境评价方案设计主要从以下三个方面展开：第一，在评价前期需要根据学习目标进行分析，具体可以依据知识与技能、过程与方法、情感态度和价值观等三维目标体系进行细化，评价的总体目标是促进学习者有意义地学习；第二，基于三维目标体系构建学习情境评价指标体系，可以通过学习情境兴趣、科学学习动机来观测学习者的情感态度和价值观对课程学习的影响，通过学习作品、学习方式和技巧来观测学习过程与方法，通过平时测试和课程终结测试观测学习者对知识和技能的掌握程度；第三，采用多种评价相互结合的方式，过程性考核与终结性考核相结合，自我评价与他人评价相结合。信息化学习情境评价指标体系设计如表 4-4 所示。

表 4-4　信息化学习情境评价指标体系

考核维度	考核指标	具体目标描述
情感态度和价值观	科学学习情境兴趣	学习情境的新颖性、探索意向、愉悦感、需求注意和总体趣味性等
	科学学习动机	学习情境激发的动机水平
学习过程与方法	学习方式	学习进程安排、学习笔记等
	学习技巧	资源利用水平、交流发言次数等
	学习作品	学习作品的原创性、规范性、合理性、创新性等
知识与技能	课程测试	测试题、拓展与实训测试等

学习情境评价重视学习者在学习情境中的行为与态度信息的搜集，强调学习者的认知发展过程。评价既包含质的评价，又包含量的评价，质的评价主要在学习过程中通过编制调查问卷搜集学习者的情境兴趣、学习动机、个人兴趣和技术接受度等信息，量的评价通过编制测验试题完成学前测试、单元测试和课程测试等。在具体操作上可利用多媒体集成技术、网络技术等手段实现在线问卷调查、多向信息交流及在线测试等，可在虚拟情境中通过实践作品、留言和学习记录等评价学习者[25]。

4.4 本章小结

信息化学习情境支持下的科学学习的目的为实现知识转化和高阶学习，其宗旨是让学习者有意义地学习。信息技术支持下的学习情境的基本要素应该包括：①情境；②学习内容；③学习支持；④学习评价。学习情境创设需要遵循教学设计流程，首先在分析学习需要、学习内容和学习者特征的基础上进行学习目标分析，然后进行学习情境设计，信息化学习情境设计主要包括学习情境应用环境设计、学习情境资源设计、学习情境认知工具设计和学习情境评价。这四大学习情境基本要素和设计要素相互联系构成学习情境整体，符合我们提出的学习情境理论基础。通过本章内容的系统研究总结信息化学习情境支持下的科学学习要素和创设流程，为信息化学习情境应用于科学学习提供具体指导。

参考文献

[1] Gardiner L R, Corbitt G, Adams S J. Program assessment: Getting to a practical how-to model[J]. Journal of Education for Business, 2009, 85(3): 139-144.

[2] Meyers S, Lester D. The effects of situated learning through a community of partnership in a teacher preparation program[J]. Sage Open, 2013, 3(3): 1-9.

[3] Brown J S, Collins A, Duguid P. Situated cognition and the culture of learning[J]. Educational Researcher, 1989, 18(1): 32-42.

[4] Mclellan H. Evaluation in a situated learning environment[J]. Educational Technology, 1993, 33(3): 39-45.

[5] Stein, D. Situated learning in adult education[J]. ERIC Digest, 1998(1): 418-520.

[6] Rogoff B, Barbara R, Jean L. Introduction: Thinking and Learning in Social Context[M]//Rogoff B, Lave J. Everyday Cognition: Its Development in Social Context. Cambridge: Harvard University Press, 1984: 1-8.

[7] NCRVE. Teaching for transfer of learning[J]. Materials Distribution Service，1992，(2): 352-469.

[8] Lave J. Cognition in Practice: Mind, Mathematics, and Culture in Everyday Life[M]. New York: Cambridge University Press, 1988: 289-302.

[9] Newmann F M. Linking restructuring to authentic student achievement[J]. Phi Delta Kappan, 1991, Z2(6): 458-463.

[10] Butterfield E C, Nelson G D. Theory and practice of teaching for transfer[J]. Educational Technology Research and Development, 1989, 37(3): 5-38.

[11] Cognition and Technology Group at Vanderbilt. Anchored instruction and situated cognition revisited[J]. Educational Technology, 1993, 33(3): 52-70.

[12] Harley S. Situated learning and classroom instruction[J]. Educational Technology, 1993, 33(3): 46-51.

[13] Greenfield P M. A Theory of the Teacher in the Learning Activities of Everyday Life[M]//Rogoff B, Lave J. Everyday Cognition: Its Development in Social Context. Cambridge: Harvard University Press, 1984: 117-138.

[14] Salomon G, Globerson T, Guterman E. The computer as a zone of proximal development: Internalizing reading-related metacognitions from a reading partner[J]. Journal of Educational Psychology, 1989, 81(4): 620-627.

[15] Moon J A. A Handbook of Reflective and Experiential Learning: Theory and Practice[M]. London: Routledge Falmer, 2004: 179-191.

[16] Leijen A, Valtna K, Leijen D A J, et al. How to determine the quality of students' reflections[J]? Studies in Higher Education, 2012, 37(2): 203-217.

[17] Wang F, Hannafin M J. Design-based research and technology-enhanced learning environments[J]. Educational Technology Research and Development, 2005, 53(4): 5-23.

[18] Chen N S, Wei C W, Wu K T, et al. Effects of high level prompts and peer assessment on online learners' reflection levels[J]. Computers & Education, 2009, 52(2): 283-291.

[19] van Joolingen W R, de Jong T, Lazonder A W, et al. Co-lab: Research and development of an on-line learning environment for collaborative scientific discovery learning[J]. Computers in Human Behavior, 2005, 21: 671-688.

[20] Bruder I. Alternative assessment: Putting technology to the test[J]. Electronic Learning, 1993, 12(4): 22-28.

[21] Cunningham D. Assessing constructions and constructing assessments: A dialogue[J]. Educational Technology, 1991, 31(5): 13-17.

[22] Vargas E M, Alvarez H J. Mapping out students' abilities[J]. Science Scope, 1992, 15: 41-43.

[23] Kori K, Pedaste M, Leijen A, et al. Supporting reflection in technology-enhanced learning[J]. Educational Research Review, 2014, 11: 45-55.

[24] Young M. Assessment of situated learning using computer environments[J]. Journal of Science Education and Technology, 1995, 4(1): 89-96.

[25] 黄越岭，朱德全. 网络学习情境性评价模型：建构与实施[J]. 远程教育杂志，2015，(3)：26-32.

第 5 章　信息化学习情境支持的科学学习模式构建

前面章节从具体应用的角度分析了信息化学习情境创设的要素和一般流程，信息化学习情境有效支持科学学习的具体模式是什么呢？因此很有必要对信息化学习情境支持科学学习的基本原则进行详细的分析，进而基于科学学习的不同类型分别设计信息化学习情境支持下的科学学习模式。

5.1　信息化学习情境创设原则

创设信息化学习情境是学习者实现有意义地学习的前提，也是信息化学习设计的最关键的环节之一，最终目的是促进学习者知识转化和高阶能力发展。信息技术是创设学习情境非常有效的工具，利用信息技术可以创设基于小组协作、基于个体探究、基于问题等的学习情境，因此，信息化学习情境更能体现以学习者为中心的学习设计思想。信息化学习情境的设计原则主要可归纳为以下几点。

5.1.1　真实性原则

情境认知与学习理论都强调要创设真实的情境，利用计算机多媒体技术和虚拟现实技术基于社会生活和自然世界创设接近于真实的情境，这种真实的情境对学习者来说存在情境认知的价值。学习者在这种信息技术支持的真实情境里可以进行生活体验，运用他们已经学到的知识和曾经的生活经验去进行科学探究式学习。真实的学习情境源于生活并反映生活，具有极强的感染力，真实的问题情境或任务情境对学习者来说具有较强的针对性和挑战性，有利于激发学习者主动参与学习情境活动，学习者通过努力解决问题或完成任务后会更加深刻地认识到知识的价值和现实意义。因此，从一定程度上可以说学习情境的真实性程度决定了学习者的情境认知效果和知识转移深度。

利用信息技术创设学习情境要贯彻真实性原则，应该把握好以下两点：第一，要对学习内容进行仔细分析：准确地选择与学习内容关系最密切的真实社会生活情境和自然情境材料，在情境材料的加工过程中，情境的展开过程、细节表现及问题和任务的设置都应保证真实性和科学性，让学习者在真实情境中探究和建构知识；第二，分析与选择媒体工具，了解各种媒体的功能和局限性：利用各种技术工具的优势表现真实的社会场景和自然环境，尽可能地减少人为的技术处理和修饰。技术运用不恰当会影响学习者的真实体验，给人感觉杂乱和虚假，因此，在利用信息技术进行学习情境设计与开发中一定要克服“技术至上”的错误认识，切勿在开发中单纯重视技术造成不实用的后果。经常发现有的老师在用多媒体课件介绍一个案例情境中为了吸引学习者的眼球，喜欢在课件中插入一些与主题不相关的卡通动画或者精美图片，这种做法造成的不良后果是一部分学习者会更加关注这些不相关的信息，教师的讲课内容可能早已抛之脑后了。

5.1.2　趣味性原则

著名物理学家爱因斯坦认为，好的教育应该能够激发学习者对学习内容的浓厚兴趣，促使其有追求真理般的理解愿望。学习情境如果让学习者有心动的感觉，说明该情境可以激发其学习兴趣，让学习者在心灵深处有较为强烈的情感共鸣，这是促进其积极学习的直接动力。利用计算机多媒体技术和网络技术创设的学习情境不仅要坚持科学性和教育性，更要尽量使情境生动、新颖、有趣，让学习者有心动的感觉，满足其好奇心并吸引其进行探究学习。因为单调的学习情境会使学习者感到疲倦，失去探究兴趣。

为了贯彻趣味性原则，利用信息技术创设学习情境应该做到以下两点：第一，要不断创新，学习情境中包含的知识不仅与学习者原有的知识和经验相关，而且要包含新的信息，在学习者意料之外的关键点上设计新的情境；第二，要不断变化，根据知识点善于利用不同的媒体优点去创设不同的情境效果，让学习者有耳目一新之感，有兴趣去关注情境问题，并在学习情境中有新的实践体验和深刻的情感体验。为了在学习情境创设中贯彻趣味性原则，可以使用以下两种组合方式：①问题化+故事化：初中和小学学习者对故事非常感兴趣，可以依据学习内容编写故事情节，故事可以反映知识的形成过程，在故事情境的关键节点上设置问题，这样故事化和问题化的情境可以吸引学习者去解决问题，在问题解决过程中加深对知识的理解；②科学性+趣味性：利用信息技术创设学习情境首先要保证其科学性，科学正确是学习情境设计的基本要求，在此基础上利用不同的媒体技术工具的优势表现情境人物特征的不同效果，吸引学习者关注情境内容，促使其保持一定的动机水平完成科学探究学习任务。

5.1.3　接近性原则

利用信息技术创设的学习情境应该与当前学习内容相关，并且能够真实反映现实生活的情境，这种情境必须接近于学习者的认知结构。原因主要有以下两点：第一，这种与学习内容相关的情境应该是以学习者已有的知识为基础的，而反映现实生活的真实情境是以学习者已有的生活经验为基础的，这些生活经验与生活情境相类似，能够激发学习者的认同感；第二，情境创设还必须符合苏联著名心理学家维果斯基提出的“最近发展区”理论，即学习情境设计的深度和宽度要稍高于学习者原有的知识和生活经验，具有一定的难度需要经过学习者努力思考，在思维容量和思维强度达到一定水平时才能解决问题或完成任务。这个道理犹如平时我们说需要“跳一跳，才能够得着，摘到果子”。情境中的问题或任务太容易会使学习者感觉没有挑战性进而失去学习兴趣，情境中的问题或任务太难会使学习者有挫败感进而也会失去学习兴趣。

在信息化学习情境创设过程中要贯彻接近性原则，应该把握好以下两点：第一，对学习内容进行认真的层次性分析，根据学习内容的层级结构设计学习情境活动的递进关系，一般来说，学习内容的层级关系是按照由简单到复杂，由易到难的顺序进行设计的，学习情境设计也应该按照这个层级顺序进行设计，包括问题之间、任务之间都应该有层级递进关系；第二，要对学习者特征进行分析，学习者特征分析主要是对学习者的内部心理认知结构进行详细分析，学习者的认知结构不仅包括学习者的知觉、记忆、思维、问题解决等认知过程，而且还包括学习者的学习动机、情感、情绪、经验等因素。在系统分析学习者认知结构的基础上利用信息技术创设适切的学习情境来促进学习者顺利实现知识转化，培养其高阶能力。

5.1.4 多样性原则

信息化学习情境创设的理论基础认为，我们生活的世界是丰富多彩而又客观存在的,每个人对世界的认识和意义建构是基于自己对世界的经验和生活环境的。每个人的生活环境和经验具有差异性，因此这就决定了每个人对客观世界的认识和意义建构是多种多样的。学习过程中要允许并支持这种差异性的存在，因势利导，采用多种学习策略创设个性化学习情境，尽可能允许学习者自由选择适合自己的学习情境，最大程度保证学习者有意义地学习。

因此，我们在利用信息技术创设学习情境时要贯彻多样性原则，应该做到以下几点：第一，根据学习内容，利用信息技术工具从不同的视角和层面设计多种学习情境；第二，可以根据需要设置相反的学习情境，让学习者在情境学习过程中发生认知冲突，通过不同的思维碰撞完成知识转化；第三，在学习情境中设置多个学习起点和多条学习路径，允许学习者根据自己的需要随机进入；第四，利用信息技术创设小组协作情境、计算机游戏情境、虚拟实验学习情境、案例情境、测试情境等多种形式的学习情境，通过多种形式的情境学习活动激发学习者积极参与学习活动，让学习者真正达到知、情、意、行的和谐统一。

在信息化学习情境创设中贯彻多样性原则对教师提出了更高的要求，教师在利用信息技术创设学习情境过程中要突破传统学习观念的约束，认真分析学习内容和技术工具特性，对学习内容形成多种认识，了解并尊重学习者的个体差异性，创设多样化的学习情境允许学习者有多样化的选择，支持并鼓励学习者通过多种方式进入信息化学习情境参与学习活动。

5.1.5　整合性原则

学习情境与学习活动、学习资源、学习工具、学习支架、学习共同体、学习评价等共同构成学习环境，学习环境各个要素与教师、学习者之间相互作用和维系，在互动中形成合力，最终促进学习者有意义地学习，学习情境是学习环境的有机组成部分。因此，在各种学习情境设计中必须要考虑学习环境的其他要素，从学习环境整体功能上认识学习情境与其他要素的关系，创设学习情境应有利于学习活动的顺利开展，促进学习者完成知识转化。从学习情境内部各个要素来看，学习情境是一个既包含与学习内容直接相关的信息，也包含了与学习内容关系不大甚至无关的干扰信息，学习者需要运用已有的知识和经验在这种真实而又复杂的学习情境中筛选有效信息，并运用相关信息解决问题或完成任务。信息技术支持下的学习情境中的人物、背景、认知工具、信息资源等可能是杂乱无序的，需要学习者根据学习需要整合这些要素，促进自己探究学习和意义建构。另外，在学习情境评价中既有过程性评价，也有终结性评价；既有质性评价，也有量性评价。具体来说，质的评价主要在学习过程中通过编制调查问卷搜集学习者的情境兴趣、学习动机、个人兴趣和技术接受度等信息，量的评价通过编制测验试题完成学前测试、单元测试和课程测试等。

因此，我们在利用信息技术创设学习情境时要贯彻整合性原则，应该做到以下几点：第一，利用信息技术在创设学习情境过程中既要考虑学习情境的设计，还要考虑与学习内容有关的现场情境，分别从学习层、行为层和心理层设计包含学习活动、实践过程和沉浸体验过程的学习情境，在此过程中激发学习者的学习兴趣，维持其较高的学习动机；第二，基于学习目标整合评价方法，利用信息技术创设一种真实的评价情境，这种评价既可以通过技术反映评价结果，也可以体现学习者的学习过程。在具体设计中可利用多媒体集成技术、网络技术等手段实现在线问卷调查、多向信息交流及在线测试等，可在虚拟情境中通过实践作品、留言和学习记录等评价学习者。

5.2　信息化学习情境支持下的科学学习模式

基于思维型课堂学习理论，本研究分别从科学概念学习、科学问题学习和科学探究活动学习三个方面设计信息化学习情境支持下的科学学习模式，每种学习模式主要包括情境创设、问题提出、自主探究、合作交流、总结反思（知识分享）和应用迁移六个环节。

5.2.1　信息化学习情境支持下的科学概念学习模式

科学概念学习主要适用于内容性知识的学习，科学概念相对较为抽象，学习者如果对科学概念缺乏深入系统的理性认识，就很难深入理解和应用科学概念[1]。运用信息技术创设学习情境可以实现抽象概念形象化，基于真实世界可视化抽象概念，在形象化的学习情境中可以激发学习者动机和兴趣，促进思维加工和科学实践，探究科学规律，最终实现科学概念转变[2,3]。

科学概念学习中通过创设学习情境可以使学习者获得足够的感性认识，掌握建立科学概念的思维方法，排除科学概念学习的思维障碍，实现知识迁移与应用[4]。科学概念学习主要包括概念引出、概念认知冲突、概念精细化和概念应用四个阶段[5,6]。在概念引出阶段引出学习者已有的生活经验与相关概念激发学习者对新知识的探索兴趣，或称之为活化原有知识；概念认知冲突阶段造成学习者认知的冲突，或称之为对原有概念的不满，进而激发学习者积极思维；概念精细化阶段提供认知支架或者通过学习者之间和师生之间的对话使学习者自主建构新科学概念，或称之为概念重构，学习者还可以总结反思自己是如何重构概念的；概念应用阶段学习者将新概念应用到新科学情境，或称之新概念的应用。科学概念学习情境需要结合学习者思维认知过程激发学习者积极思维，才能促进知识内化，实现科学概念的转变与应用[7]。基于学习情境创设的理论基础、科学概念学习过程中内外要素及相互关系，可主要从六个环节设计信息化学习情境支持下的科学概念学习模式：①情境创设；②问题提出；③自主探究；④合作交流；⑤总结反思；⑥应用迁移。具体来说，科学概念学习各个阶段中会用到抽象变形象情境、问题情境、测试情境、协作互动情境以及创作与反思情境[8]，这些科学概念学习情境在信息技术的支撑下又可以分为事实性情境（故事情境）、知识链情境、创作与反思情境、计算机支持协作互动情境（CSCL）[9]，以及测试情境等[5,10]。信息化学习情境支持下的科学概念学习模式如图 5-1 所示。

为了更好地促进学习者加深对科学概念的理解并实现知识转化，在该情境中需要考虑小组协作、教师评价及个人反思。需要指出的是，在概念应用阶段教师通过 Moodle、BlackBoard 等在线学习平台提供科学概念应用的不同问题情境，学习小组协商选择自己感兴趣的问题情境，并依据问题解决模式展开小组活动，通过小组协作解决问题，并把利用概念解决问题的结果发布在学习平台上，学习者可以以海报、视频、PPT、模型等形式与同学之间分享学习成果。

5.2.2　信息化学习情境支持下的科学问题学习模式

科学问题学习情境创设主要适用于假设性及规律性知识的学习，科学问题的解决过程既包括问题本身的要素也包括问题外在的解决过程要素，问题本身要素

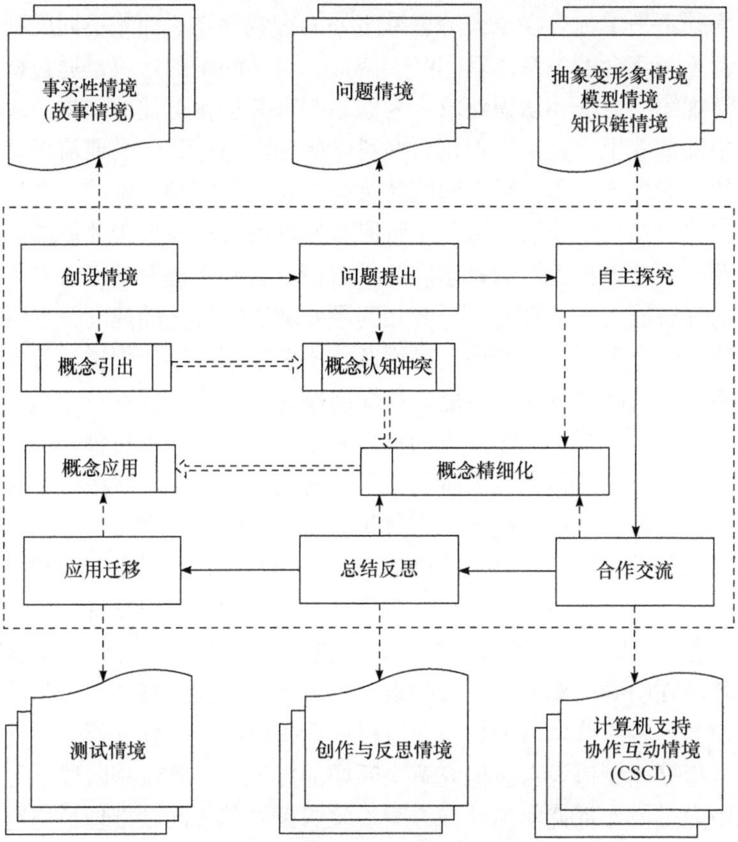

图 5-1　信息化学习情境支持下的科学概念学习模式

主要包括学习内容、学习情境以及相互关系[11]；科学问题解决过程要素主要包括问题分析、问题推理和评价反思，如图 5-2 所示。

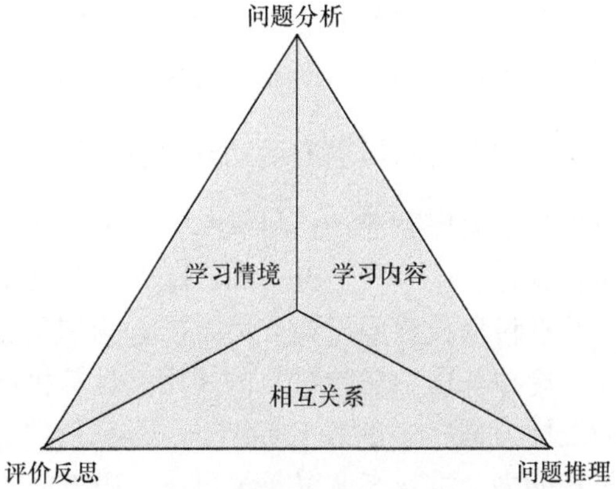

图 5-2　科学问题解决过程中的内外要素

科学问题不是单独存在于人的思维之外的客观存在，而是不同的科学知识相互对立或者不相符合的关系的疑问[12]。因此，科学问题的形成是通过探究和思维加工将科学规律、方法和认识对象人为联系起来并进行对比的结果。思维在科学问题学习中发挥着十分关键的作用，在科学问题学习过程中需要清楚认识并遵循科学问题的一般思维过程，科学问题解决会综合运用归纳、推广、类比、移植等各种思维方法，在科学学习的每一个阶段激发学习者积极思维才能顺利高效的解决科学问题[13]。计算机支持的科学问题学习情境有利于提升学习者对科学概念及科学规律的理解能力和推理能力，并在问题和解决方法之间建立联系[14]。因此，科学问题解决综合利用这些知识、思维及技术要素可有助于促进学习者认知加工过程，从而提升其问题解决的技能。科学问题解决过程一般有三个基本环节：假设、预言、验证[15]，根据科学知识的特点和学习者认知加工过程，信息技术支持下的科学问题学习一般包括五个阶段：①明确问题；②探求解法；③实施计划；④讨论反思；⑤检验结论。这五个阶段相互联系并影响着学习者的认知结构。

基于信息化学习情境支持下的科学学习的理论基础、科学问题解决过程中内外要素及相互关系，可主要从六个环节设计信息化学习情境支持下的科学问题学习模式：①情境创设；②问题提出；③自主探究；④合作交流；⑤总结反思；⑥应用迁移。在明确问题阶段，教师根据学习主题创设情境，引导学习者进入学习情境，使学习者了解学习内容与学习目标后提出问题并建立假设；探求解法阶段，学习者根据问题假设自主探究解决问题的方案；实施计划阶段学习者在小组互动交流中通过协作探究实施计划方案检验假设，基于问题推理最终解决问题；讨论反思阶段通过 Moodle、BlackBoard 等在线学习平台展示学习成果，最后师生之间评价与反思问题解决过程；检验结论阶段主要把解决问题的相关科学知识及方法应用迁移到其他科学问题情境中去。具体来说，信息技术支持下的科学问题学习在各个学习阶段中会用到事实性情境、问题情境、模型情境、游戏情境、知识链情境、创作与反思情境、计算机支持协作互动情境（CSCL）以及测试情境等[16-20]。信息化学习情境支持下的科学问题学习模式如图 5-3 所示。

5.2.3 信息化学习情境支持下的科学探究活动学习模式

科学教育强调反思和实验探究活动在科学学习中的重要性，物理、化学和生物等课程学习当然也包括在其中[21,22]。近年来，随着信息技术在科学教育中的广泛应用，虚拟仿真实验在科学教育中得到大力推广。虚拟仿真实验主要包括虚拟实验设备的基本操作、虚拟环境中实验材料的使用，计算机虚拟仿真能够很好地支持虚拟仿真实验的发展与推广。过去十多年里，一系列的实证研究都显示虚拟仿真实验在促进学习者能力、学习态度以及学习成绩等方面的潜在价值[23]。但大多数研究侧重于单纯研究虚拟仿真实验情境的潜在价值，没有考虑在现实世界里

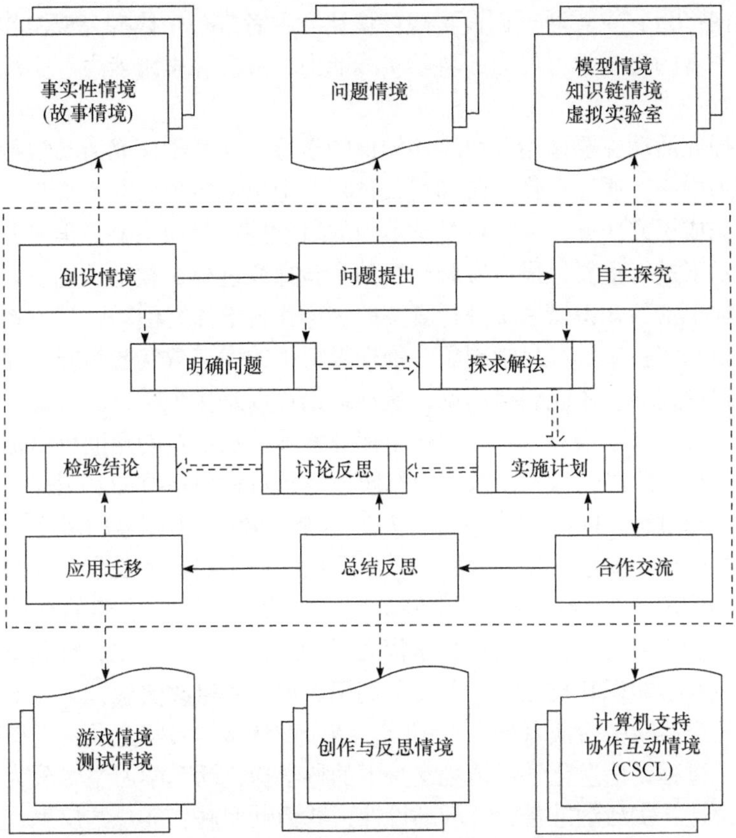

图 5-3　信息化学习情境支持下的科学问题学习模式

传统科学探究活动学习情境的价值，在现实世界中，学习者必须熟练掌握科学实验设备和材料的应用。因此，为了更好设计学习者的科学探究活动，需要重新界定和建构信息化学习情境支持下的科学探究活动学习模式。

2017 年最新修订的《普通高中物理课程标准》指出：“创设学生积极参与、乐于探究、善于实验、勤于思考的学习情境，培养和发展学生的自主学习能力。通过多样化的教学方式，利用现代信息技术，引导学生理解物理学的本质，整体认识自然界，形成科学思维习惯，增强科学探究能力和解决实际问题的能力”[24]科学探究活动是指提出科学问题、形成猜想和假设，设计实验与制订方案、获取和处理信息、基于证据得出结论并做出解释，以及对科学探究过程和结果进行交流、评估、反思的能力。目前的科学探究活动主要依赖于传统的实验，学习过程重实验结果、轻过程，探究活动学习效率低，学习者动手率不高，未来的发展趋势将是理论与实践并重，以探究性实践活动为主[25,26]。因此，科学探究活动是科学教育中非常重要的组成部分，也是学习科学的重要途径，目前的科学实验呈现活动化趋向[27]。它主要通过创设实践环境让学习者进行个体探究或协作探究，进而培养学习者的自主学习能力、科学实践能力、批判性思维能力、交流与合作能力等。

科学探究活动主要适用于程序性知识的学习，在科学探究活动学习中主要以实践活动为中心，通过合作交流和实践过程，记录实验数据并评价与反思实验结果，进而完成探究任务。传统科学学习中的科学探究活动主要是学习者在教师的讲解和演示下进行重复性操作实验，这种实验探究过程是教师预先设计好的，学习者不能在丰富的知识情境中进行真实的多样化科学探究活动，学习者就无法通过多种假设和实验来解释科学现象。物理教材中的大多数实验是开放性的，学习者必须经过探究活动才能获得结论，这种结论可以是多个结论。因此，传统的科学实验学习难以真正培养学习者的科学探究素养。从学习的角度可以把学习者分组实验分为准备阶段、操作阶段和总结阶段，该过程包括感知、记忆、注意、思维和想象认知过程，同时还受兴趣、动机、习惯等非智力因素的影响[16]。学习者在科学实验过程中要经历发现问题、做出假设、动手实验和观察验证的过程[28]。

美国国家科学标准中提出一个新的观点，设计是科学素养的有效补充和支持[29]。设计型学习为学习者进行科学探究活动提供了真实情境，有利于学习者有意义的学习科学知识和技能[30]。开发、利用、评价和修改实验方案并给予合理解释在科学探究活动中扮演着核心作用[31]。结合设计型学习特点及科学探究活动中的认知加工过程，信息化学习情境支持下的科学探究活动学习主要分为以下五个阶段进行设计：①活动准备；②活动设计；③活动实施；④总结反思；⑤应用阶段。基于学习情境创设的理论基础、科学探究活动学习过程中内外要素及相互关系，可主要从六个环节设计信息化学习情境支持下的科学探究活动学习：①情境创设；②问题提出；③自主探究；④合作交流；⑤总结反思；⑥应用迁移。具体来说，科学探究活动学习各个阶段中会用到示范性情境、问题情境、计算机支持协作互动情境以及创作与反思情境[16,25,28,30]，这些科学探究活动学习情境在信息技术的支撑下又可以分为模型情境、游戏情境、虚拟实验室、创作与反思情境以及计算机支持协作互动情境（CSCL）等[32]。信息化学习情境支持下的科学探究活动学习模式如图 5-4 所示。

由图 5-4 可以看出，信息化学习情境支持下的科学探究活动学习在实验准备阶段首先通过信息技术创设实验情境，激发学习者的情境兴趣和学习动机，然后教师根据实验项目主题创设情境，引导学习者进入学习情境，使学习者了解实验目的，理解实验原理，掌握实验方法，熟悉实验器材，并指导学习者按照个人兴趣组建学习小组。在实验设计阶段，学习小组经过讨论澄清疑问，建立实验假设并形成实验设计思路。在实验操作阶段，学习小组分工协作进行探究实验，并对实验数据或结果进行分析解释，接受或者拒绝实验假设；经过小组间的交流认真

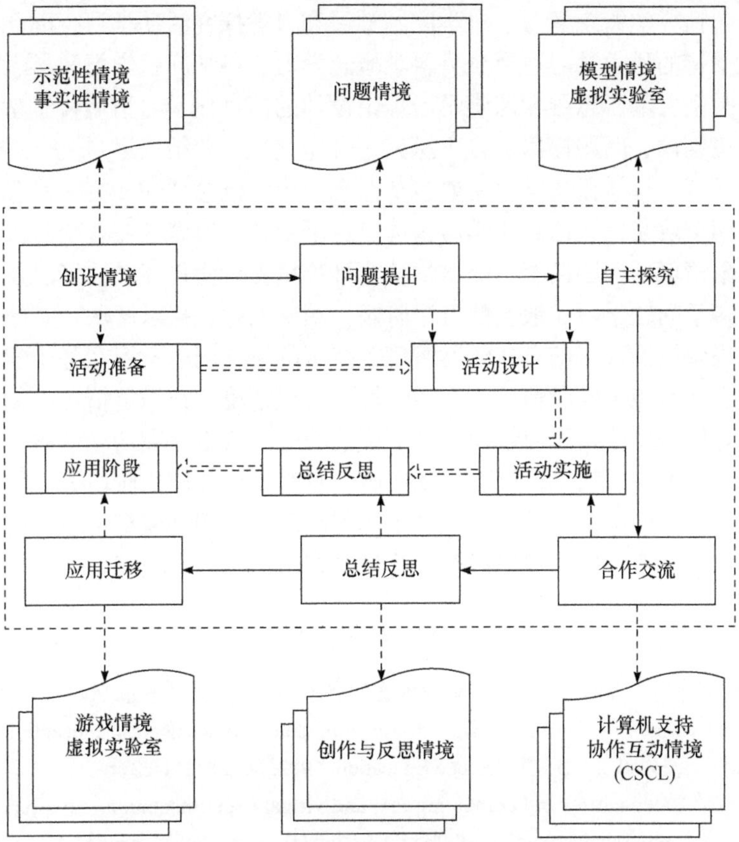

图 5-4　信息化学习情境支持下的科学探究活动学习模式

修改和细化自己的设计方案。在总结反思阶段，学习小组基于新的实验设计方案进行拓展性实验，完善自己的实验成果，以实验报告文档、PPT、图片、视频或动画方式展示与分享实验结果，小组间通过 Moodle、BlackBoard 等在线学习平台展示探究实验学习成果并进行互评，教师进行点评。应用阶段可以采用游戏化情境把实验操作相关问题及方法应用迁移到其他科学探究活动学习情境中去。最后教师和学习者对学习过程进行反思，反思后如果觉得学习效果没有达到预期目标可以重新进行，如果对学习效果比较满意就结束学习。

5.3　本 章 小 结

信息化学习情境支持下的科学学习原则主要包括真实性原则、趣味性原则、接近性原则、多样性原则和整合性原则。通过本章内容系统总结信息化学习情境支持下的科学学习原则，为信息化学习情境应用于科学学习提供具体指导。科学学习主要包括科学概念学习、科学问题学习和科学探究活动学习，因此，信息化学习情境支持的科学学习主要分为科学概念学习、科学问题学习和科学探究活动学习三个类型。基于思维型课堂学习理论设计的信息化学习情境科学学习模式主要包括情境创设、问题提出、自主探究、合作交流、总结反思(知识分享)及应用迁移六个环节。科学概念学习主要包括概念引出、概念认知冲突、概念精细化和概念应用四个阶段，在信息化学习情境支持下的科学概念学习各个阶段中会用到抽象变形象情境、问题情境、测试情境、计算机支持协作互动情境以及创作与反思情境。科学问题学习一般包括五个阶段：明确问题、探求解法、实施计划、讨论反思和检验结论等，信息化学习情境支持下的科学问题学习在各个学习阶段中会用到事实性情境、问题情境、模型情境、游戏情境、知识链情境、创作与反思情境、计算机支持协作学习情境以及测试情境等。科学探究活动学习主要包括五个阶段：活动准备、活动设计、活动实施、总结反思和应用阶段等，信息化学习情境支持下的科学探究活动学习在各个学习阶段中会用到模型情境、游戏情境、虚拟实验室、创作与反思情境以及计算机支持协作学习情境等。

参 考 文 献

[1] 袁维新. 概念转变理论及其对当代科学教育的启示[J]. 外国教育研究, 2009,(11): 11-16.

[2] Posner G J, Strike K A, Hewson P W, et al. Accommodation of a scientific conception: Towards a theory of conceptual change[J]. Science Education, 1982, 66(2): 211-227.

[3] Zacharia Z C. Comparing and combining real and virtual experimentation: An effort to enhance students conceptual understanding of electric circuits[J]. Journal of Computer Assisted Learning, 2007, 23: 120-132.

[4] 胡卫平. 科学概念学习中思维能力的培养[J]. 中国教育学刊, 2004,(9): 44-47.

[5] Valanides N, Angeli C. Learning and teaching about scientific models with a computer-modeling tool[J]. Computers in Human Behavior, 2008, 24(2): 220-233.

[6] She H C, Lee C Q. SCCR digital learning system for scientific conceptual change and scientific reasoning[J]. Computers & Education, 2008, 51(2): 724-742.

[7] 胡卫平, 刘建伟. 概念转变模型: 理论基础、主要内容、发展与修正[J]. 学科教育, 2004,(12): 34-37.

[8] Pyatt K, Sims R. Virtual and physical experimentation in inquiry-based science labs: Attitudes, performances and access[J]. Journal of Science Education and Technology, 2011,(6): 74-88.

[9] Jaakkola T, Nurmi S, Veermans K. A comparison of students' conceptual understanding of electric circuits in simulation only and simulation-laboratory contexts[J]. Journal of Research in Science Teaching, 2011, 48(1): 71-93.

[10] Olympiou G, Zacharia Z C. Blending physical and virtual manipulatives: An effort to improve students' conceptual understanding through science laboratory experimentation[J]. Science Education, 2012, 96(1): 21-47.

[11] Veklia G S, Atilla C.Designing computer assisted problem based learning environment in the subject of endocrine system in human beings for high school biology[J]. Procedia-Social and Behavioral Sciences, 2012, 47: 303-310.

[12] 谢鸿昆. 科学的问题[J]. 科学技术与辩证法, 2007, 24(1): 14-18.

[13] 胡卫平. 物理问题解决中思维能力的培养[J]. 教育科学研究, 2002,(2): 38-41.

[14] Bulu S T, Pedersen S. Scaffolding middle school students' content knowledge and ill-structured problem solving in a problem-based hypermedia learning environment[J]. Educational Technology Research & Development, 2010, 58(5): 507-529.

[15] 胡卫平. 中学生解决科学问题的心理分析及其能力培养[J]. 中国教育学刊, 2003,(8): 38-42.

[16] 胡卫平, 孟进. 中学科学分组实验学习的心理分析[J]. 教育学报, 2003,(1): 33-36.

[17] Hung W. The 9-step problem design process for problem-based learning: Application of the 3C3R model[J]. Educational Research Review, 2009, 4(2): 118-141.

[18] Chang C Y. A problem-solving based computer-assisted tutorial for the earth sciences[J]. Journal of Computer Assisted Learning, 2010, 17(3): 263-274.

[19] Lee C B. Capturing and assessing conceptual change in problem solving[D]. Columbia: University of Missouri, 2006.

[20] Lu W H. Understanding the effect of computer-supported, case-based instruction on third-year medical students' ethical reasoning[D]. Missouri: University of Missouri, 2007.

[21] National Research Council. Inquiry and the National Science Education Standards[M]. Washington D C: The National Academies Press, 2000.

[22] Mayer R E. The Cambridge Handbook of Multimedia Learning[M]. New York: Cambridge University Press, 2005: 209-214.

[23] van Joolingen W, Zacharia Z C. Developments in Inquiry Learning[M]//Balacheff S. Technology-Enhanced Learning: A Kaleidosope View. Dordrecht: Springer, 2009: 21-37.

[24] 中华人民共和国教育部. 普通高中物理课程标准(2017 年版)[S]. 北京: 人民教育出版社, 2018.

[25] 陈学寿. 初中科学实验教学的发展趋势及实施策略[J]. 考试周刊, 2010,(38): 228-230.

[26] 喻杰. 应用 STS 教育理论优化科学实验教学研究[J]. 现代教育科学. 普教研究, 2010,(1): 12-13.

[27] Neilson D, Campbell T, Alllred B. Model-based inquiry in physics: A buoyant force module[J]. Science Teacher, 2010, 77(8): 38-43.

[28] 徐寿明. 科学探究, 自主创新——浅谈如何上好科学课[J]. 考试周刊, 2010,(38): 230-231.

[29] Cajas F. The science/technology interaction: Implications for science literacy[J]. Journal of Research in Science Teaching, 2001, 38(7): 715-729.

[30] Doppelt Y, Mehalik M M, Schunn C D, et al. Engagement and achievements: A case study of design-based learning in a science context[J]. Journal of Technology Education, 2008, 19(2): 22-39.

[31] Passmore C, Stewart J, Cartier J. Model-based inquiry and school science: Creating

connections[J]. School Science and Mathematics, 2009, 109 (7) : 394-402.

[32] Clark D B, D'Angelo C M, Menekse M. Initial structuring of online discussions to improve learning and argumentation: Incorporating students' own explanations as seed comments versus an augmented-preset approach to seeding discussions[J]. Journal of Science Education and Technology, 2009, 18 (4) : 321-333.

第 6 章　信息化学习情境支持下的科学概念学习

本章基于信息化学习情境支持下的科学概念学习整体研究设计，通过实证研究调查信息化学习情境对学习者科学概念学习的影响，本研究用三个不同的学习模式来评价学习者对信息化学习情境支持的物理概念学习的理解程度，这三种模式分别是传统的班级学习模式、信息化学习情境支持的课堂学习模式，以及传统学习和信息化学习情境支持的课堂学习相混合的模式，本研究主要采用前测和后测来分析学习者科学概念学习的变化情况。

6.1　研究目标

针对信息化学习情境支持下的科学概念学习整体研究设计，本研究利用计算机仿真技术和 Moodle 学习平台创设初中物理学习情境，通过实证研究分析信息化学习情境支持下的物理概念学习对科学学习动机、学习情境兴趣和学习效果的影响。本研究的实验内容为八年级下学期到九年级上学期所有的核心物理概念，主要涉及电学、电与磁、力学、热和能等知识。根据人民教育出版社出版的《21 世纪的初中物理课程(报告提纲)》所规定的学习者必须掌握的基本物理概念，本实验研究基于信息化学习情境创设的要素、理论基础及科学概念学习的模式创设相应的信息化学习情境。初中物理概念信息化学习情境创设如表 6-1 所示。

表 6-1　初中物理概念信息化学习情境创设

章节内容	主要物理概念	信息化学习情境
电流和电路	电荷	事实性情境：怒发冲冠 问题情境：头发为何会竖起来 测试情境：检验物体是否带电
	电流与电路	事实性情境：电流动画模拟 问题情境：电流是如何流动的 抽象变形象情境：电流流动 模型情境：电路的形成
	串联与并联	事实性情境：生活中的串联与并联 问题情境：串联与并联的区别 模型情境：串联与并联组成 测试情境：串联与并联的连接

续表

章节内容	主要物理概念	信息化学习情境
电压和电阻	电压	事实性情境：电荷的流动 问题情境：电荷是如何流动的 抽象变形象情境：电荷的定向运动 模型情境：电压表的读数
	电阻	事实性情境：不同的电阻丝 问题情境：为什么不同的导体材料会对电灯亮度产生影响 模型情境：半导体与超导现象
电功率	电能	事实性情境：小灯泡发光现象 问题情境：小灯泡发光能量的来源
	电功率	测试情境：家庭电能表的读数 问题情境：家庭电能表为什么转得忽快忽慢
电与磁	磁场	事实性情境：我国航海史利用指南针辨别方向 抽象变形象情境：南北磁极 测试情境：磁化钢针
	电磁铁	事实性情境：电磁继电器 模型情境：扬声器的结构与原理
信息的传递	电磁波	事实性情境：烽火台与顺风耳 问题情境：无线移动电话、广播与电视是如何传递信息的 抽象变形象情境：电磁波演示动画
多彩的物质世界	纳米	事实性情境：宇宙的形成与原子的结构 抽象变形象情境：纳米世界
	质量	事实性情境：认识各种物体
	密度	事实性情境：物体之间的差异 问题情境：同种物质的质量和体积会有什么关系
运动和力	运动	事实性情境：运动现象 问题情境：自然界各种物体都在运动吗
	参照物	事实性情境：不同参照物运动和静止 测试情境：选参照物
	力	事实性情境：踢足球 问题情境：对不同的物体施力会有什么变化 测试情境：力的三要素
	惯性	事实性情境：苹果落地动画演示 问题情境：各种运动物体最终停下来的原因
力和机械	重力与重心	事实性情境：瀑布下落 问题情境：月亮为什么绕地球转动
	弹力	事实性情境：弹簧的形变
	摩擦力	事实性情境：汽车运动摩擦力演示动画
	杠杆	事实性情境：生活中的杠杆

续表

章节内容	主要物理概念	信息化学习情境
压强和浮力	压力与压强	事实性情境：沙漠之舟——骆驼 问题情境：压强大小的影响因素
	浮力	事实性情境：生活中的浮力现象 问题情境：轮船为什么能浮在水面
功和机械能	动能与势能	事实性情境：铁路职工“中弹”昏倒 问题情境：为什么馒头可以把人砸伤
	机械效率	事实性情境：房间装修 问题情境：如何快速搬运装修材料
热和能	热运动	事实性情境：生活中的扩散现象——蒸发仿真演示动画 问题情境：为什么我们会闻到香味
	内能	事实性情境：足球运动 问题情境：运动的分子是否具有动能 测试情境：内能与机械能的区别
	比热容	事实性情境：水的加热过程 问题情境：比较不同物质的吸热能力 测试情境：生活中比热容的应用
能源与可持续发展	核能、聚变与裂变	事实性情境：原子弹爆炸 问题情境：原子核的组成 测试情境：核聚变与裂变仿真动画

6.2　研究问题

本研究的目的是比较传统课堂学习与信息化学习情境支持下的科学概念学习对学习者科学概念学习效果的影响，参与实验的学习者是八年级和九年级的学习者，并考虑到教师的角色。针对初中物理的概念学习，通过仿真实验探究活动了解物理概念并应用概念解释物理现象。本研究提出以下基本问题。

(1)与传统课堂学习情境相比，信息化学习情境支持下的科学概念学习、传统课堂学习情境与信息化学习情境相结合支持下的科学概念学习在提升初中生科学概念理解水平方面是否更有效？

(2)信息化学习情境支持下的科学概念学习、传统课堂学习情境与信息化学习情境有机混合支持下的科学概念学习中学习者的科学学习动机改变是否明显？对学习者的学习效果影响是否明显？

6.3 研究设计与实施

6.3.1 研究对象

信息化学习情境支持下的科学概念学习研究实验实施周期为一年，研究实验贯穿八年级下学期到九年级上学期所有的物理概念学习，共有实验计划安排、教师培训、实验实施与后期总结共四个阶段。在研究中选取一所初中 4 个自然班的 132 名学习者作为被试对象，每个班的学习者人数参照 30 人左右的标准班设置，男生和女生在各班比例保持自然状态，学习者的平均年龄在 13～14 岁之间。选择其中 2 个班的学习者参与信息化学习情境支持下的物理概念学习，这 2 个班作为实验班；另外 2 个班的学习者参与传统的物理概念学习，作为控制班开展实验。这 4 个班学习者的物理平均成绩分布大致相同。参与被试的初中物理教师有 2 名(教师甲和教师乙)，他们的年龄和教学经验大致相同，每个教师同时教 2 个班，分别是一个控制班(称为 O_A)和一个实验班(称为 O_B)。在进行信息化学习情境支持下的物理概念教学干预之前，要对教师进行教学技术培训与教学模式指导，使其熟悉掌握信息化学习情境支持下物理概念学习的理论基础、模式和信息技术工具，掌握实验案例软件及学习平台的基本操作。

6.3.2 研究设计

为了更具体地观察与了解学习者在信息化学习情境支持下的物理概念学习效果，本实验研究案例选取初中物理课程其中一个章节的内容，根据初中物理学习大纲及课时计划安排，《能源利用与社会发展——核能》这一节知识的学习需要 2 个课时(90 分钟)的课堂学习时间。本实验采用准实验研究方法进行设计，所有参与该实验的学习者在实验研究之前没有学习过《能源利用与社会发展——核能》。为了获取学习者对初中物理概念《能源利用与社会发展——核能》的掌握程度，参加研究的学习者在概念学习前进行了前测，然后不同班级的学习者和物理教师在不同学习情境模式下进行了 90 分钟的概念学习，学习结束后对学习者进行后测，以评估他们的概念学习掌握程度。在具体干预时，教师甲在控制班 O_{A1} 指导学习者进行传统的课堂学习，在实验班 O_{B1} 指导学习者进行信息技术支持的课堂学习；教师乙在控制班 O_{A2} 指导学习者进行传统的课堂学习，在实验班 O_{B2} 指导学习者进行传统课堂学习和信息化学习情境支持的概念学习相混合的模式，针对课堂学习中的两个主要任务，问题(1)采用传统课堂概念学习，问题(2)采用信息化学习情境支持的概念学习。学习者在学习该科学概念之前没有接受过相关概念的学习，对他们来说是新知识。该实验活动主要包括具体的探究任务，目的在于评价学习者在完成相关课堂学习活动后对科学概念的掌握程度。在传统班级课堂学习活动中学习者只需要在教室环境下完成教师演示模型与观察任务，在信息化学习情境支持下的科学概念学习中学习者中不需要任何物质设备，只需要在计算机网络教室通过操作计算机完成相关探究和观察任务。在传统课堂学习和信息化学习情境支持的物理概念学习相混合的学习模式中，学习者既需要手动完成实践和观察任务，又需要借助计算机完成探究和观察任务。学习者在传统课堂上观察教师演示的物理现象，在信息化学习情境支持的物理概念学习中学习者通过亲自操作软件观察物理现象，并在 Moodle 平台就实践中遇到的问题进行小组讨论与反思。

本研究实验中的自变量为传统课堂情境学习、信息化学习情境支持的科学概念学习、传统课堂情境学习+信息化学习情境支持的科学概念学习，因变量为学习者的学习情境兴趣、科学学习动机和概念学习效果。实验研究设计如图 6-1 所示。

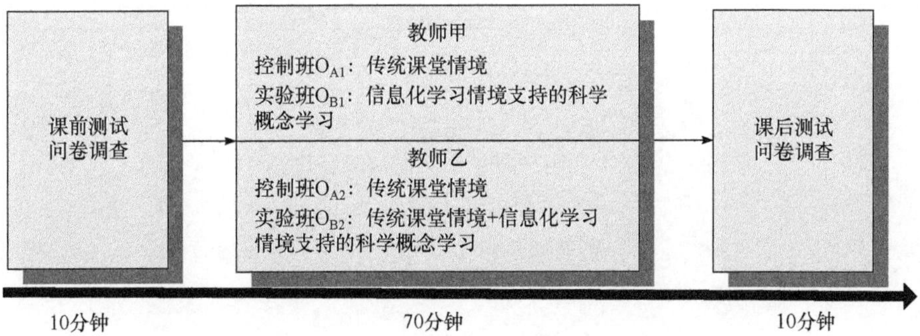

图 6-1　信息化学习情境支持下的科学概念学习研究实验设计

6.3.3　研究材料

在传统课堂中，由于核能的危险性较高，无法提供给学习者真实的实验环境，主要是由教师提供铀核裂变、链式反应以及原子弹、氢弹爆炸后产生的蘑菇云挂图，我国第一颗原子弹爆炸、氢弹爆炸、二战时期日本广岛和长崎原子弹爆炸的录像资料及播放设备。

在信息化学习情境支持的物理概念学习中学习者可以在网络教室亲自操作 PhET 中的《能源利用与社会发展——核能》仿真实验软件，该软件提供了原子模型(如图 6-2)、氢原子模型(如图 6-3)及核聚变与裂变仿真实验软件(如图 6-4)。在原子模型软件里，该仿真软件提供了建立原子情境和游戏情境，在建立原子情境中学习者可以利用质子、中子和电子组合建立原子模型、电子轨道或电子云，学习者可以选择是否显示元素符号、质量和电荷，可以选择是否显示中性原子或离子，也可以选择是否显示模型稳定或不稳定。该节课程的学习设计如下。

(1)概念引出阶段(情境创设：事实性情境)。

演示原子弹，氢弹爆炸视频与图片提出问题。

要了解核能是怎么回事，就需要从物质结构——原子和原子核的组成说起。

(2)概念认识冲突阶段(问题提出：问题情境与游戏情境)。

提问：请根据化学课中讲过的内容，说说原子和原子核的组成情况？

教师利用 PhET 展示原子和原子核的仿真过程，如图 6-2 所示。归纳小结学习者的回答，要求学习者明确：任何物质的原子都是由位于原子中心区域带正电的原子核和带负电的核外电子组成的；原子核又是由带正电的质子和不带电的中子(质子和中子统称为核子)组成的。在游戏情境里设置五个游戏级别让学习者组合原子模型。在氢原子模型里，该仿真软件提供了实验和预报两种情境，学习者可以自由选择单色光和白光作为氢原子的发射光控制源进行实验，观察仿真效果，如图 6-3 所示。

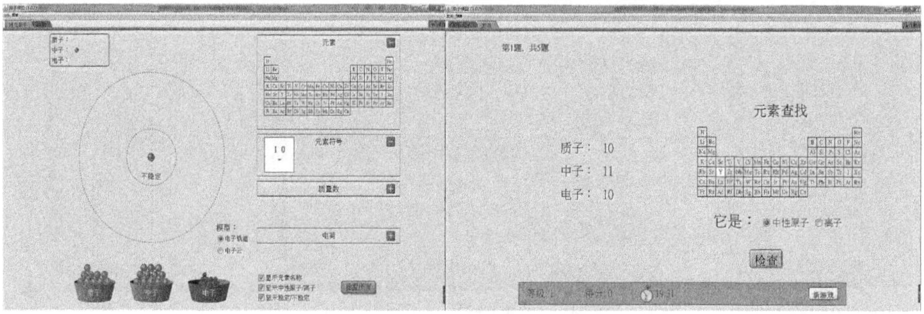

图 6-2　《核能》仿真实验原子模型界面

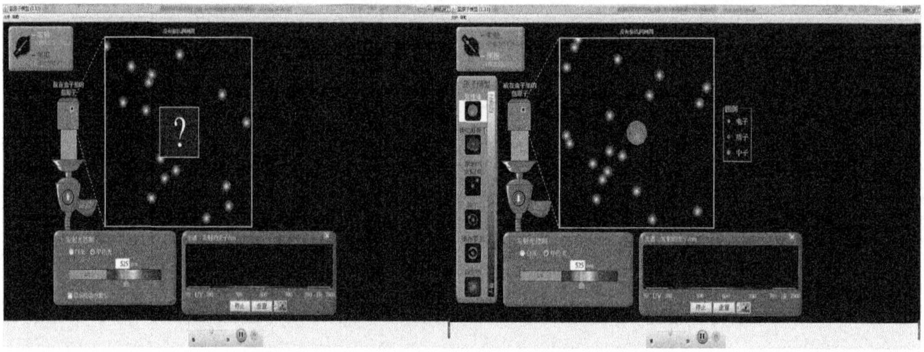

图 6-3　《核能》仿真实验氢原子模型界面

教师讲述：20 世纪初，科学家们通过实验和理论研究对原子和原子核的组成有了正确的认识，发现原子核是可以改变的，而且在改变过程中可以释放出巨大的能量——原子核能，简称核能，通常也叫原子能(确切地说，原子能应是原子核能的缩写词)。那么，怎样才能有效地获得蕴藏在原子核里的大量核能呢?

(3)概念精细化阶段。

自主探究：抽象变形象情境——微型世界。

指导学习者利用 PhET 中的《能源利用与社会发展——核能》仿真实验软件操作并观察裂变过程，在核裂变仿真软件中提供了一个原子核的裂变情境、链式反应及核反应堆等三种学习情境，在一个原子核的裂变学习情境中，学习者可因利用中子轰击质量数为铀 235 核后观察核裂变后的产物以很大的速度向相反方向飞开，与周围的物体分子碰撞，使分子动能增加，核能转化成周围物体的内能，学习者可以实时通过仿真软件下方的能量变化曲线图观察核裂变过程中的潜在能量和总能量的大小，如图 6-4 所示。

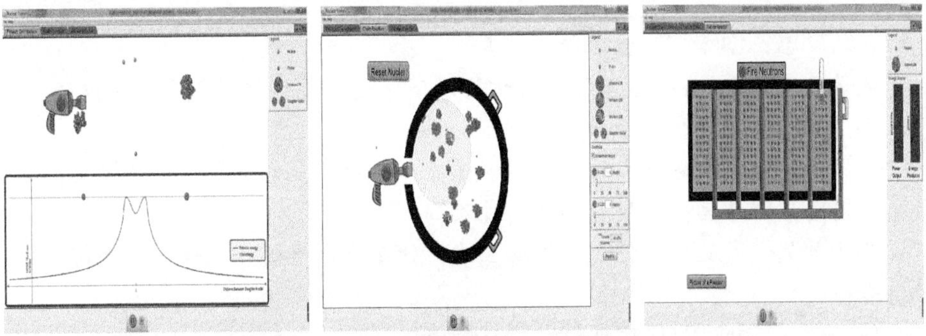

图 6-4　《核能》核聚变与裂变仿真实验界面

裂变指的是什么现象?

观察铀核裂变的仿真过程，结合阅读课文中的讲述，了解铀核裂变释放出核能，转化为周围物体的内能的原因；了解裂变释放出的核能十分巨大。

提问：什么叫裂变?

检查学习者观察效果。

教师小结并强调：用中子轰击铀 235，铀核(质量大的核)会分裂成两部分(两个中等质量的核)，这种现象叫作核裂变，简称裂变。裂变是获得大量核能的重要途径。

教师指导学习者利用 PhET 中的《能源利用与社会发展——核能》仿真实验软件操作并观察链式反应过程(使学习者更加直观理解链式反应)。

让学习者观看我国第一颗原子弹爆炸后引起蘑菇状烟云的视频。

合作交流：协作互动情境。

提出问题：为便于和平利用核能，应该怎么做?

学习者分组利用 Moodle 学习平台讨论并展示自己的结果。

为便于和平利用核能，必须控制链式反应的速度，使核能缓慢而又平稳地释放出来。为此，人们制成了一种专门装置。

让学习者观看我国第一座核反应堆外貌图片(彩图，说明：建造核反应堆，对材料、技术、安全防护设施等都有很高、很严的要求；不但需要解决很多核物理问题，也要求材料科学、电子学、自动控制学等解决许多困难问题；能自行设计、制造核反应堆，表明我国在这一高科技领域取得了重大成就，为和平利用核能创造了必要的条件)。

讲述：科学家们发现，某些质量较小的原子核结合成质量较大的原子核时，也能释放出核能，这种现象叫作核聚变，简称聚变。

教师指导学习者利用 PhET 中的《能源利用与社会发展——核能》仿真实验软件操作并观察一个氘(dao)核和一个氚(chuan)核结合成一个氦核的聚变反应过程。

总结反思：创作与反思情境。

让学习者基于 Moodle 学习平台讨论以下问题，总结核裂变和聚变过程。

①用图画出原子和原子核的组成；

②原子核里蕴藏着巨大的能量——核能，获得核能的途径，一是裂变，二是聚变，用图分解并画出核裂变和聚变过程；

③什么是链式反应，什么是核反应堆，什么是原子弹、氢弹等，如何和平利用核能？

(4)概念应用阶段(应用迁移：测试情境)。

利用 Moodle 学习平台在线完成《核能》后测试题。教师对测试结果进行及时评价与总结，让学习者掌握核能相关概念，能区别类似概念，把握核能概念的核心要素并正确应用其解决实际问题。

在链式反应仿真学习情境中，学习者利用中子轰击铀 235 核，观察核裂变的效果，裂变成 2 个大小几乎相等的新粒子的同时，还释放出 2～3 个新中子，这 2～3 个中子又去轰击其他铀 235 核，引起 2～3 个新的铀核裂变，又各放出 2～3 个中子，这些中子又去轰击更多的铀核发生裂变……，随着一个铀核裂变的发生，会引起越来越多的铀核发生裂变，学习者可以控制链式反应中铀 235 和铀 238 核的个数。在核反应堆仿真学习情境中，学习者可以控制核裂变链式反应的速度，使核能缓慢地、平稳地释放出来，就能够代替化石燃料，进行和平利用。这种能够缓慢地、平稳地释放裂变产生的核能的装置就是核反应堆。

PhET 互动模拟学习软件是一款开放资源独立型编程软件，主要用 Java 和 Flash 工具编写。该模拟软件已经被翻译成许多语言并在世界各地使用，为学习者提供物理、化学、地理和数学等课程的可视化仿真学习和探究学习，这些模拟软件也可支持不同类别的活动和作业。透过互动式学习工具，让学习者能够将现实生活的科学现象与基础科学原理联结起来。团队中的科学家、软件工程师及科学教育者利用以研究为基础的方法，以及从先前研究得到的结果及自身的测试结果，创立一个模拟学习，可以让学习者了解科学概念。

为了帮助学习者直观理解这些科学观念，PhET 利用大量的图形及直觉性控制，如按键及拖曳的操作、选项比例调整按钮等方式模拟学习动画。为了鼓励更多定量上的探索，模拟学习也提供了测量工具，如量尺、码表、电压计及温度计等。当使用者操作时，这些互动式的工具可立即反应模拟的状况，如此一来，能够更有效地阐明因果关系及其相关陈述。所有的模拟学习都是经过测试及评估的，以确保在教育上的有效性及实用性。这些测验除了家庭作业和实验室实践活动外，也包含学习者的亲身体验。

6.3.4　研究工具

(1) PhET 中的《核能》仿真实验软件及 Moodle 学习平台。

(2) 科学概念前测与后测试题。

科学概念前测和后测试题根据初中物理《能源利用与社会发展——核能》学习大纲编制，试题参照 PISA2015 科学测试评价框架编制[1]，在编制中基于真实情境设计，在能力层面主要考察学习者科学地解释现象、评价以及科学地阐释资料和证据等的能力。在知识层面主要评价学习者的系统性内容、程序性知识和认识观。在态度层面主要考察学习者对科学学习兴趣、科学探究的评价以及对情境的觉知。试题内容大部分是基于真实情境对定性知识的描述。两位有多年教学经验的初中物理教师负责科学概念前测与后测试题的编制和修订工作，以确保试题的效度。测试题是参与实验的教师团队经过精心设计与认真筛选组成的，前测和后测各由 10 道题组成，主要围绕核能概念两个问题的掌握水平进行设计，并涵盖教材所涉及的知识要点，这两个问题是：①什么是核能？②核能释放的两条途径是什么？每个测试项目包括问题描述及需要填写的答案。

6.3.5　研究实施与数据收集

(1) 施测模式。

学习者课堂学习数据收集是通过半结构式访谈与测试的形式进行的，在经过 4 周的课堂学习后，参与本研究的教师需要收集自己所带班级的信息，整个访谈与测试的时间为 30 分钟，为了有效评价学习者对初中物理《能源利用与社会发展——核能》概念学习的掌握程度，概念测试分为前测（学习干预前）和后测（学习干预后），后测试题是一个正式的评价测试。后测试题在学习者完成《能源利用与社会发展——核能》概念学习之后的一段时间内进行，教师甲在 30 分钟内完成所带班级学习者的后测，教师乙同样在 30 分钟之内完成所带班级学习者的后测。学习者在回答完前测和后测试题的同时需要认真填写调查问卷。为避免控制班和实验班的学习者的基本能力等因素对实验结果产生影响，在正式实验学习之前对这四个班上一学期的物理期末考试成绩进行方差分析，通过分析发现这四个班的学习者在物理学习成绩上为同质水平（F=0.39，p=0.726*>0.05）。

(2)测试题的项目分析。

项目分析的目的在于剔除量表中区分度不大、效度不高的项目，本研究采用 Pearson 相关分析法来检验试题项目分数与总分数之间的关系。检验结果显示，所测试题项目与总测验的显著性水平值均大于 0.01，这表明测试题项目与总测验的显著性水平呈正相关，该测试题的区分度较大，效度较高，所有项目符合科学概念理解能力的选题标准，应予以保留。

(3)测试题的信度分析。

本研究采用内部一致性 Cronbach's α 系数来测量测试题的信度。Cronbach's α 系数的取值范围在 0～1 之间，一般来说，Cronbach's α 系数越高说明量表信度越高，Cronbach's α 系数如果低于 0.6，则说明该量表信度较低不能使用。本试题在正式施测之前选取实验学校未参与实验的八年级的两个班级学习者参与测验。预测共有 65 名学习者，有效测验 62 份。经过统计分析，该科学概念测验前测与后测试题的预测信度 Cronbach's α 系数值为 0.87。为了确保该试题的信度，我们在初次施测之后的两个月又抽取了这两个班的学习者进行重测，重测信度结果 Cronbach's α 值为 0.82，通过这两次信度测试的结果可以看出，该试题具有良好的信度，可以推广应用科学概念测量。

(4)评分者信度分析。

两位教师基于测试项目评价标准对试题答案进行分析和评价，并为学习者提供试题评价标准以供学习者自我评价，也有助于教师客观公正的评价试题，主观性测试项目评价标准依据科学概念的学习目标设置三个评价等级，每个评价等级设置不同的评价标准，具体见表 6-2。为了尽可能减少教师人为因素对测试项目评价的影响，两位教师严格按照评分标准对施测项目进行评分，评分者的信度主要通过评分者的一致性来反映。本研究采用 Pearson 相关分析法来检验教师之间评分的一致性，分析结果显示，两位教师的 Pearson 相关系数分别为 0.882、0.893（p>0.01），这表明这两位老师之间的评分显著性水平呈正相关，说明他们的评分结果的一致性程度较高。

表 6-2　学习者科学概念学习测试的评价标准

评价等级	评价标准
3	回答包括标准答案的所有要素
2	回答能够较好的理解概念
1	回答不正确、无关、没有逻辑，或者回答不清晰甚至不作答

(5)测试题的效度分析。

为了确保该测试题的内容效度，在测试题编写之前我们对相关文献进行充分分析与总结，参与实验的两位科学教师与研究者(科学教育学专业的专家及研究生)围绕核心科学概念编写试题项目，各个测试项目编写完成之后又进行了初试、评定和修改，最后才形成一整套的测试题。该过程可有效保证该测试题具有较高的内容效度。另外，本研究采用 Pearson 相关分析法来检验前、后测验的效标关联效度。分析结果显示，前测、后测与 PISA2015 样本科学测试的相关系数分别为 0.757、0.783(p>0.01)，这表明科学概念前测、后测与已有测验之间的显著性水平呈正相关，它们之间具有中等相关程度，这就说明前测与后测具有较好的效标关联效度。

6.4　结果与讨论

6.4.1　两位教师所带班级概念学习理解水平前测与后测分析

表 6-3 提供了两位教师所带班级学习者的《能源利用与社会发展——核能》概念试题前测与后测正确率结果，重点考察学习者对物理概念的掌握程度，能区别类似概念，把握概念的核心要素并正确应用其解决问题。

表 6-3　学习者的科学概念学习测试成绩正确率统计分析

问题		评价等级	教师甲		教师乙	
			班级 O_{A1}/%	班级 O_{B1}/%	班级 O_{A2}/%	班级 O_{B2}/%
前测	Q1	3	0.0	1.9	0.0	0.0
		2	5.8	5.5	7.1	6.7
		1	94.2	92.6	92.9	93.3
	Q2	3	0.0	1.9	0.0	0.0
		2	3.8	5.5	7.1	5.2
		1	96.2	92.6	92.9	94.8
后测	Q1	3	22.6	27.9	22.1	32.9
		2	28.1	35.5	29.8	36.3
		1	49.3	36.6	48.1	30.8
	Q2	3	16.6	25.9	17.1	29.5
		2	30.1	35.5	29.8	38.3
		1	53.3	38.6	53.1	32.2

学习者在学习《能源利用与社会发展——核能》时不仅要理解核能的概念，重点还需要理解产生核能的两个途径，区分核聚变和核裂变两个概念，并能应用

它们解决问题，教师需要从不同方面出试题考察学习者对该知识点的掌握程度。整体预测结果显示，两位教师在各自的控制班和实验班进行了不同的学习干预，两个班的学习成绩出现了明显的变化，信息化学习情境支持下的科学概念学习比传统的课堂学习成绩整体要好，在信息技术的支持下有更多的学习者能全部或者较好地回答概念学习问题(Q1:3=27.9，Q1:2=35.5，Q2:3=25.9，Q2:2=35.5)；传统课堂学习和信息化学习情境支持下的科学概念学习相混合的模式在所有班级学习中学习成绩最好，该班学习者能全部或者较好地回答概念学习问题的比例最高(Q1:3=32.9，Q1:2=36.3，Q2:3=29.5，Q2:2=38.3)。

学习者对两个问题的测试是同时进行的，前测试题在正式学习前进行，后测在概念学习结束后进行。概念理解水平是教师基于评价等级对学习者在课堂上的表现和测试成绩进行界定的，概念理解水平一共分为四级，四级表示学习者对概念的理解力非常强(high comprehension，HC)，完全理解了概念并能灵活应用其解决问题；三级表示学习者对概念的理解力一般(medium comprehension，MC)，能较好地理解该概念，基本上可以运用概念解决问题；二级表示学习者对该概念的理解力比较低(low comprehension，LC)，只能在较低层次上理解该概念，不能应用其解决问题；一级表示学习者对该概念的理解力很低(very low comprehension，VLC)，学习者没有学习过该知识无法理解该概念，更不能应用其解决问题。表 6-4 是对控制班和实验班在《能源利用与社会发展——核能》概念学习的核心问题前测和后测的结果分析。为了确定不同的教师在控制班和实验班之间在概念学习数据均值上是否存在明显差异，本研究采用曼·惠特尼秩和检验(Mann-Whitney test)。由表 6-4 可以看出，控制班和实验班的学习者在正式学习《能源利用与社会发展——核能》之前的测试数据没有统计学意义上的显著差异(教师甲，班级 O_{A1} 和班级 O_{B1}：U=313，$n1$=32，$n2$=34，p=0.976*>0.05；教师乙，班级 O_{A2} 和班级 O_{B2}：U=315，$n3$=35，$n4$=31，p=0.651*>0.05)。教师乙所带的控制班和实验班的学习者在正式学习《能源利用与社会发展——核能》之后的测试数据也没有显著差异(U=305，$n3$=35，$n4$=31，p=0.581*>0.05)。但是，教师甲所带的控制班和实验班的学习者在正式学习《能源利用与社会发展——核能》之后的测试数据存在显著差异(U=227，$n1$=32，$n2$=34，p=0.019* <0.05)。

表 6-4　学习者的科学概念理解水平秩和检验统计分析

教师	班级	前测(理解水平/%)					后测(理解水平/%)				
		VLC	LC	MC	HC	p	VLC	LC	MC	HC	p
甲	O_{A1} ($n1$=32)	100.0 (32)	0.0 (0)	0.0 (0)	0.0 (0)	0.976*	53.1 (17)	18.8 (6)	18.8 (6)	9.3 (3)	0.019*
	O_{B1} ($n2$=34)	100.0 (34)	0.0 (0)	0.0 (0)	0.0 (0)		35.3 (12)	26.5 (9)	26.5 (9)	11.7 (4)	

续表

教师	班级	前测(理解水平/%)					后测(理解水平/%)				
		VLC	LC	MC	HC	*p*	VLC	LC	MC	HC	*p*
乙	O_{A2} ($n3$=35)	85.7 (30)	14.3 (5)	0.0 (0)	0.0 (0)	0.651*	51.4 (18)	25.7 (9)	17.1 (6)	5.8 (2)	0.581*
	O_{B2} ($n4$=31)	83.9 (26)	6.5 (2)	9.6 (3)	0.0 (0)		45.2 (14)	25.8 (8)	19.3 (6)	9.7 (3)	

注：$^*p<0.05$

为了比较两位教师所带的控制班 O_{A1} 和 O_{A2} 之间的差异以及实验班 O_{B1} 和 O_{B2} 之间的差异，我们使用单因素方差分析(one-way ANOVA)来检验。首先我们对前测结果进行比较，检验在实验研究开始之前控制班和实验班之间的差异，如表 6-5 所示。分析结果显示，在《能源利用与社会发展——核能》概念学习之前控制班 O_{A1}、实验班 O_{B1} 和实验班 O_{B2} 的测试成绩之间没有统计学意义上的明显差异(F=5.107<F-crit，p=0.094>0.05)。单因素方差分析是非参数检验的一种，在班级数据不满足正态性分布的时候使用，主要用于检验多组数据之间是否存在差异性，并不能指出班级数据之间差异存在的地方。

表 6-5　控制班和实验班之间科学概念学习前测单因素方差分析

班级	离均差平方和(SS)	自由度(df)	均方(MS)	方差齐性检验值(F)	概率值(p)	临界值(F-crit)
控制班 (O_{A1} 和 O_{A2})	15.181	2	59.731	5.107	0.094	7.418
实验班 O_{B1}	14.816	2	58.942			
实验班 O_{B2}	14.387	2	59.165			

为了进一步发现两个控制班和实验班数据各自之间存在的差异，我们使用多重比较的最低显著性方差分析法(Fisher LSD)，该方法将个别误差率控制在指定显著性水平的同时为因子水平均值之间的所有配对差异创建置信区间。检验结果显示，教师乙所带的控制班 O_{A2} 的前测成绩聚类程度最高；在正式学习《能源利用与社会发展——核能》之后，控制班 O_{A1} 和实验班 O_{B1} 的后测成绩之间没有明显差异(F =1.461，p=0.621*>0.05)，控制班 O_{A2} 和实验班 O_{B2} 的后测成绩之间也没有明显差异(F =3.186，p=0.417*>0.05)。为了确定实验班 O_{B1} 和 O_{B2} 在参与信息技术支持下的《能源利用与社会发展——核能》概念学习情境前后通过前测和后测各自是否存在明显变化，我们使用 T 值检验，如表 6-6 所示。检验分析结果显示，两位教师参与的控制班 O_{A1} 和 O_{A2} 和实验班 O_{B1} 和 O_{B2} 共四个班的学习者从前测到后测过程中对概念的理解出现了显著性变化，教师甲所带的控制班 O_{A1}

在传统科学课程学习之后有明显变化(Z=–2.618，p=0.005*<0.05)，该班后测成绩效应值η^2=0.073> 0.059，依据 Cohen 定义低、中、高的效应值分别为 0.01、0.059、0.138，这说明传统科学概念学习情境对控制班 O_{A1} 的科学概念学习成绩有中度影响效应，这与非参数秩和检验结果一致。教师甲所带的实验班 O_{B1} 在信息化学习情境支持下的科学概念学习中也有较为明显变化(Z=–3.571，p=0.002*<0.05)，该班后测成绩效应值η^2=0.146>0.138，说明信息化学习情境支持下的科学概念学习对实验班 O_{B1} 的科学概念学习成绩有高度影响效应，这与 T 值检验结果一致。教师乙所带的控制班 O_{A2} 在传统科学课程学习之后有比较明显变化(Z=–2.749，p=0.007*<0.05)，该班后测成绩效应值η^2=0.065>0.059，说明传统科学概念学习情境对控制班 O_{A2} 的科学概念学习成绩有中度影响效应，这与非参数秩和检验结果一致。教师乙所带的实验班 O_{B2} 在传统课堂学习和信息化学习情境相混合支持下的科学概念学习也有明显变化(Z=–3.064，p=0.001*<0.05)，该班后测成绩效应值η^2=0.172>0.138，这说明传统课堂学习和信息化学习情境相混合支持下的科学概念学习对实验班 O_{B2} 的科学概念学习成绩有高度影响效应，这与 T 值检验结果一致。图 6-5 显示了控制班和实验班的数据基于 T 值检验后获取的空值比例和正态变化情况，从图 6-5 可以看出，两位教师所带的实验班的成绩没有出现负态变化，实验班的测试成绩有较高的正态变化(教师甲：57%；教师乙：45%)。

表 6-6　控制班和实验班之间科学概念学习后测成绩 T 值检验分析

班级	自由度(df)	显著性检验值(z)	概率值(p)	效应值(η^2)
控制班 O_{A1}	2	–2.618	0.005*	0.073
实验班 O_{B1}	66	–3.571	0.002*	0.146
控制班 O_{A2}	2	–2.749	0.007*	0.065
实验班 O_{B2}	66	–3.064	0.001*	0.172

注：*p<0.05；低效应：η^2>0.010；中效应：η^2>0.059；高效应：η^2>0.138(Cohen，1988)

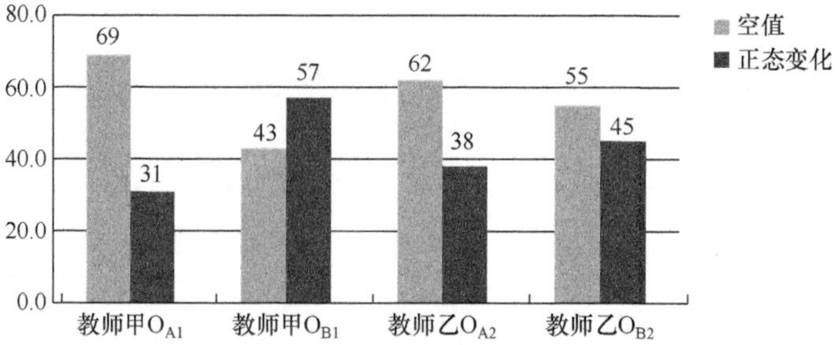

图 6-5　控制班和实验班在科学概念学习后的非参数秩和检验正态变化分布

表 6-7 提供了两位教师各自所带班级学习者对《能源利用与社会发展——核

能》概念学习的总理解水平，概念总理解水平为各个班学习者对概念的极高理解、一般理解和较低理解之和，极低理解由于学习者基本上不能理解概念，应排除在统计范围内。

表 6-7　各个班级对科学概念学习后的总理解水平

教师	班级	学习情境	概念总理解水平/% (HC+MC+LC)
教师甲	$O_{A1(n1=32)}$	传统课堂学习情境	46.9
	$O_{B1(n2=34)}$	信息化学习情境支持下的科学概念学习	64.7
教师乙	$O_{A2(n3=35)}$	传统课堂学习情境	48.6
	$O_{B2(n4=31)}$	传统课堂学习情境+信息化学习情境支持下的科学概念学习	54.8

从表 6-7 可以看出，在两位教师所带的所有控制班和实验班中，使用信息化学习情境支持下的科学概念学习的班级 O_{B1} 学习者的科学概念总理解水平最高，这是因为学习者通过操作计算机仿真软件可以看到具体真实的可视化信息，而在传统的课堂学习情境里学习者无法看到抽象的概念化的东西，只能主要依靠教师的言传身教。在计算机虚拟仿真学习环境里，学习者可以通过仿真实验操作并观察核模型状态、核聚变和裂变的过程。传统的课堂学习环境支持学习者使用计算机仿真软件[2]。在大多数情况下，计算机虚拟仿真可以提升学习者的学习效果，在科学概念学习中它可以帮助学习者在更短的时间内促进其概念理解[3,4]，并提升学习者预测实验探究结果的能力[5]。本研究也证实了这一点，计算机虚拟仿真技术可以帮助学习者理解物理概念。但更为重要的是，我们需要分析不同班级概念理解水平差异的影响因素，这不仅仅是测试成绩单方面的因素，我们需要深入分析两位教师所带的不同班级学习者在使用信息化学习情境支持的物理概念学习后的差异，图 6-6 所示为两位教师所带的班级学习者概念学习后测的不同概念理解水平对比分析结果，本研究分别对概念学习后测的极高理解、一般理解、较低理解及很低理解进行对比分析。

从图 6-6 我们可以看出，教师甲所带的实验班 O_{B1} 学习者由于在课堂中全部参与计算机仿真技术支持的物理概念学习情境，因此在四个班级中该班学习者对概念学习后测的极高理解水平和一般理解水平最高(HC=11.7%；MC=26.5%)。教师乙在实验班 O_{B2} 由于采用传统课堂学习和计算机仿真技术支持的物理概念学习情境相混合的方式，该班和控制班 O_{A2} 相比较来说，学习者对概念学习后测的极高理解水平和一般理解水平变化明显(HC=9.7%；MC=19.3%)。在所有班级中，

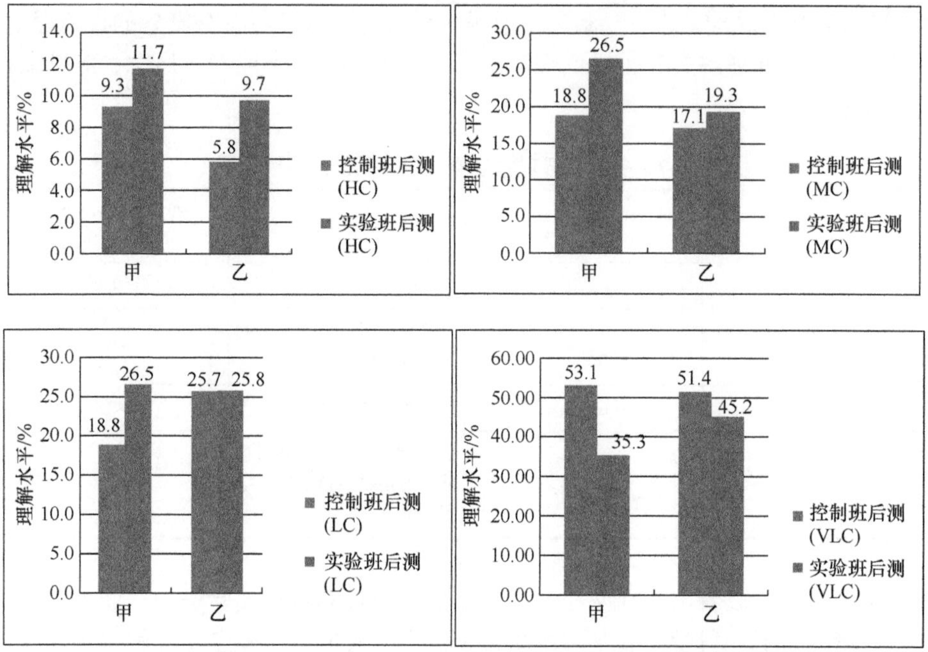

图 6-6　学习者科学概念学习后测的概念理解水平对比分析结果

教师甲所带的实验班 O_{B1} 学习者对概念学习后测的极低理解水平最低(VLC=35.3)，教师乙所带的实验班 O_{B2} 学习者对概念学习后测的极低理解水平也比较低(VLC=45.2)。教师甲所带的控制班 O_{A1} 和实验班 O_{B1} 的学习者在概念学习后测的一般理解水平(MC)差值为 7.7%，而教师乙所带的控制班 O_{A2} 和实验班 O_{B2} 的学习者在概念学习后测的一般理解水平(MC)差值为 2.2%；教师甲所带的控制班 O_{A1} 和实验班 O_{B1} 的学习者在概念学习后测的极低理解水平(VLC)差值为 17.8%，而教师乙所带的控制班 O_{A2} 和实验班 O_{B2} 的学习者在概念学习后测的极低理解水平(VLC)差值为 6.2%。因此，从各方面的数据比较来说，教师甲所带的实验班 O_{B1} 的学习者概念学习效果最好，教师乙所带的实验室班 O_{B2} 的学习者概念学习效果较好。

在科学概念学习前测中，两位教师所带的控制班和实验班之间没有统计学意义上的明显差距，实验班 O_{B1} 和 O_{B2} 总体上比控制班 O_{A1} 和 O_{A2} 概念学习后的理解水平要高，这主要是由于学习者在课堂学习中使用了计算机仿真学习软件，但教师在概念学习中使用信息技术也会对学习者的概念学习效果产生一定的影响。因此，教师在课堂学习中使用信息技术可以用来解释实验班之间的成绩差异。该研究结论与其他相关研究一致，都认为信息技术支持的学习过程不仅需要教师的参与，也需要选择合适的数字化学习资源和工具，如计算机仿真软件，教师需要把数字化学习资源和工具有效整合到学习情境中，这对学习结果至关重要[6]。毋庸置疑，信息技术支持的科学学习效果依赖于教师在科学学习实施中的角色。在信息技术支持的科学学习中，教师为学习者布置具体的学习任务，在学习任务完成过程中教师需要及时与学习者沟通并提供合适的数字化学习资源，教师在学习者选择合适的学习资源、安排和组织学习活动、指导学习者实验探究、假设与预测，以及对学习结果的批判性反思中发挥重要作用。

6.4.2　学习者的科学概念学习动机分析

基于研究设计及科学学习动机问卷调查前测与后测数据，本研究采用 SPSS19.0 进行统计分析，探讨两位教师所带的班级学习者在经历一年的信息化学习情境支持下的科学概念学习后，其科学学习动机对科学概念学习的影响。为了了解学习者在一年的时间内参与信息化学习情境支持下的科学概念学习前后科学学习动机的差异，本研究利用 *T* 值检验分析来比较两位教师所带控制班和实验班的学习者参与信息技术支持的概念学习情境前测、后测的科学学习动机，如表 6-8 所示。通过表 6-8 可以看出，控制班和实验班的学习者在科学概念学习情境前后，其科学学习动机后测最小值(Min)、最大值(Max)及均值(*M*)值均高于前测值。*T* 值检验结果显示，实验班 O_{B1} 的科学学习动机前测结果(3.65)与控制班 O_{A1}(3.64)相近，并在统计学意义上无显著性差异($t=-0.493$，$p=0.661$)。实验班 O_{B1} 的科学学习动机后测结果(4.62)明显高于控制班 O_{A1}(4.21)，并在统计学意义上有显著性差异($t=2.964$***，$p=0.000<0.001$)，学习者的科学学动机效应值 $d=0.733>0.500$，依据 Cohen 定义低、中、高的效应值分别为 0.20、0.50、0.80，这表明信息技术支持的概念学习情境对实验班 O_{B1} 学习者的科学学习动机后测有中度影响效应。实验班 O_{B2} 的科学学习动机前测结果(3.54)与控制班 O_{A2}(3.53)相近，并在统计学意义上无显著性差异($t=-0.385$，$p=0.584$)。实验班 O_{B2} 的科学学习动机后测结果(4.79)明显高于控制班 O_{A2}(4.24)，并在统计学意义上有显著性差异($t=3.171$***，$p=0.000<0.001$)，学习者的科学学习动机效应值 $d=0.905>0.800$，这表明传统课堂学习和信息技术支持的科学概念学习相混合的学习情境对实验班 O_{B2} 学习者的科学学习动机后测有高度影响效应。

表 6-8　学习者的科学学习动机前测与后测 *T* 值检验分析

班级测试	人数(*n*)	最小值(Min)	最大值(Max)	均值(*M*)	标准差(SD)	显著性检验值(*t*)	概率值(*p*)	效应值(*d*)
实验班 O_{B1} 前测	34	1.42	4.33	3.65	0.68	–0.493	0.661	0.081
控制班 O_{A1} 前测	32	1.39	4.31	3.64	0.73			
实验班 O_{B1} 后测	34	2.24	4.92	4.62	0.61	2.964***	0.000	0.733
控制班 O_{A1} 后测	32	2.07	4.58	4.21	0.65			

续表

班级测试	人数(n)	最小值(Min)	最大值(Max)	均值(M)	标准差(SD)	显著性检验值(t)	概率值(p)	效应值(d)
实验班 O_{B2} 前测	31	1.36	4.21	3.54	0.71	−0.385	0.584	0.092
控制班 O_{A2} 前测	35	1.32	4.19	3.53	0.68			
实验班 O_{B2} 后测	31	2.19	4.92	4.79	0.64	3.171***	0.000	0.905
控制班 O_{A2} 后测	35	2.05	4.53	4.24	0.79			

注：***p<0.001；效应值 d：低效应：d>0.200；中效应：d>0.500；高效应：d>0.800(Cohen，1988)

为了深入分析学习者在信息化学习情境支持下的科学概念学习中学习者的科学学习动机，我们对科学学习动机各个构成要素前测与后测结果进行 T 值检验分析，检验结果如表 6-9 所示。通过比较表 6-9 中控制班与实验班的科学学习动机构成要素前测、后测的平均数可以看出，科学学习动机中的自我效能、主动学习策略、科学学习价值、成就目标、学习情境诱因项目得分的后测均高于前测，非表现目标要素的后测低于前测。

表 6-9　学习者的科学学习动机构成要素前测与后测 T 值检验分析

科学学习动机构成要素	班级测试	人数(n)	均值(M)	标准差(SD)	显著性检验值(t)	概率值(p)	效应值(d)
自我效能	实验班 O_{B1} 前测	34	3.74	0.65	−0.791	0.716	0.067
	控制班 O_{A1} 前测	32	3.72	0.72			
	实验班 O_{B1} 后测	34	4.53	0.76	2.416***	0.000	0.781
	控制班 O_{A1} 后测	32	4.11	0.67			
	实验班 O_{B2} 前测	31	3.68	0.62	−0.359	0.822	0.073
	控制班 O_{A2} 前测	35	3.67	0.46			
	实验班 O_{B2} 后测	31	4.69	0.74	3.981***	0.000	0.942
	控制班 O_{A2} 后测	35	4.17	0.82			
主动学习策略	实验班 O_{B1} 前测	34	3.85	0.88	−0.574	0.632	0.039
	控制班 O_{A1} 前测	32	3.82	0.79			
	实验班 O_{B1} 后测	34	4.78	0.82	1.765**	0.000	0.568
	控制班 O_{A1} 后测	32	4.35	0.69			
	实验班 O_{B2} 前测	31	3.81	0.90	−0.826	0.963	0.046
	控制班 O_{A2} 前测	35	3.79	0.82			
	实验班 O_{B2} 后测	31	4.85	0.83	2.682***	0.000	0.872
	控制班 O_{A2} 后测	35	4.32	0.94			

续表

科学学习动机构成要素	班级测试	人数(n)	均值(M)	标准差(SD)	显著性检验值(t)	概率值(p)	效应值(d)
科学学习价值	实验班 O_{B1} 前测	34	3.76	0.89	−0.728	0.774	0.058
	控制班 O_{A1} 前测	32	3.75	0.76			
	实验班 O_{B1} 后测	34	4.81	0.85	2.751**	0.000	0.674
	控制班 O_{A1} 后测	32	4.39	0.75			
	实验班 O_{B2} 前测	31	3.73	0.87	−0.691	0.792	0.066
	控制班 O_{A2} 前测	35	3.71	0.92			
	实验班 O_{B2} 后测	31	4.88	0.84	3.696**	0.000	0.947
	控制班 O_{A2} 后测	35	4.43	0.77			
非表现目标	实验班 O_{B1} 前测	34	3.67	1.12	−0.916	0.851	0.087
	控制班 O_{A1} 前测	32	3.64	0.97			
	实验班 O_{B1} 后测	34	4.41	1.12	−1.024	0.692	0.078
	控制班 O_{A1} 后测	32	4.39	0.86			
	实验班 O_{B2} 前测	31	3.65	1.05	−0.747	0.784	0.074
	控制班 O_{A2} 前测	35	3.64	0.93			
	实验班 O_{B2} 后测	31	4.39	1.05	−1.005	0.665	0.082
	控制班 O_{A2} 后测	35	4.36	0.73			
成就目标	实验班 O_{B1} 前测	34	3.64	0.91	−0.962	0.553	0.068
	控制班 O_{A1} 前测	32	3.63	0.95			
	实验班 O_{B1} 后测	34	4.82	0.87	2.198**	0.000	0.725
	控制班 O_{A1} 后测	32	4.41	0.78			
	实验班 O_{B2} 前测	31	3.62	0.94	−0.847	0.636	0.074
	控制班 O_{A2} 前测	35	3.60	0.67			
	实验班 O_{B2} 后测	31	4.85	0.86	2.235*	0.000	0.879
	控制班 O_{A2} 后测	35	4.39	0.92			
学习情境诱因	实验班 O_{B1} 前测	34	3.32	0.82	−0.779	0.712	0.086
	控制班 O_{A1} 前测	32	3.31	0.75			
	实验班 O_{B1} 后测	34	4.77	0.88	2.884**	0.000	0.776
	控制班 O_{A1} 后测	32	4.38	0.66			
	实验班 O_{B2} 前测	31	3.27	0.93	−0.862	0.482	0.049
	控制班 O_{A2} 前测	35	3.24	0.93			
	实验班 O_{B2} 后测	31	4.91	0.91	2.793*	0.000	0.921
	控制班 O_{A2} 后测	35	4.43	0.80			

注：*p<0.05；**p<0.01；***p<0.001

通过 T 值检验结果可以看出，实验班 O_{B1} 学习者的自我效能前测结果(3.74)与控制班 O_{A1}(3.72)相近，并在统计学意义上无显著性差异($t=-0.791$，$p=0.716$)。实验班 O_{B1} 学习者的自我效能后测结果(4.53)明显高于控制班 O_{A1}(4.11)，并在统计学意义上有显著性差异(t=2.416***，$p=0.000<0.001$)，学习者的自我效能效应值 $d=0.781>0.500$，依据 Cohen 定义低、中、高的效应值分别为 0.20、0.50、0.80，这表明信息技术支持的概念学习情境对实验班 O_{B1} 学习者的自我效能后测有中度影响效应。实验班 O_{B2} 的自我效能前测结果(3.68)与控制班 O_{A2}(3.67)相近，并在统计学意义上无显著性差异($t=-0.359$，$p=0.822$)。实验班 O_{B2} 学习者的自我效能后测结果(4.69)明显高于控制班 O_{A2}(4.17)，并在统计学意义上有显著性差异(t=3.981***，$p=0.000<0.001$)，学习者的自我效能效应值 $d=0.942>0.800$，这表明传统课堂学习和信息技术支持的科学概念学习相混合的学习情境对实验班 O_{B2} 学习者的自我效能后测有高度影响效应。

实验班 O_{B1} 学习者的主动学习策略前测结果(3.85)与控制班 O_{A1}(3.82)相近，并在统计学意义上无显著性差异($t=-0.574$，$p=0.632$)。实验班 O_{B1} 学习者的主动学习策略后测结果(4.78)明显高于控制班 O_{A1}(4.35)，并在统计学意义上有显著性差异(t=1.765**，$p=0.000<0.01$)，学习者的主动学习策略效应值 $d=0.568>0.500$，这表明信息技术支持的概念学习情境对实验班 O_{B1} 学习者的主动学习策略后测有中度影响效应。实验班 O_{B2} 的主动学习策略前测结果(3.81)与控制班 O_{A2}(3.79)相近，并在统计学意义上无显著性差异($t=-0.826$，$p=0.963$)。实验班 O_{B2} 学习者的主动学习策略后测结果(4.85)明显高于控制班 O_{A2}(4.32)，并在统计学意义上有显著性差异(t=2.682***，$p=0.000<0.001$)，学习者的主动学习策略效应值 $d=0.872>0.800$，这表明传统课堂学习和信息技术支持的科学概念学习相混合的学习情境对实验班 O_{B2} 学习者的主动学习策略后测有高度影响效应。

实验班 O_{B1} 学习者的科学学习价值前测结果(3.76)与控制班 O_{A1}(3.75)相近，并在统计学意义上无显著性差异($t=-0.728$，$p=0.774$)。实验班 O_{B1} 学习者的科学学习价值后测结果(4.81)明显高于控制班 O_{A1}(4.39)，并在统计学意义上有显著性差异(t=2.751**，$p=0.000<0.01$)，学习者的科学学习价值效应值 $d=0.674>0.500$，这表明信息技术支持的概念学习情境对实验班 O_{B1} 学习者的科学学习价值后测有中度影响效应。实验班 O_{B2} 的科学学习价值前测结果(3.73)与控制班 O_{A2}(3.71)相近，并在统计学意义上无显著性差异($t=-0.691$，$p=0.792$)。实验班 O_{B2} 学习者的科学学习价值后测结果(4.88)明显高于控制班 O_{A2}(4.43)，并在统计学意义上有显著性差异(t=3.696**，$p=0.000<0.01$)，学习者的科学学习价值效应值 $d=0.947>0.800$，这表明传统课堂学习和信息技术支持的科学概念学习相混合的学习情境对实验班 O_{B2} 学习者的科学学习价值后测有高度影响效应。

实验班 O_{B1} 学习者的非表现目标前测结果(3.67)与控制班 O_{A1}(3.64)相近，并在统计学意义上无显著性差异(t=–0.916，p=0.851)。实验班 O_{B1} 学习者的非表现目标后测结果(4.41)与控制班 O_{A1}(4.39)相近，并在统计学意义上无显著性差异(t=–1.024，p=0.692)。实验班 O_{B2} 学习者的非表现目标前测结果(3.65)与控制班 O_{A2}(3.64)相近，并在统计学意义上无显著性差异(t=–0.747，p=0.784)。实验班 O_{B2} 学习者的非表现目标后测结果(4.39)与控制班 O_{A2}(4.36)相近，并在统计学意义上无显著性差异(t=–1.005，p=0.665)。这表明传统课堂学习和信息化学习情境支持下的科学概念学习对控制班和实验班学习者的非表现目标没有显著影响。

实验班 O_{B1} 学习者的成就目标前测结果(3.64)与控制班 O_{A1}(3.63)相近，并在统计学意义上无显著性差异(t=–0.962，p=0.553)。实验班 O_{B1} 学习者的成就目标后测结果(4.82)明显高于控制班 O_{A1}(4.41)，并在统计学意义上有显著性差异(t=2.198**，p=0.000<0.01)，学习者的成就目标效应值 d=0.725>0.500，这表明信息技术支持的概念学习情境对实验班 O_{B1} 学习者的成就目标后测有中度影响效应。实验班 O_{B2} 的成就目标前测结果(3.62)与控制班 O_{A2}(3.60)相近，并在统计学意义上无显著性差异(t=–0.847，p=0.636)。实验班 O_{B2} 学习者的成就目标后测结果(4.85)明显高于控制班 O_{A2}(4.39)，并在统计学意义上有显著性差异(t=2.235*，p=0.000<0.05)，学习者的成就目标效应值 d=0.879>0.800，这表明传统课堂学习和信息技术支持的科学概念学习相混合的学习情境对实验班 O_{B2} 学习者的成就目标后测有高度影响效应。

实验班 O_{B1} 学习者的学习情境诱因前测结果(3.32)与控制班 O_{A1}(3.31)相近，并在统计学意义上无显著性差异(t=–0.779，p=0.712)。实验班 O_{B1} 学习者的学习情境诱因后测结果(4.77)明显高于控制班 O_{A1}(4.38)，并在统计学意义上有显著性差异(t=2.884**，p=0.000<0.01)，学习者的学习情境诱因效应值 d=0.776>0.500，这表明信息技术支持的概念学习情境对实验班 O_{B1} 学习者的学习情境诱因后测有中度影响效应。实验班 O_{B2} 的学习情境诱因前测结果(3.27)与控制班 O_{A2}(3.24)相近，并在统计学意义上无显著性差异(t=–0.862，p=0.482)。实验班 O_{B2} 学习者的学习情境诱因后测结果(4.91)明显高于控制班 O_{A2}(4.43)，并在统计学意义上有显著性差异(t=2.793*，p=0.000<0.05)，学习者的学习情境诱因效应值 d=0.921>0.800，这表明传统课堂学习和信息技术支持的科学概念学习相混合的学习情境对实验班 O_{B2} 学习者的学习情境诱因后测有高度影响效应。

以上分析表明，通过一年的持续干预与影响，在学习者的科学学习动机改变上除非表现目标没有显著影响外，信息化学习情境支持下的科学概念学习对实验班学习者的科学学习动机各个构成要素提升具有显著效果，特别是实验班的学习者在传统课堂学习和信息技术支持的科学概念学习相混合的学习情境中具有较高的科学学习动机参与学习。学习者的非表现目标要素影响不明显，主要是因为学习者在科学概念学习中缺乏主动表现和实践的机会，没有感觉到自己的学习表现比别的同学好，这需要在以后的科学概念学习中注意加强学习者的互动，让学习者有主动参与和表现的机会。

6.4.3 学习者的科学学习情境兴趣分析

在信息化学习情境支持下的科学概念学习中，从实验班 O_{B1} 和 O_{B2} 的学习者对情境兴趣的表现来看，大多数同学拥有正向情绪，本研究在《能源利用与社会发展——核能》概念引出、概念认知冲突、概念精细化和概念应用四个概念学习阶段分别统计两个实验班学习者对各个情境的反映情绪，其结果发现大部分学习者是以兴奋情绪参与的，而其他情绪按照出现次数多少依次为好奇、无聊、担心、厌烦和失望。其中，实验班 O_{B1} 出现的正向情绪约占总数的 72%(包括高兴与好奇情绪)，负向情绪共占总数的 28%(包括无聊、担心、厌烦和失望)；实验班 O_{B2} 出现的正向情绪约占总数的 64%，负向情绪共占总数的 36%，具体见表 6-10 所示。由表 6-10 可以看出，实验班的大部分学习者在科学概念学习的各个阶段都能以积极正向的科学情境兴趣参与学习，这与其科学学习动机较高($M > 3.00$)有密切联系。当学习者表现较高的正向的科学情境兴趣时，学习者在科学学习动机上就会表现出较高的自我效能、主动学习策略、科学学习价值、成就目标及学习情境诱因。

表 6-10 两位教师所带实验班学习者的情境兴趣统计分析

情境兴趣向度	正向兴趣		负向兴趣			
情境兴趣类型	高兴	好奇	厌烦	失望	无聊	担心
实验班 O_{B1} 次数 (n=34)	79	19	10	5	12	11
实验班 O_{B1} 百分比/%	58	14	7	4	9	8
实验班 O_{B1} 合计百分比/%	72		28			
实验班 O_{B2} 次数 (n=31)	66	14	12	10	12	10
实验班 O_{B2} 百分比/%	53	11	10	8	10	8
实验班 O_{B2} 合计百分比/%	64		36			

为了深入了解实验班学习者在概念学习中的科学学习动机与其正向兴趣之间的关系，我们将实验班的科学学习动机和正向兴趣的平均数整合在一起进行相关分析，分析结果如表 6-11 所示。由表 6-11 可以看出，科学学习动机中的自我效能(p=0.36***>0.001)、成就目标(p=0.29**>0.01)与学习情境诱因(p=0.23**>0.01)与正向兴趣有统计学意义上的显著关系。较高的自我效能可以使学习者自觉控制学习情境，此时学习者的学习压力较低，这样就会使学习者保持良好的兴趣；较

高的成就目标可以使学习者在概念学习中完成学习目标后获得学习的满足感；较高的学习情境诱因主要为学习者提供界面友好、导航清晰、交互性强的虚拟仿真学习软件，学习者对软件学习环境表现出极大的好奇与兴趣，这会直接影响其正向兴趣。

表 6-11　实验班的科学学习动机构成要素与正向兴趣之间的相关分析

科学学习动机构成要素	正向兴趣
自我效能	0.36***
主动学习策略	–0.08
成就目标	0.29**
非表现目标	–0.03
科学学习价值	–0.05
学习情境诱因	0.23**

注：**p<0.01；***p<0.001

6.4.4　学习者的科学学习动机对学习效果的影响分析

为了了解实验班学习者的科学学习动机与其科学概念学习效果之间的关系，我们将实验班的科学学习动机与概念理解水平改变平均数整合在一起进行相关分析，分析结果如表 6-12 所示。由表 6-12 可以看出，实验班学习者的科学学习动机构成要素中的自我效能与概念理解水平改变有显著关系（p=0.51**>0.01），成就目标与概念理解水平改变有显著关系（p=0.41*>0.05），主动学习策略与概念理解水平改变有显著关系（p=0.23*>0.05），这说明在信息化学习情境支持下的科学概念学习中，学习者的科学学习动机中的自我效能、主动学习策略与成就目标要素在概念转变过程中会发挥更加重要的作用。深入分析来看，成就目标与主动学习策略之间有显著的关系（p=0.71***>0.001），而自我效能与主动学习策略之间也存在显著的正向关系（p=0.35*>0.05），这说明学习者的主动学习策略有一部分直接来自于自我效能。

表 6-12　学习者的科学学习动机与其概念学习效果相关分析（n=65）

	自我效能	主动学习策略	成就目标	非表现目标	科学学习价值	学习情境诱因	概念理解水平改变
自我效能	1.00						
主动学习策略	0.35*	1.00					
成就目标	0.17	0.71***	1.00				

续表

	自我效能	主动学习策略	成就目标	非表现目标	科学学习价值	学习情境诱因	概念理解水平改变
非表现目标	0.28*	–0.36	–0.27	1.00			
科学学习价值	0.26*	0.52**	0.35	–0.17	1.00		
学习情境诱因	–0.22	0.51***	0.63***	–0.29*	0.57***	1.00	
概念理解水平改变	0.51**	0.23*	0.41*	0.07	0.15	0.17	1.00

注：*$p<0.05$；**$p<0.01$；***$p<0.001$

自我效能高会使学习者在概念学习过程中主动管理学习情境，并对学习成功拥有较高的期望值，在轻松的状态下积极深入理解概念，进而取得较好的学习效果，因为高自我效能可以让学习者深入参与概念学习，包括可以参与更高阶的认知策略[7]。主动学习策略由于学习者对当前的学习任务好奇，可以使学习者积极参与概念学习活动，整理重点，反思与比较多种认知策略方式，大胆质疑，主动深入探究概念学习方案，最终高质量地完成学习任务，取得较好的学习效果，因为学习者使用较多的认知策略将更有助于科学概念的转变[8]。较高的成就目标会更加关注科学概念学习达到目标后的满足感和成就感，这种激励效应促使学习者保持愉悦的情绪最终会达到理想的学习效果，因为高的成就目标可以使学习者采取更加精细化的概念学习策略。因此从整体概念改变效果上来看，科学学习动机中的自我效能、主动学习策略和成就目标与信息化学习情境支持下的科学概念学习效果具有更大的相关性，它们可以促使学习者深刻理解科学概念，在概念学习中拥有更多的机会和学习资源，促进其概念认知同化过程，最终实现概念转变与应用。

为了了解所有科学学习动机构成要素在学习者科学概念转变中的贡献，需要进一步利用回归分析，通过回归分析可以看出，科学学习动机构成要素对概念理解水平变化均值和概念后测成绩影响显著。还可以看出，自我效能与主动学习策略可以一起用来解释概念改变量时其解释变化量最大，可以显著解释概念变化量 $R^2=0.317$（$F=8.791$**，$p=0.000<0.01$），其效应值 $\eta^2=0.186>0.138$，依据 Cohen 定义低、中、高的效应值分别为 0.010、0.059、0.138，说明自我效能与主动学习策略要素对学习者的科学概念转化有高度影响效应，这与回归分析结果一致。由此可以看出，在学习者科学概念学习过程的科学学习动机中，自我效能可以通过成就目标直接或间接影响其主动学习策略，主动学习策略可以直接影响学习者参与科学概念改变的方式。因此，在科学学习动机构成要素中，自我效能与主动学习策略是科学概念学习最主要的影响因素。

6.5 本章小结

本章基于信息化学习情境支持下的科学学习理论基础、模式和研究设计开展实验研究，本研究在一年的时间内采用准实验研究的方法对参与实验的四个班级进行科学概念学习，研究实验中的自变量为传统课堂情境学习、信息化学习情境支持的科学概念学习、传统课堂情境学习+信息化学习情境支持的科学概念学习；因变量为学习者科学学习兴趣、科学学习动机和学习效果。从研究结果可以看出，信息化学习情境支持下的科学概念学习的班级学习者的科学概念总理解水平最高，这是因为学习者通过操作计算机仿真软件可以看到具体真实的可视化信息，而在传统的课堂学习情境里学习者无法看到抽象的概念化的东西，只能主要依靠教师的言传身教。在科学学习动机改变上，除非表现目标因素之外，信息化学习情境支持下的科学概念模式对学习者科学学习动机的提升具有显著效果，特别是实验班的学习者在传统课堂学习和信息技术支持的科学概念学习相混合的学习情境中具有较高的科学学习动机参与学习。在学习情境兴趣上，当学习者表现较高的正向的科学情境兴趣时，学习者在科学学习动机上就会表现出较高的自我效能、主动学习策略、科学学习价值、成就目标及学习情境诱因。在学习者科学概念学习过程的科学学习动机中，自我效能可以通过成就目标直接或间接影响其主动学习策略，主动学习策略可以直接影响学习者参与科学概念改变的方式。因此，在科学学习动机构成要素中，自我效能与主动学习策略是解释科学概念改变结果的最主要的科学学习动机因素。

参考文献

[1] OECD. PISA 2015 draft science framework[DB/OL]. [2020-11-20]. http://www.oecd.org/pisa/pisaproducts/Draft%20PISA%202015%20Science%20Framework%20.pdf.

[2] Rutten N, Joolingen W, Veen J. The learning effects of computer simulations in science education[J]. Computers & Education, 2012, 58(1): 136-153.

[3] Stern L, Barnea N, Shauli S. The effect of a computerized simulation on middle school students' understanding of the kinetic molecular theory[J]. Journal of Science Education & Technology, 2008, 17(4): 305-315.

[4] Zacharia Z C. Comparing and combining real and virtual experimentation: An effort to enhance students' conceptual understanding of electric circuits[J]. Journal of Computer Assisted Learning, 2010, 23(2):120-132.

[5] Mckagan S B, Perkins K K, Dubson M, et al. Developing and researching PhET simulations for teaching quantum mechanics[J]. American Journal of Physics, 2007, 76(4): 406-417.

[6] Webb I.Affordances of ICT in science learning: Implications for an integrated pedagogy[J].

International Journal of Science Education, 2005, 27: 705-735.

[7] Linnenbrink E A, Pintrich P R. The role of self-efficacy beliefs in student engagement and learning in the classroom[J]. Reading and Writing Quarterly:Overcoming Learning Difficulties, 2003, 19 (2) : 119-137.

[8] Dole J A, Sinatra G M. Reconceptualizing change in the cognitive construction of knowledge[J]. Educational Psychologist, 1998, 33 (2/3) : 109-128.

第 7 章 信息化学习情境支持下的科学问题学习

本章主要基于信息化学习情境支持下的科学问题学习整体研究设计探讨信息技术支持下的科学问题学习情境三种应用模式对学习者的学习效果，这三种应用模式分别是：传统的课堂学习情境、信息化学习情境支持的物理自主探究学习，以及信息化学习情境支持下的科学问题支架式学习。基于这三种科学问题学习应用模式选择相应的物理课程知识，目的在于比较传统课堂科学问题学习与信息化学习情境支持下的科学问题学习对学习者学习效果的影响，本研究通过量化研究方法来比较这三种应用模式对学习效果的影响差异。本研究选取 4 个班的学习者参与为期一年的研究实验，根据物理学习大纲及课时计划安排，选取八年级下学期到九年级上学期的课程作为实验内容，最后对实验研究数据做统计分析。

7.1 研 究 目 标

7.1.1 科学问题信息化学习情境创设

本研究实验主要是以初中物理核心问题为核心任务进行科学问题学习，进而培养学习者分析问题与解决问题的能力,问题解决过程中不涉及复杂的数据解释。八年级下学期到九年级上学期的核心物理问题主要涉及电学、电与磁、力学、热和能等知识。根据人民教育出版社出版的《21 世纪的初中物理课程(报告提纲)》所规定的内容，本实验研究基于信息化学习情境创设的要素、理论基础及科学问题学习的模式创设相应的信息化学习情境。初中物理问题信息化学习情境创设如表 7-1 所示。

表 7-1 初中物理问题信息化学习情境创设

章节内容	主要物理问题	信息化学习情境
电流与电路	串联与并联	事实性情境：生活中的串联与并联 问题情境：串联与并联的区别 虚拟实验室：电路虚拟实验室 游戏情境：电路闯关
	探究串联与并联电路中电流的规律	事实性情境：生活中的水流 问题情境：串联与并联电路各处的电流之间的关系 虚拟实验室：电路虚拟实验室 测试情境：正确使用电流表

续表

章节内容	主要物理问题	信息化学习情境
电压	探究串并联电路电压的规律	事实性情境：家用电器的电压 问题情境：串并联电路中各处电压的关系 虚拟实验室：电路虚拟实验室 测试情境：电压的测量与计算
欧姆定律	探究及应用欧姆定律	事实性情境：电阻丝在生活中的应用 问题情境：电压、电流和电阻之间的关系 虚拟实验室：电路虚拟实验室 测试情境：电阻的测量与计算
电功率	电与热	事实性情境：小灯泡发光现象 问题情境：小灯泡发光能量的来源 测试情境：家庭电能表的读数 事实性情境：电炉丝、电烤箱、电饭煲的使用 问题情境：家用电器发热的能量来源 虚拟实验室：电路虚拟实验室 测试情境：电功率的计算
电与磁	电生磁：安培定则	事实性情境：生活中的电磁现象 问题情境：为什么带电体会产生磁场 虚拟实验室：电磁效应虚拟实验室 测试情境：安培定则的应用
多彩的物质世界	密度	事实性情境：物体之间的差异 问题情境：同种物质的质量和体积的关系 虚拟实验室：测量物质的密度 游戏情境：物质密度的应用和计算
运动和力	力的作用效果	事实性情境：踢足球 问题情境：对不同的物体施力会有什么变化 虚拟实验室：力的作用 游戏情境：力的三要素
	牛顿第一定律	事实性情境：苹果落地动画演示 问题情境：各种运动物体最终停下来的原因 虚拟实验室：惯性 游戏情境：惯性的日常应用
	二力平衡	事实性情境：小汽车的运动 问题情境：二力平衡的条件 模型情境：二力平衡模型仿真实验 游戏情境：二力平衡游戏
力和机械	摩擦力	事实性情境：汽车运动摩擦力演示动画 问题情境：摩擦力大小的影响因素 模型情境：摩擦力模型仿真实验 游戏情境：摩擦力游戏
	杠杆	事实性情境：生活中的杠杆 问题情境：杠杆的平衡条件 模型情境：杠杆模型仿真实验 游戏情境：杠杆游戏

续表

章节内容	主要物理问题	信息化学习情境
压强和浮力	压强	事实性情境：沙漠之舟——骆驼 问题情境：压强大小的影响因素 模型情境：压强模型仿真实验 游戏情境：压强游戏
	气体压强与流速的关系	事实性情境：硬币“飞”起来 问题情境：气体压强与流速的关系 模型情境：气体压强模型仿真实验 游戏情境：气体压强应用游戏
	浮力	事实性情境：生活中的浮力现象 问题情境：浮力大小等于什么 模型情境：浮力模型仿真实验 游戏情境：物体浮力应用游戏
功和机械能	动能与势能	事实性情境：水磨转动等生活中的动能 问题情境：动能大小的影响因素 模型情境：动能模型仿真实验 游戏情境：动能应用游戏
	斜面机械效率	事实性情境：搬运沙子的方法 问题情境：斜面机械效率的影响因素 模型情境：斜面机械效率模型仿真实验 游戏情境：斜面机械效率应用游戏
热和能	内能	事实性情境：生活中的内能：玩滑梯 问题情境：改变物体内能的方法 虚拟实验室：内能实验室 游戏情境：内能的应用游戏
能源与可持续发展	太阳能	事实性情境：太阳能电动车 问题情境：太阳能的利用方式 模型情境：太阳能的利用仿真实验 游戏情境：太阳能的利用

7.1.2 科学问题学习情境的应用模式

为了使信息化学习情境在科学问题学习中发挥最大效果，基于文献梳理我们在信息化学习情境支持下的科学问题学习中构建以下三种应用模式：传统的科学课堂问题学习情境、信息化学习情境支持下的科学问题自主探究学习，以及信息化学习情境支持下的科学问题支架式学习，具体分析见表 7-2。

以上三种科学问题学习情境应用模式提供不同类型的学习支持，在背景性知识方面提供背景性知识学习工具和评估工具，在学习过程中提供指导和记录工具。它们之间的区别在于科学探究行为方面，传统的科学课堂问题学习情境提供探究操作行为提示，目的在于帮助学习者有效进行科学探究；而在信息化学习情境支持的问题支架式学习中提供探究步骤引导，它详细介绍了学习者在科学探究过程中的每个步骤及应该遵循的事项。在信息化学习情境支持下的科学问题自主探究学习中提供预订假设菜单功能可以帮助学习者方便地建立和修改假设。

表 7-2　信息化学习情境支持的科学问题学习应用模式

学习支持类型	科学问题学习应用模式		
	传统的科学课堂问题学习	信息化学习情境支持下的科学问题自主探究学习	信息化学习情境支持下的科学问题支架式学习
背景性知识	背景性知识学习工具 背景性知识评估工具	背景性知识学习工具 背景性知识评估工具	背景性知识学习工具 背景性知识评估工具
建立假设		预定假设菜单	
科学探究行为	探究操作行为提示		探究步骤引导
学习过程	学习过程指导 学习过程记录工具	学习过程指导 学习过程记录工具	学习过程指导 学习过程记录工具

本研究主要探究信息化学习情境支持下的科学问题学习与传统课堂学习在学习者学习效果影响上的差异，另外，探究科学问题学习情境的三种学习模式对学习者的科学推理能力的影响。在传统的科学课堂问题学习情境中，教师会提供给学习者相关问题的背景性知识。基于物理核心问题设计不同的探究主题，每个主题下面包含不同文本和图片等引导性话题信息。学习者在进行每一个探究主题之前都需要获取话题探究主题的背景性知识，并且在整合探究活动中都可以随时访问这些引导性信息。学习者了解了背景性信息之后就可以进入探究主题，学习者在探究过程中围绕不同的问题提出不同的假设，然后基于假设进行小组探究。学习者在探究过程需要全程记录自己的问题、假设方案、详细操作步骤、结论以及时间分配。这是学习者反思学习过程的重要基础，可以用于指导后续的学习活动。信息化学习情境支持的物理自主探究学习中学习者浏览了背景性知识之后可以基于 PhET 自主开始科学探究，基于学习任务提出问题，小组合作协商建立假设；建立假设后学习者自主分工进行科学问题探究活动。

7.2　研究设计与实施

7.2.1　提出假设

本研究基于研究问题提出以下三个假设：

(1)学习者在信息化学习情境支持下的科学问题学习中取得的学习成绩比传统的课堂学习情境下的学习成绩要高；

(2)科学问题学习情境的三种模式对学习者的学习成绩会产生不同的影响；

(3)学习者在信息化学习情境支持下的科学问题学习中会表现出较高的科学推理能力。

7.2.2　研究对象

信息化学习情境支持下的科学问题学习研究实验实施周期为一年，研究实验贯穿八年级下学期到九年级上学期所有的物理问题学习，经过研究实验计划安排、教师培训、实验实施与后期总结共四个阶段。在研究中选取一所初中 4 个自然班的 132 名学习者作为被试对象，每个班学习者数参照 30 人左右的标准班设置，男生和女生在各班比例保持自然状态。随机选择其中 2 个班的学习者参与信息技术支持下的物理问题学习情境，这 2 个班作为实验班(O_{B1}=34；O_{B2}=31)；另外 2 个班学习者参与常规的传统课堂学习情境，作为控制班开展实验(O_{A1}=32；O_{A2}=35)。这 4 个班学习者的物理平均成绩分布基本相同。

参与被试的初中物理教师有 2 名(教师甲和教师乙)，他们的年龄和教学经验大致相同，每个教师同时教 2 个班，这 2 个班分别是一个控制班和一个实验班。每个教师根据研究内容和目标进行授课，教师甲和教师乙在控制班(O_{A1}=32；O_{A2}=35)进行传统课堂授课，教师甲在实验班(O_{B1}=34)通过多媒体网络教室进行信息技术支持下的科学问题情境学习，在该情境下学习通过操作仿真实验软件进行自主探究；教师乙在实验班(O_{B2}=31)通过多媒体网络教室进行信息技术支持下的科学问题支架式情境学习。在进行信息技术支持下的科学问题情境学习之前，要对教师进行简单的技术培训与方法指导，了解信息化学习情境支持下科学问题学习的基本模式和学习方法，掌握实验案例软件及 Moodle 学习平台的基本操作。

7.2.3　研究材料

为了更具体分析学习者信息化学习情境支持下的科学问题学习效果，本实验选取初中物理其中的一个章节进行实验研究。师生主要围绕物理《二力平衡》中的“二力平衡需具备什么条件？”为核心任务进行探究学习。二力平衡实验室模块提供了不同重量的砖块、男人、女人以及未知重量的神秘物体，让学习者在不同的情境中通过平衡杠杆进行二力平衡自主探究实验，学习者同样可以演示并观察演示效果，在操作演示中可以在平衡杠杆上自由控制显示物体的重量、受力方向及水平线，也可以在杠杆上定位显示标尺和刻度符号。学习者可以保存自己的科学探究学习过程，可以随时查阅自己的学习过程，以便用于后续的学习。在信息技术支持下的物理问题支架式学习情境中，学习者同样需要在线了解背景性知识后开始科学探究学习。学习者在科学探究过程中可以依据探究步骤引导操作学习 PhET 软件及 Moodle 学习平台，基于学习假设在学习软件中选择不同的实验对象和参数，并观察和记录仿真实验结果。学习者也可以根据观察结果修改原始假设，在多次的科学探究中获取最终结论。在该学习模式中，学习者同样也可以保存自己的科学探究学习过程以便于随时查阅自己的学习过程，用于后续的深入科学探究学习。

在传统物理课堂中，提供惯性小车、两个定滑轮、两个吊盘、大砝码若干、细绳等。教师可以提示学习者从力的大小、方向、作用点这三个方面来考虑。学习者根据所准备的实验装置，自己设计实验并思考两个力的大小、方向、作用点应该有什么关系？将系于小车两端的线，分别跨过左右支架上的滑轮，在两边盘子里放质量相等的砝码，使小车受到大小相等、方向相反、作用在同一直线上的力，小车处于平衡状态(静止)。改变小车的受力情况，学习者进行分组实验探究《二力平衡》。在信息化学习情境支持下的科学概念学习中学习者可以在网络教室亲自操作 PhET 中的《二力平衡》 仿真实验软件。该仿真软件主要包括学习情境创设介绍(图 7-1)、二力平衡实验室(图 7-2)和游戏三大模块(图 7-3)。本节课的学习设计如下。

(1)明确问题阶段。

创设情境:事实性情境(教师根据学习者已有的知识及生活经验创设小汽车运动情境，再设置问题，引发学习者深入思考)。

问题 1：牛顿第一定律的内容？

(一切物体在没有受到力作用的时候,总保持静止状态或匀速直线运动状态)。

问题 2：利用计算机投影动画演示牛顿在苹果树下看到苹果落地的故事以及回转到教师松手，书落到地上，教师提问为什么苹果和书会自然落在地上？

问题 3：树上的苹果和教师手上托的课本受到什么力的作用？并画出受力示意图。

问题 4：凡是静止的物体就不受力吗？凡是做匀速直线运动的物体也不受力吗？举例说明。静止或匀速直线运动状态叫作“平衡状态”。

复习提问:牛顿定律的内容是什么？是不是只有不受力的物体才能保持静止、才能做匀速直线运动？请同学们举例说明。

引导：物体受外力作用时，也可能会保持静止状态或做匀速直线运动。

课堂演示：静止在桌面上的物体、匀速行驶的电动汽车。

动画视频片段展示现实情境：在平直轨道上匀速行驶的火车、匀速步行的学习者、静止在地面上的汽车。

问题提出(问题情境)。

上述物体保持静止状态和做匀速直线运动是否受到外力？请你再举出几个静

止和做匀速直线的物体，分析它们受到的力。引出平衡态的概念，进行新课学习。

(2)探求解法阶段(自主探究：模型情境)。

探究二力平衡的条件(教师基于 PhET 中的《二力平衡》仿真实验软件创设模型情境，转化成操作性强的具体任务)。

①平衡状态。

由上面学习者举出的例子定义平衡状态：静止或者匀速直线运动状态。指出这时作用该物体上的几个力改变物体运动状态的效果互相平衡，或者说几个力互相平衡。物体受力平衡时最简单的情况是受两个力作用。

过渡：物体受力作用时满足什么条件才能保持平衡?

②二力平衡条件。

在学习情境介绍模块，主要提供了平衡杠杆和不同重量的物体，师生可以演示并观看演示效果，在操作演示中可以在平衡杠杆上自由控制显示物体的重量、受力方向及水平线，也可以在杠杆上定位显示标尺和刻度符号。通过演示实验得出二力平衡的条件，如图 7-1 所示。介绍实验装置，用细线系住木板上的任意两个孔，细线的两端跨过桌边的滑轮各悬挂一个相同质量的钩码。引导学习者观察与思考下面问题。

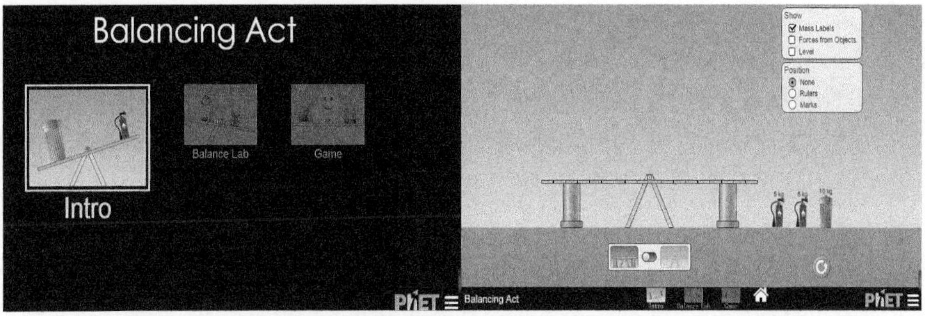

图 7-1　《二力平衡》仿真实验主界面及学习情境创设介绍主界面

木板是否静止? 木板静止时受到的两个拉力的大小有什么关系? 方向有什么关系?

把木板扭转一下，使两个力的作用线不在同一直线上，木板还能静止吗? 重新平衡后，两个力的方向有什么特点? 在细线的两端悬挂质量不相同的钩码，木板还能静止吗? 任选其他两个孔重复上述实验。

(3)实施计划阶段(合作交流：协作互动情境，学习者在完成具体任务的过程中，通过思考、交流，学会学习内容)。

二力平衡实验室提供了不同重量的砖块、男人、女人以及未知重量的神秘物体，让学习者在不同的情境中通过平衡杠杆进行二力平衡自主探究实验，学习者同样可以演示观看演示效果，在操作演示中可以在平衡杠杆上自由控制显示物体的重量、受力方向及水平线，也可以在杠杆上定位显示标尺和刻度符号，如图 7-2 所示。引导小组学习者根据合作探究中的观察结果进行交流得出结论。可在教师引导下由多名同学互相补充使其完善。

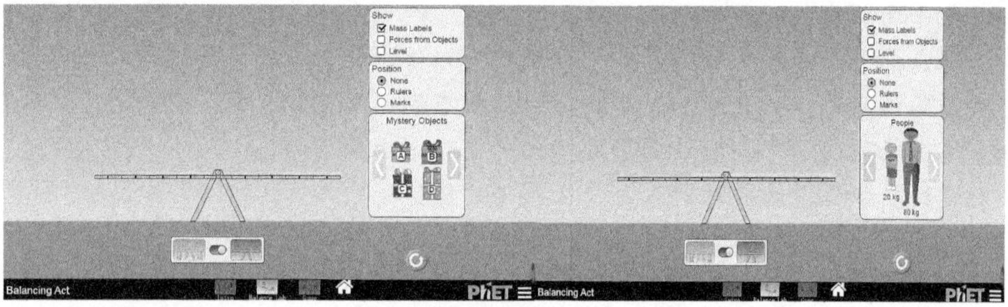

图 7-2 《二力平衡》仿真实验二力平衡实验室界面

二力平衡条件：受力的是同一物体，二力同一直线，大小相等，方向相反。

(4)讨论反思阶段(总结反思：创作与反思情境)。

引导提问：根据力的合成的知识，彼此平衡的两个力的合力是多少？让学习者基于 Moodle 学习平台讨论课本“想想议议”中的问题，总结力和运动的关系，使学习者进一步理解保持静止或匀速直线运动的条件。对于基础比较好的同学，在总结运动和力的关系之后，可让学习者分析一对平衡力与相互作用力的区别。

(5)检验结论(应用迁移：游戏情境)。

在 PhET 中的《二力平衡》游戏情境里，提供了四个游戏级别的游戏供学习者检验二力平衡知识的应用效果，如下图 7-3 所示。四个游戏级别难度依次增加，体现了该游戏对学习者具有挑战性。每个级别游戏中设置了计时功能，控制学习者的反应速度，并给学习者及时积分，反馈学习者的游戏成果，在规定时间内没有完成则游戏结束，学习者可以点击“再试一次”或“结束游戏”。另外为了增加游戏的娱乐性和趣味性游戏里设置了不同的音乐背景。

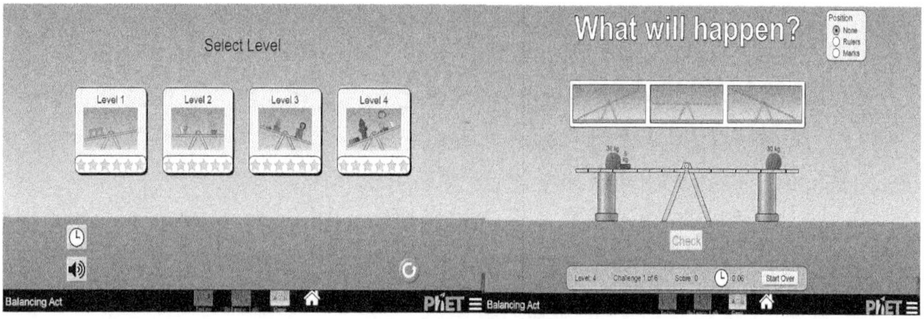

图 7-3 《二力平衡》仿真实验游戏界面

应用二力平衡的条件解决问题，首先要判断被研究的物体是不是处于静止或匀速直线运动状态，只有物体处于静止状态或匀速直线运动状态才可以应用这个条件。对于能够应用二力平衡条件的物体，要分析它受到几个力的作用，方向如何。如水平面上拖车做匀速直线运动时，竖直方向的二力平衡，水平方向的二力也平衡。在学习者分析中要注意纠正学习者认识上的简单化和片面性。

7.2.4 实验实施阶段

对控制班和实验班采用准实验方法进行设计，在第一阶段的实验中，自变量为各种学习模式，这三种学习模式分别为传统的课堂学习情境、信息化学习情境支持下的物理问题学习，以及信息化学习情境支持下的物理问题支架式学习。因变量为学习成绩，前测学习成绩也作为变量用于评价和比较学习者科学问题学习之后的当前学习成绩。在第二阶段的实验中，自变量为学习模式和抽象学习能力，学习模式可分为传统的课堂学习情境、信息化学习情境支持下的物理问题自主探究式学习，以及信息化学习情境支持下的物理问题支架式学习，抽象学习能力可分为高水平和低水平；因变量为学习成绩，前测成绩也作为其中一个重要的变量。

7.2.5 研究工具

（1）PhET 中的《二力平衡》仿真实验软件及 Moodle 学习平台。

（2）科学推理前测和后测试题：根据初中物理《二力平衡》学习大纲编制，试题参照 PISA2015 科学测试评价框架编制[1]，在编制中基于真实情境设计，在能力层面主要考察学习者科学地解释现象、评价和设计科学探究以及科学地阐释资料和证据等。在知识层面主要评价学习者的系统性内容、程序性知识和认识观。在态度层面主要考察学习者对科学的兴趣、科学探究的评价以及对情境的觉知。试题内容大部分是基于真实情境对定性知识的描述。两位有多年教学经验的初中物理教师负责前测与后测试题的编制和修订工作，以确保试题的效度。每个测试项目包括问题描述及需要填写的答案。科学推理是一个科学论证的过程，主张科学家通过提出假说进行预测性论证，以另有假说的方式产生并考验其对因果问题做出回答[2]。建构并考察学习者在假设性知识学习中的科学推理能力对于科学问题学习是非常必要的，因为科学推理对于假设性知识学习非常重要，学习者在解决问题中需要合理推理进行假设检验，从而获取解决问题的正确途径。本研究编制的科学推理试题基于 Lawson 的《科学推理课测验》[3]，该测验把学习者的科学推理能力分为三个阶段：归纳性推理、过渡时期和假说演绎性推理，通过试题测试评价学习者的科学推理能力。科学推理能力测试题一共 10 题，分为前测试题的 1-5 题和后测试题的 6-10 题，共 10 个测试项目，每个项目为 10 分。

7.2.6 研究实施与数据收集

(1)实施模式。

所有参与该实验的学习者在实验研究之前没有学习过《二力平衡》。在正式学习《二力平衡》之前，教师对参与被试的所有学习者进行课前测试，课前测试题由两位授课教师根据学习内容编制，在《二力平衡》学习之后，教师对所有参与被试的学习者进行课后测试，课后测试题的难度和数量与课前测试题相同，同样也由两位授课教师进行编制，但课前和课后测试题不能出现重复，每套测试题数量在 10 项，主要为选择题，每项试题包含《二力平衡》问题背景，要求学习者在 20 分钟内完成。在课堂学习进行阶段，教师甲和教师乙对控制班(O_A)针对《二力平衡》物理知识进行传统课堂授课，在传统课堂上教师可通过实物手动操作演示讲解《二力平衡》；与此同时，两位教师对实验班(O_B)在多媒体网络教室里利用计算机仿真技术软件和 Moodle 学习平台创设初中物理《二力平衡》学习情境进行信息化课堂学习，在此需要指出教师甲在实验班(O_{B1})指导学习者通过操作仿真实验软件进行信息技术支持下的科学问题自主探究式情境学习；教师乙在实验班(O_{B2})通过多媒体网络教室进行信息技术支持下的科学问题支架式情境学习。

在《二力平衡》课堂学习中师生围绕“二力平衡需具备什么条件？”为核心任务进行探究学习，通过对二力平衡的条件的应用，培养学习者分析问题、解决问题的能力，通过对比“二力平衡”和“相互作用力”，加深对二力平衡条件的理解。学习者在传统课堂上观察教师演示的物理现象，也可以分组亲自操作实验仪器观察和记录数据，推理问题、解决问题并应用问题。在信息技术支持的物理问题学习情境中学习者通过鼠标亲自操作软件观察物理现象，及时记录相关实验数据，教师及时通过 Moodle 平台提供问题支架，学习者根据问题支架进行实验推理，并在 Moodle 平台就实践中遇到的问题进行小组讨论与反思，通过协商解决问题，并展示学习成果，学习者可通过仿真软件提供的游戏学习情境检验自身的知识应用效果，最后师生进行反思总结。

该实验中的自变量为传统科学课堂情境学习、信息化学习情境支持的科学自主探究学习、信息化学习情境支持下的科学问题支架式学习以及学习者的科学推理能力，其中，科学推理能力主要通过科学推理能力量表获得，根据量表测量的结果把学习者分为高科学推理能力和低科学推理能力。该研究的因变量为学习者技术适应度、学习兴趣、动机和学习效果等。本次研究实验需 2 个课时(90 分钟)的时间，在实验过程中首先用 20 分钟对所有参与实验的学习者进行课前测试、科学推理能力测量与问卷调查，然后两位教师在控制组进行 50 分钟的传统课堂情境学习，在实验班用 50 分钟时间进行信息化学习情境支持下的科学问题学习，最后用 20 分钟进行课后测试和问卷调查。实验研究设计如图 7-4 所示。

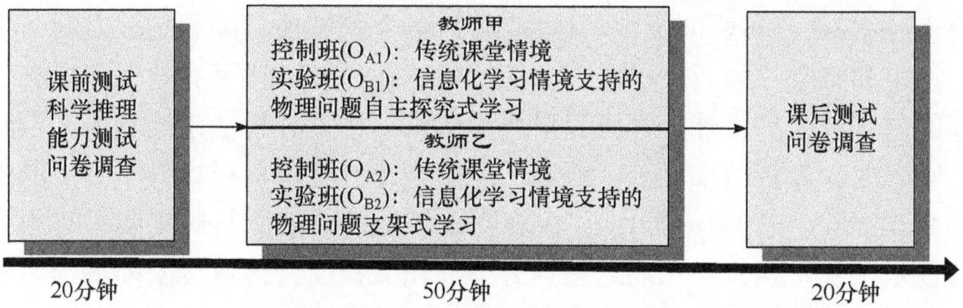

图 7-4　信息化学习情境支持的科学问题学习研究实验设计

(2)科学推理能力测试题的项目分析。

项目分析的目的在于剔除量表中区分度不大、效度不高的项目，本研究采用 Pearson 相关分析法来检验施测项目分数与总分数之间的关系。检验结果显示，该科学推理测试题项目与总测验的显著性水平值均大于 0.01，这表明该测试项目与总测验的显著性水平呈正相关，该测试题的区分度较大、效度较高，所有项目符合科学问题解决与推理能力的选题标准，应予以保留。

(3)科学推理能力测试题的信度分析。

本研究采用内部一致性 Cronbach's α 系数来测量科学推理能力测试题的信度。Cronbach's α 系数的取值范围在 0～1 之间，一般来说，Cronbach's α 系数越高说明量表信度越高，Cronbach's α 系数如果低于 0.6，则说明该量表信度较低不能使用。本试题在正式施测之前选取实验学校未参与实验的八年级的两个班级学习者参与测验。预测共有 65 名学习者，有效测验 62 份。经过统计分析，该科学推理测验前测与后测试题的预测信度 Cronbach's α 值为 0.84。为了确保该试题的信度，我们在初次施测之后的两个月又抽取了这两个班的学习者进行重测，重测信度结果 Cronbach's α 系数值为 0.79，通过这两次信度测试的结果可以看出，该试题具有良好的信度，可以推广应用科学推理能力测量。

(4)评分者信度分析。

两位教师基于测试项目评价标准对试题答案进行分析和评价，并为学习者提供试题评价标准以供学习者自我评价，也有助于教师客观公正的评价试题。为了尽可能减少教师人为因素对试卷评价的影响，两位教师严格按照评分标准对施测项目进行评分，评分者的信度主要通过评分者的一致性来反映。本研究采用 Pearson 相关分析法来检验教师之间评分的一致性，分析结果显示，两位教师的 Pearson 相关系数分别为 0.914、0.892 (p>0.01)，这表明这两位老师之间的评分显著性水平呈正相关，说明他们的评分结果一致性程度较高。

(5)测试题的效度分析。

为了确保该科学推理测试题的内容效度，在测试题编写之前我们对相关文献进行充分分析与总结，参与实验的两位科学教师与研究者(科学教育学专业的专家及研究生)围绕核心科学问题编写试题项目,各个测试项目编写完成之后又进行了初试、评定和修改，最后才形成一整套的测试题。该过程可有效保证该测试题具有较高的内容效度。另外，本研究采用 Pearson 相关分析法来检验前、后测验的效标关联效度。分析结果显示，前测、后测与 PISA2015 样本科学测试的相关系数分别为 0.806、0.794 (p>0.01)，这表明该科学推理前测与后测和已有测验之间的显著性水平呈正相关，它们之间具有中等相关程度，这就说明前测与后测具有较好的效标关联效度。

7.3 研究结果

7.3.1 两种科学问题学习模式之间的差异分析

为了比较信息化学习情境支持下的科学问题学习和传统的科学课堂学习情境之间的差别，本研究采用单因素方差分析(one-way ANOVA)对控制班和实验班的测试数据进行分析，学习模式为自变量，后测成绩得分为因变量，前测成绩得分为各个变量的协方差。表 7-3 列出了实验班和控制班的后测成绩得分统计分析。通过回归分析其均值检验结果显示自变量学习模式之间的互动关系 $F(2,\ 132)$= 3.709*，其协方差值为 0.218 (p>0.05)，回归系数证实了自变量学习模式之间是同质的假设。

表 7-3 实验班和控制班的后测成绩均值和标准差

班级	人数(n)	均值(M)	标准差(SD)
控制班 O_{A1}	32	70.392	22.035
控制班 O_{A2}	35	70.951	21.729
实验班 O_{B1}	34	75.713	15.904
实验班 O_{B2}	31	79.028	18.762

表 7-4 列出了前测成绩单因素方差分析结果，结果显示实验班和控制班之间的前测成绩之间没有明显差异($F(2, 132)$=0.063*，p=0.817>0.05)，但是实验班和控制班之间的后测成绩之间有明显差异($F(2, 132)$=6.532*，p=0.000<0.05)；实验班与控制班后测成绩之间的效应值η^2=0.294>0.138，依据 Cohen 定义低、中、高的效应值分别为 0.010、0.059、0.138，这说明信息化学习情境支持下的科学问题学习对实验班的学习成绩有高度影响效应，这与单因素方差分析结果一致。这也表明后测成绩随着学习者科学推理的深入发生着变化，实验班(O_{B1}和 O_{B2})和控制班(O_{A1}和 O_{A2})各自平均值分别是 75.713，79.028，70.392 和 70.951。单因素方差

分析结果显示，通过协方差分析消除前测成绩对后测成绩的影响之后，控制班和实验班的后测成绩明显受不同学习模式的影响，信息技术支持的物理问题学习情境对学习者的学习成绩提升方面比传统课堂的物理问题学习情境要好。

表 7-4　控制班和实验班前测与后测总体成绩单因素方差分析结果

变量来源	离均差平方和(SS)	自由度(df)	均方(MS)	方差齐性检验值(F)	概率值(p)	效应值(η^2)
前测成绩	4894.6	2	1594.6	0.063*	0.817	0.022
后测成绩	8465.2	2	2976.5	6.532*	0.000	0.294
差异	3570.6	120	298.1			

注：$^*p<0.05$

7.3.2　不同应用模式对学习者科学推理能力的影响分析

为了对比不同学习模式对学习者的科学推理能力影响的差异，本研究以实验班与控制班的科学推理测验的前测成绩作为自变量，后测成绩作为因变量。对实验班和控制班的各自成绩先进行组内回归系数同质性检验，如果检验结果符合组内回归系数同质性检验，再根据调整后的平均数与标准差进行共变数方差分析，通过方差分析结果了解控制班与实验班在各自的学习模式干预后其科学推理能力的成绩是否达到显著性水平。实验班与控制班的学习者分别在传统课堂情境、信息化学习情境支持下的物理问题自主探究学习以及信息化学习情境支持下的物理问题支架式学习中的科学推理能力前测与后测成绩，经过组内回归分析同质性检验后，其 $F(3, 132)=43.492^*$，$p=0.146\,(p>0.05)$，这表明他们之间没有达到显著性水平，符合组内回归系数同质性检验水平。实验班与控制班在三个学习模式下的科学推理能力前测与后测成绩平均数与标准差如表 7-5 所示。

表 7-5　实验班与控制班科学推理能力前测与后测成绩平均数与标准差

组别	人数	前测平均数(M)	前测标准差(SD)	后测平均数(M)	后测标准差(SD)
控制班 O_{A1}	32	38.41	1.58	41.17	0.091
控制班 O_{A2}	35	38.72	1.61	41.33	0.93
实验班 O_{B1}	34	38.19	1.79	44.76	0.115
实验班 O_{B2}	31	38.65	1.87	42.58	0.103

由表 7-5 可以看出，实验班 O_{B1} 的后测成绩平均数为 44.76，实验班 O_{B2} 的后测成绩平均数为 42.58，控制班 O_{A1} 的后测成绩平均数为 41.17，控制班 O_{A2} 的后测成绩平均数为 41.33，可以看出，两个实验班的后测成绩比控制班都有明显的变化。为了进一步分析三种应用模式对学习者科学问题学习影响的差异，有必要对

前测与后测成绩进行单因素共变数分析(one-way ANCOVA)，其分析结果如表 7-6 所示。由表 7-6 可以看出，三种应用模式之间的科学推理前测成绩之间没有显著性差异($F(3, 132)=0.079^{***}$，$p=0.672>0.001$)。三种应用模式之间的科学推理后测成绩之间有显著性差异($F(3, 132)=3.261^{***}$，$p=0.000<0.001$)。这三种学习模式后测成绩的效应值$\eta^2=0.375>0.138$，依据 Cohen 定义低、中、高的效应值分别为 0.010、0.059、0.138，这表明信息化学习情境支持下的科学问题学习对实验班的学习成绩有高度影响效应，这与单因素共变数分析结果一致。这表明实验班 O_{B1} 和实验班 O_{B2} 在信息化学习情境支持下的物理问题学习中的科学推理能力的表现效果比控制班的好。

表 7-6 三种学习模式之间的科学推理测试成绩共变数分析结果

三种模式变量	离均差平方和(SS)	自由度(df)	均方(MS)	方差齐性检验值(F)	概率值(p)	效应值(η^2)
自变量(前测成绩)	214.981	3	407.941	0.079***	0.672	0.042
因变量(后测成绩)	129.174	3	613.087	3.261***	0.000	0.375
误差	39.566	113	0.383			

注：$^{***}p<0.001$

7.3.3 不同学习应用模式对学习者的科学推理能力的影响分析

不同学习应用模式和科学推理能力之间的关系通过双因素方差分析来进行解释，学习模式和科学推理能力作为自变量，后测成绩作为因变量，前测成绩得分为各个变量的协方差。表 7-7 列出了实验班和控制班的后测成绩，通过回归分析其均值检验结果显示，学习模式、科学推理能力 $F(3, 132)$ 与前测成绩之间的协方差值为 $p=0.47^{*}$，($p>0.05$)，通过回归系数可以证实自变量之间是同质的，自变量之间是相互独立的，不存在相互关系，这有利于我们进行双因素方差分析。

表 7-7 三种学习模式的后测成绩均值与标准差分析

学习模式	科学推理能力	均值(M)	标准差(SD)	人数(n)
传统的物理课堂问题学习	低	52.28	20.136	31
	高	68.92	17.593	35
	合计	60.60	22.651	66
信息化学习情境支持下的物理问题自主探究学习	低	57.93	23.726	20
	高	71.68	21.419	13
	合计	64.80	22.567	33

续表

学习模式	科学推理能力	均值(*M*)	标准差(SD)	人数(*n*)
信息化情境支持下的物理问题支架式学习	低	49.62	18.893	14
	高	63.71	19.608	19
	合计	56.67	19.172	33
合计	低	53.27	20.918	65
	高	68.10	19.540	67
	合计	63.04	21.463	132

表 7-8 显示了前测成绩的双因素方差分析结果，结果显示学习模式的效果是明显的($F(3, 132)=6.793^*$，$p=0.001<0.05$)，其效应值$\eta^2=0.182>0.138$，依据 Cohen 定义低、中、高的效应值分别为 0.010、0.059、0.138，这说明不同学习模式下的科学问题学习情境对学习者的学习成绩有高度影响效应，这与双因素方差分析结果一致。学习者的科学推理能力水平也达到了显著性水平($F(1, 132)=25.812^*$，$p=0.000<0.05$)，其效应值$\eta^2=0.264>0.138$，这说明在科学问题学习情境中科学推理能力对学习者的学习成绩有高度影响效应，这与双因素方差分析结果一致。但是在学习模式和科学推理能力之间没有产生相互关系($F(3, 132)=0.218^*$，$p=0.916>0.05$)，这表明在学习之前，不同的学习模式对不同科学推理能力水平的学习者没有产生不同的影响。因此，我们需要对学习模式和科学推理能力进行后测检验分析。

表 7-8　前测成绩的双因素方差分析结果

变量	离均差平方和(SS)	自由度(df)	均方(MS)	方差齐性检验值(*F*)	概率值(*p*)	效应值(η^2)
学习模式	5036.891	3	2518.445	6.793*	0.001	0.82
科学推理能力	8986.963	1	8986.963	25.812*	0.000	0.64
基于科学推理能力的学习模式	83.462	3	41.731	0.218*	0.916	0.036
标准差(*SD*)	80581.649	132	293.592			

注：$^*p < 0.05$

表 7-9 和表 7-10 显示了不同学习模式下学习者科学推理能力后测成绩的显著性检验双因素方差分析结果。在科学推理能力水平方面，控制班和实验班之间的显著性水平值 $F(2, 132)=10.926^*$($p=0.002<0.05$)，其效应值$\eta^2=0.292>0.138$，依据 Cohen 定义低、中、高的效应值分别为 0.010、0.059、0.138，这说明在信息化学

习情境支持下的科学问题学习中科学推理能力对学习者的学习成绩有高度影响效应，这与双因素方差分析结果一致。这表明学习者的后测成绩受到其高水平的科学推理能力的影响，而不是降低了其科学推理能力水平。在不同学习模式方面，传统课堂的物理问题学习与信息化学习情境支持下的物理问题支架式学习的班级学习者成绩之间的显著性水平值 $F(2, 66)=7.882^*$ ($p=0.000<0.05$)，其效应值 $\eta^2=0.479>0.138$，这说明信息化学习情境支持下的物理问题支架式学习对学习者的学习成绩有高度影响效应，这与双因素方差分析结果一致。信息化学习情境支持下的物理问题自主探究学习与信息化学习情境支持下的物理问题支架式学习的班级学习者成绩之间的显著性水平值 $F(2, 63)=10.461$ ($p=0.000<0.05$)，其效应值 $\eta^2=0.085>0.059$，这说明信息化学习情境支持下的两种物理问题学习对学习者的学习成绩有中度影响效应，这与双因素方差分析结果一致。这也表明在两个实验班中，学习者的后测成绩在信息化学习情境的支持下自主探究学习比支架式学习更好。传统的物理课堂问题学习与信息化学习情境支持下的物理问题自主探究学习的班级学习者成绩之间的显著性水平值 $F(2, 65)=0.019$ ($p=0.108>0.05$)，这表明这两个班级的学习后测成绩之间没有显著差异，两个班的学习者没有受到不同学习模式的影响。

表 7-9　科学推理能力后测成绩方差分析

科学推理能力 (O_{A1} 和 O_{A2})	科学推理能力 (O_{B1} 和 O_{B1})	方差齐性检验值 (F)	标准差 (SD)	概率值 (p)	效应值 (η^2)	差异置信区间 (95%)	
						下限	上限
低	高	0.026	1.958	0.182	0.017	–15.974	–7.636
高	低	10.926*	1.958	0.002	0.292	7.636	15.974

注：* $p < 0.05$

表 7-10　不同学习模式的后测成绩方差分析

学习模式 1	学习模式 2	标准差 (SD)	方差齐性检验值 (F)	概率值 (p)	效应值 (η^2)	差异置信区间 (95%)	
						下限	上限
传统的物理课堂 (O_{A1} 和 O_{A2})	自主探究学习 (O_{B1})	3.6915	0.019	0.108	0.037	–12.516	3.794
	支架式学习 (O_{B2})	3.825	7.882*	0.000	0.479	0.472	14.117
自主探究情境学习 (O_{B1})	传统的物理课堂 (O_{A1} 和 O_{A2})	3.691	0.025	0.219	0.046	–3.794	12.516
	支架式学习 (O_{B2})	3.765	10.461*	0.000	0.085	6.647	19.365

续表

学习模式 1	学习模式 2	标准差 (SD)	方差齐性检验值 (F)	概率值 (p)	效应值 (η^2)	差异置信区间(95%)	
						下限	上限
支架式情境学习 (O_{B2})	传统的物理课堂(O_{A1}和O_{A2})	3.825	0.082	0.433	0.041	−14.117	−0.472
	支架式学习 (O_{B2})	3.765	0.061	0.802	0.024	−19.365	−6.647

注：* $p < 0.05$

7.3.4 学习者的科学问题学习动机分析

基于研究设计及科学学习动机问卷调查前测与后测数据，本研究采用SPSS19.0量化分析方法，探讨两位教师所带的班级学习者在为期一年的信息化学习情境支持下的科学问题学习之后其科学学习动机对科学问题学习的影响。为了了解学习者在一年的时间内参与信息化学习情境支持下的科学问题学习前后学习动机的差异，本研究利用 T 值检验来比较两位教师所带的控制班和实验班学习前后的科学学习动机变化情况，实验班(O_{B1})的学习者通过操作仿真实验软件进行信息化学习情境支持下的物理问题自主探究式学习，实验班(O_{B2})的学习者通过操作仿真实验软件进行信息化学习情境支持下的物理问题支架式学习。由表 7-11 可以看出，控制班和实验班的学习者在科学问题学习情境前后，其科学学习动机后测最小值(Min)、最大值(Max)及均值(M)均高于前测值。T 值检验结果显示，实验班 O_{B1} 的科学学习动机前测结果(2.80)与控制班 O_{A1}(2.77)相近，并在统计学意义上无显著性差异($t = -0.545$，$p = 0.682$)。实验班 O_{B1} 的科学学习动机后测结果(4.42)明显高于控制班 O_{A1}(4.01)，并在统计学意义上有显著性差异($t = 3.262$***，$p = 0.000<0.001$)，学习者的科学学习动机效应值 $d = 0.694>0.500$，依据 Cohen 定义低、中、高的效应值分别为 0.20、0.50、0.80，这表明信息化学习情境支持下的物理问题自主探究式学习对实验班 O_{B1} 学习者的科学学习动机后测有中度影响效应。实验班 O_{B2} 的科学学习动机前测结果(3.58)与控制班 O_{A2}(3.54)相近，并在统计学意义上无显著性差异($t = -0.761$，$p = 0.478$)。实验班 O_{B2} 的科学学习习动机后测结果(4.75)明显高于控制班 O_{A2}(4.21)，并在统计学意义上有显著性差异($t = 3.763$***，$p = 0.000<0.001$)，学习者的科学学习动机效应值 $d = 0.836>0.800$，这表明信息化学习情境支持下的物理问题支架式学习对实验班 O_{B2} 学习者的科学学习动机后测有高度影响效应。

表 7-11　学习者的科学学习动机前测与后测 T 值检验分析

班级测试	人数(n)	最小值 (Min)	最大值 (Max)	均值 (M)	标准差 (SD)	显著性检验值 (t)	概率值 (p)	效应值(d)
实验班 O_{B1} 前测	34	1.52	4.08	2.80	0.71	−0.545	0.682	0.081

续表

班级测试	人数(*n*)	最小值(Min)	最大值(Max)	均值(*M*)	标准差(SD)	显著性检验值(*t*)	概率值(*p*)	效应值(*d*)
控制班 O_{A1} 前测	32	1.54	4.01	2.77	0.67			
实验班 O_{B1} 后测	34	2.15	4.79	4.42	0.59	3.262***	0.000	0.694
控制班 O_{A1} 后测	32	1.97	4.48	4.01	0.62			
实验班 O_{B2} 前测	31	1.49	4.17	3.58	0.83	−0.761	0.478	0.092
控制班 O_{A2} 前测	35	1.51	4.15	3.54	0.68			
实验班 O_{B2} 后测	31	2.26	4.83	4.75	0.75	3.763***	0.000	0.836
控制班 O_{A2} 后测	35	1.65	4.23	4.21	0.79			

注：***$p<0.001$

为了进一步分析学习者在信息化学习情境支持下的科学问题学习中科学学习动机的各个构成要素，我们对科学学习动机各个构成要素前测与后测结果进行 *T* 值检验分析，检验结果如表 7-12 所示。通过比较表 7-12 中实验班和控制班学习者的科学学习动机构成要素前后测的平均数可以看出，科学学习动机中的自我效能、科学学习价值、非表现目标、成就目标、学习情境诱因项目得分后测高于前测。

表 7-12　学习者的科学学习动机构成要素前测与后测 *T* 值检验分析

科学学习动机构成要素	班级测试	人数(*n*)	均值(*M*)	标准差(SD)	显著性检验值(*t*)	概率值(*p*)	效应值(*d*)
自我效能	实验班 O_{B1} 前测	34	3.74	0.65	−0.848	0.592	0.074
	控制班 O_{A1} 前测	32	3.71	0.58			
	实验班 O_{B1} 后测	34	4.76	0.77	2.522***	0.000	0.821
	控制班 O_{A1} 后测	32	4.15	0.69			
	实验班 O_{B2} 前测	31	3.28	0.52	−0.494	0.771	0.029
	控制班 O_{A2} 前测	35	3.23	0.50			
	实验班 O_{B2} 后测	31	4.89	0.81	2.119***	0.000	0.925
	控制班 O_{A2} 后测	35	4.22	0.93			
主动学习策略	实验班 O_{B1} 前测	34	3.35	0.78	−0.662	0.842	0.043
	控制班 O_{A1} 前测	32	3.37	0.83			
	实验班 O_{B1} 后测	34	4.59	0.82	1.362***	0.000	0.662
	控制班 O_{A1} 后测	32	4.12	0.75			
	实验班 O_{B2} 前测	31	3.51	0.86	−0.528	0.748	0.055
	控制班 O_{A2} 前测	35	3.48	0.92			
	实验班 O_{B2} 后测	31	3.92	0.81	−0.447	0.853	0.096
	控制班 O_{A2} 后测	35	3.94	0.74			

续表

科学学习动机构成要素	班级测试	人数(n)	均值(M)	标准差(SD)	显著性检验值(t)	概率值(p)	效应值(d)
科学学习价值	实验班 O_{B1} 前测	34	3.55	0.91	–0.627	0.546	0.061
	控制班 O_{A1} 前测	32	3.51	0.84			
	实验班 O_{B1} 后测	34	4.87	0.94	2.631**	0.000	0.851
	控制班 O_{A1} 后测	32	4.19	0.87			
	实验班 O_{B2} 前测	31	3.65	0.82	–0.448	0.685	0.071
	控制班 O_{A2} 前测	35	3.61	0.68			
	实验班 O_{B2} 后测	31	4.78	0.80	2.984**	0.000	0.792
	控制班 O_{A2} 后测	35	4.23	0.72			
非表现目标	实验班 O_{B1} 前测	34	3.67	1.16	–0.625	0.473	0.038
	控制班 O_{A1} 前测	32	3.69	0.93			
	实验班 O_{B1} 后测	34	4.79	1.07	3.294**	0.000	0.929
	控制班 O_{A1} 后测	32	4.24	0.88			
	实验班 O_{B2} 前测	31	3.75	1.12	–0.792	0.537	0.063
	控制班 O_{A2} 前测	35	3.77	0.96			
	实验班 O_{B2} 后测	31	4.79	0.85	2.996**	0.000	0.711
	控制班 O_{A2} 后测	35	4.20	0.77			
成就目标	实验班 O_{B1} 前测	34	3.44	0.71	–0.848	0.624	0.054
	控制班 O_{A1} 前测	32	3.47	0.65			
	实验班 O_{B1} 后测	34	4.88	0.89	4.562**	0.000	0.677
	控制班 O_{A1} 后测	32	4.31	0.75			
	实验班 O_{B2} 前测	31	3.70	0.97	–0.397	0.482	0.061
	控制班 O_{A2} 前测	35	3.74	0.82			
	实验班 O_{B2} 后测	31	4.84	0.86	3.426*	0.000	0.922
	控制班 O_{A2} 后测	35	4.27	0.92			
学习情境诱因	实验班 O_{B1} 前测	34	3.19	0.74	–0.591	0.472	0.064
	控制班 O_{A1} 前测	32	3.21	0.75			
	实验班 O_{B1} 后测	34	4.58	0.89	3.788**	0.000	0.904
	控制班 O_{A1} 后测	32	4.19	0.66			
	实验班 O_{B2} 前测	31	3.09	0.81	–0.797	0.648	0.059
	控制班 O_{A2} 前测	35	3.11	0.79			
	实验班 O_{B2} 后测	31	4.52	0.94	2.907*	0.000	0.869
	控制班 O_{A2} 后测	35	3.93	0.86			

注：*$p<0.05$；**$p<0.01$；***$p<0.001$

通过T值检验结果可以看出，实验班O_{B1}学习者的自我效能感前测结果(3.74)与控制班O_{A1}(3.71)相近，并在统计学意义上无显著性差异($t = -0.848, p = 0.592$)。实验班O_{B1}学习者的自我效能感后测结果(4.76)明显高于控制班O_{A1}(4.15)，并在统计学意义上有显著性差异($t = 2.522^{***}$，$p = 0.000<0.001$)，学习者的自我效能感效应值d=0.821>0.800，依据 Cohen 定义低、中、高的效应值分别为 0.20、0.50、0.80，这表明信息化学习情境支持下的物理问题自主探究式学习对实验班O_{B1}学习者的自我效能感后测有高度影响效应。实验班O_{B2}的自我效能感前测结果(3.28)与控制班O_{A2}(3.23)相近，并在统计学意义上无显著性差异($t = -0.494, p = 0.771$)。实验班O_{B2}学习者的自我效能感后测结果(4.89)明显高于控制班O_{A2}(4.22)，并在统计学意义上有显著性差异($t = 2.119^{***}$，$p = 0.000<0.001$)，学习者的自我效能感效应值$d = 0.925>0.800$，这表明信息化学习情境支持下的物理问题支架式学习对实验班O_{B2}学习者的自我效能感后测有高度影响效应。

实验班O_{B1}学习者的主动学习策略前测结果(3.35)与控制班O_{A1}(3.37)相近，并在统计学意义上无显著性差异($t = -0.662$，$p = 0.842$)。实验班O_{B1}学习者的主动学习策略后测结果(4.59)明显高于控制班O_{A1}(4.12)，并在统计学意义上有显著性差异($t = 1.362^{**}$，$p = 0.000<0.001$)，学习者的主动学习策略效应值$d = 0.662>0.500$，这表明信息化学习情境支持下的物理问题自主探究式学习对实验班O_{B1}学习者的主动学习策略后测有中度影响效应。实验班O_{B2}的主动学习策略前测结果(3.51)与控制班O_{A2}(3.48)相近，并在统计学意义上无显著性差异($t = -0.528$，$p = 0.748$)。实验班O_{B2}学习者的主动学习策略后测结果(3.92)与控制班O_{A2}(3.94)相近，并在统计学意义上无显著性差异($t = -0.447$，$p = 0.853$)，这表明信息化学习情境支持下的物理问题支架式学习对实验班O_{B2}学习者的主动学习策略后测没有产生明显影响。

实验班O_{B1}学习者的科学学习价值前测结果(3.55)与控制班O_{A1}(3.51)相近，并在统计学意义上无显著性差异($t = -0.627$，$p = 0.546$)。实验班O_{B1}学习者的科学学习价值后测结果(4.87)明显高于控制班O_{A1}(4.19)，并在统计学意义上有显著性差异($t = 2.631^{**}$，$p = 0.000<0.01$)，学习者的科学学习价值效应值$d = 0.851>0.800$，这表明信息化学习情境支持下的物理问题自主探究式学习对实验班O_{B1}学习者的科学学习价值后测有高度影响效应。实验班O_{B2}的科学学习价值前测结果(3.65)与控制班O_{A2}(3.61)相近，并在统计学意义上无显著性差异($t = -0.448$，$p = 0.685$)。实验班O_{B2}学习者的科学学习价值后测结果(4.78)明显高于控制班O_{A2}(4.23)，并在统计学意义上有显著性差异($t = 2.984^{**}, p = 0.000<0.01$)，学习者的科学学习价值效应值$d = 0.792>0.500$，这表明信息化学习情境支持下的物理问题支架式学习对实验班O_{B2}学习者的科学学习价值后测有中度影响效应。

实验班O_{B1}学习者的非表现目标前测结果(3.67)与控制班O_{A1}(3.69)相近，并在统计学意义上无显著性差异（$t = -0.625$，$p = 0.473$）。实验班 O_{B1} 学习者的非表现目标后测结果（4.79）明显高于控制班 O_{A1}（4.24），并在统计学意义上有显著性差异（$t = 3.294^{**}$，$p = 0.000<0.01$），学习者的非表现目标效应值 $d = 0.929>0.800$，这表明信息化学习情境支持下的物理问题自主探究式学习对实验班 O_{B1} 学习者的非表现目标后测有高度影响效应。实验班 O_{B2} 学习者的非表现目标前测结果（3.75）与控制班 O_{A2}（3.77）相近，并在统计学意义上无显著性差异（$t = -0.792$，$p = 0.537$）。实验班 O_{B2} 学习者的非表现目标后测结果（4.79）明显高于控制班 O_{A2}（4.20），并在统计学意义上有显著性差异（$t = 2.996^{**}$，$p = 0.000<0.01$），学习者的非表现目标效应值 $d = 0.711> 0.500$，这表明信息化学习情境支持下的物理问题支架式学习对实验班 O_{B2} 学习者的非表现目标后测有中度影响效应。

实验班 O_{B1} 学习者的成就目标前测结果（3.44）与控制班 O_{A1}（3.47）相近，并在统计学意义上无显著性差异（$t = -0.848$，$p = 0.624$）。实验班 O_{B1} 学习者的成就目标后测结果（4.88）明显高于控制班 O_{A1}（4.31），并在统计学意义上有显著性差异（$t = 4.562^{**}$，$p = 0.000<0.01$），学习者的成就目标效应值 $d = 0.677>0.500$，这表明信息化学习情境支持下的物理问题自主探究式学习对实验班 O_{B1} 学习者的成就目标后测有中度影响效应。实验班 O_{B2} 的成就目标前测结果（3.70）与控制班 O_{A2}（3.74）相近，并在统计学意义上无显著性差异（$t = -0.397$，$p = 0.482$）。实验班 O_{B2} 学习者的成就目标后测结果（4.84）明显高于控制班 O_{A2}（4.27），并在统计学意义上有显著性差异（$t = 3.426^{*}$，$p = 0.000<0.05$），学习者的成就目标效应值 $d = 0.922>0.800$，这表明信息化学习情境支持下的物理问题支架式学习对实验班 O_{B2} 学习者的成就目标后测有高度影响效应。

实验班 O_{B1} 学习者的学习情境诱因前测结果（3.19）与控制班 O_{A1}（3.21）相近，并在统计学意义上无显著性差异（$t = -0.591$，$p=0.472$）。实验班 O_{B1} 学习者的学习情境诱因后测结果（4.58）明显高于控制班 O_{A1}（4.19），并在统计学意义上有显著性差异（$t =3.788^{**}$，$p=0.000<0.01$），学习者的学习情境诱因效应值 $d = 0.904>0.800$，这表明信息化学习情境支持下的物理问题自主探究式学习对实验班 O_{B1} 学习者的学习情境诱因后测有高度影响效应。实验班 O_{B2} 的学习情境诱因前测结果（3.09）与控制班 O_{A2}（3.11）相近，并在统计学意义上无显著性差异（$t = -0.797$，$p=0.648$）。实验班 O_{B2} 学习者的学习情境诱因后测结果（4.52）明显高于控制班 O_{A2}（3.93），并在统计学意义上有显著性差异（$t = 2.907^{*}$，$p=0.000<0.05$），学习者的学习情境诱因效应值 $d = 0.869>0.800$，这表明信息化学习情境支持下的物理问题支架式学习对实验班 O_{B2} 学习者的学习情境诱因后测有高度影响效应。

以上分析表明，在学习者的科学学习动机改变上除主动学习策略要素外，信息化学习情境支持下的科学问题学习对实验班学习者的科学学习动机各个构成要素提升具有显著效果，特别是实验班的学习者在信息化学习情境支持下的物理问题自主探究式学习中具有较高的科学学习动机参与学习。

以上分析结果表明，在科学学习动机改变上除主动学习策略要素外，在信息化学习情境支持下的科学问题学习中实验班学习者的科学学习动机各个构成要素提升具有显著效果，特别是自我效能、非表现目标、成就目标以及学习情境诱因效果最明显，实验班的学习者在信息化学习情境支持下的科学问题学习中具有较高的科学学习动机参与学习。对于主动学习策略要素，信息技术支持的不同问题情境的学习模式会产生不同的影响，信息技术支持的问题自主探究式学习会对学习者的主动学习策略产生一定的积极影响，而信息技术支持的问题支架式学习情境则会对学习者的主动学习策略产生一定程度的负面影响，由于学习资料、学习服务和学习软件环境的限制，学习者在支架式学习环境下会在一定程度上对学习策略缺乏有效的主动性和积极性，这也是当前学习软件在设计和开发上需要进一步拓展解决的问题，为学习者自主探究解决问题提供充分的学习支持和个性化的学习服务。

7.3.5　学习者的科学情境兴趣分析

在信息化学习情境支持的科学问题学习中，实验班 O_{B1} 和 O_{B2} 的学习者对科学情境兴趣的表现来说，大多数同学拥有正向情绪，本研究在《二力平衡》明确问题、探求解法、实施计划、讨论反思和检验结论五个科学问题学习阶段分别统计两个实验班学习者对各个情境的反映情绪，其结果发现大部分学习者是以兴奋情绪参与，而其他情绪按照出现次数多少依次为好奇、无聊、担心、厌烦和失望。其中，实验班 O_{B1} 出现的正向情绪约占总数的 76%(包括高兴与好奇情绪)，负向情绪共占总数的 24%(包括无聊、担心、厌烦和失望)；实验班 O_{B2} 出现的正向情绪约占总数的 67%，负向情绪共占总数的 33%，具体见表 7-13 所示。由表 7-13 可以看出，实验班的大部分学习者在科学问题学习的各个阶段都能以积极正面的科学情境兴趣参与学习，这与其科学学习动机较高(M>3.00)有密切联系。当学习者表现较高的正向的科学情境兴趣时，学习者在科学学习动机上就会表现出较高的自我效能、主动学习策略、科学学习价值、成就目标及学习情境诱因。

表 7-13　两位教师所带实验班学习者的情境兴趣统计分析

情境兴趣向度	正向兴趣		负向兴趣			
情境兴趣类型	高兴	好奇	厌烦	失望	无聊	担心
实验班 O_{B1} 次数 (n=34)	94	35	10	8	13	10
实验班 O_{B1} 百分比/%	55	21	6	4	8	6
实验班 O_{B1} 合计百分比/%	76		24			

续表

情境兴趣向度	正向兴趣		负向兴趣			
情境兴趣类型	高兴	好奇	厌烦	失望	无聊	担心
实验班 O_{B2} 次数（n=31）	82	21	14	10	16	12
实验班 O_{B2} 百分比/%	53	14	9	6	10	8
实验班 O_{B2} 合计百分比/%	67		33			

为了深入了解实验班学习者在信息化学习情境支持下的科学问题学习中科学学习动机与其正向兴趣之间的关系，我们将实验班的科学学习动机和正向兴趣的平均数整合在一起进行相关分析，分析结果如表 7-14 所示。由表 7-14 可以看出，科学学习动机中的自我效能（$*p=0.47>0.05$）、主动学习策略（$*p=0.16>0.05$）、成就目标（$*p=0.33>0.05$）与学习情境诱因（$*p=0.26>0.05$）与正向兴趣有统计学意义上的显著关系。较高的自我效能可以使学习者自觉控制学习情境，此时学习者的学习压力较低，这样就会使学习者保持良好的兴趣；较高的主动学习策略可以使学习者积极解决问题，从而高效地完成学习任务；较高的成就目标可以使学习者在概念学习中完成学习目标后获得学习的满足感；较高的学习情境诱因主要为学习者提供界面友好、导航清晰、交互性强的虚拟仿真学习软件，学习者对软件学习环境表现出极大的好奇与兴趣，这会直接影响其正向兴趣。

表 7-14　实验班的科学学习动机构成要素与正向兴趣的相关分析

科学学习动机构成要素	正向兴趣
自我效能	0.47*
主动学习策略	0.16*
成就目标	0.33*
非表现目标	–0.03
科学学习价值	–0.08
学习情境诱因	0.26*

注：$*p<0.05$

7.3.6　学习者的科学学习动机对学习效果的影响分析

为了了解实验班学习者的科学学习动机与其科学问题学习效果之间的关系，我们将实验班的科学学习动机与问题学习效果平均数整合在一起进行相关分析，分析结果如表 7-15 所示。由表 7-15 可以看出，实验班学习者的科学学习动机构成要素中的自我效能与科学问题学习效果有显著关系（**p=0.69>0.01）；主动学习策略与科学问题学习效果改变有显著关系（*p=0.47>0.05）；成就目标与科学问题学习效果改变有显著关系（*p=0.56>0.05）；学习情境诱因与科学问题学习效果改变有显著关系（*p=0.23>0.05），这说明在信息化学习情境支持下的科学问题学习中，学习者的科学学习动机中的自我效能、主动学习策略、成就目标与学习情境诱因要素在科学问题解决过程中会发挥更加重要的作用。深入分析来看，成就目标与主动学习策略之间有显著的关系（***p=0.71>0.001），而自我效能与主动学习策略之间也存在显著的正向关系（*p=0.35>0.05），这说明学习者的主动学习策略有一部分直接来自于自我效能。

表 7-15 学习者的科学学习动机与其科学问题学习效果相关分析（n=65）

	自我效能	主动学习策略	成就目标	非表现目标	科学学习价值	学习情境诱因	科学问题学习效果
自我效能	1.00						
主动学习策略	0.35*	1.00					
成就目标	0.04	0.71***	1.00				
非表现目标	0.28*	–0.31	–0.25	1.00			
科学学习价值	0.26*	0.52**	0.38	–0.12	1.00		
学习情境诱因	–0.27	0.42***	0.84***	–0.36*	0.59***	1.00	
科学问题学习效果	0.69**	0.47*	0.56*	0.06	0.17	0.23*	1.00

注：*p<0.05；**p<0.01；***p<0.001

自我效能高会使学习者在科学问题学习过程中主动管理学习情境，并对学习成功拥有较高的期望值，在轻松的状态下积极深入解决问题，进而取得较好的学习效果，因为高自我效能可以让学习者深入参与科学问题学习，包括可以参与更高阶的认知策略[4]。主动学习策略由于学习者对当前的学习任务好奇，可以使学习者积极参与问题解决、整理重点、反思与比较多种认知策略方式，大胆质疑、主动深入探究假设问题解决方案，最终高质量完成学习任务，取得较好的学习效果。较高的成就目标会更加关注科学问题学习达到目标后的满足感和成就感，这种激励效应促使学习者保持愉悦的情绪最终会达到理想的学习效果。学习情境诱因会提供给学习逼真的科学问题情境，吸引学习者探究问题，从而取得较好的学习效果。因此从科学问题的整体学习效果上来看，科学学习动机中的自我效能、主动学习策略、成就目标、学习情境诱因与信息化学习情境支持下的科学问题学习效果具有更大的相关性，在科学问题学习中学习者拥有更多的机会和学习资源，促进其应用解决问题的知识和方法去解决新问题。

为了深入了解所有科学学习动机构成要素在学习者科学问题解决中的贡献，需要进一步利用回归分析，通过回归分析可以看出，科学学习动机构成要素对科学问题学习效果均值与后测成绩影响显著。同时还可以看出，自我效能与主动学习策略对科学问题学习效果影响最大，可以显著解释问题解决量 R^2=0.628（F=9.441**，p=0.000<0.01），其效应值η^2=0.294>0.138，依据 Cohen 定义低、中、高的效应值分别为 0.010、0.059、0.138，这说明自我效能与主动学习策略要素对学习者的科学问题学习成绩有高度影响效应，这与回归分析结果一致。由此可以看出，在学习者科学问题学习过程的科学学习动机中，自我效能可以通过成就目标直接或间接影响其主动学习策略，主动学习策略可以直接影响学习者参与科学问题解决的方式。因此，在科学学习动机构成要素中，自我效能与主动学习策略是解释科学问题学习效果最主要的学习动机因素。

7.4 本 章 小 结

通过一年的实验研究发现，信息化学习情境支持下的科学问题学习对学习者学习效果的影响要明显优于传统的课堂学习情境。在该研究中，我们还调查了不同的学习模式对学习者科学推理能力的影响，结果表明不同的学习模式对学习者的科学推理能力并没有产生明显的影响。但是，我们发现学习者在信息化学习情境支持下的科学问题学习中可以更好地发挥其科学推理能力，学习者在信息化学习情境支持下的科学问题自主探究学习效果要比信息化学习情境支持的问题支架式学习要明显。本研究比较三种不同的学习模式对学习者学习效果的影响，特别是信息化学习情境支持下的科学问题学习与传统课堂的科学问题学习进行比较，该研究成果可以给科学教师提供教学指导，教师需要在不同类型的学习情境中提供给学习者合适的学习支持。对于比较抽象和复杂的科学问题，信息化学习情境支持的科学问题自主探究学习是一种比较合适的学习模式，有利于学习者自主探究解决问题并深入掌握科学知识。在传统课堂的科学问题学习中，学习支架的步骤提示可以让学习者在探究过程中正确认识并完成操作步骤，但这种学习不是真正的科学探究。因此，不同学习情境中的学习支持会对学习者的学习效果产生不同的影响，教师可以在信息化学习情境支持的课堂学习中基于学习内容合理选择不同的学习支持，努力帮助学习者自主解决科学问题，最终促进学习者在信息化学习情境支持的科学问题学习中取得最理想的学习效果。

参 考 文 献

[1] OECD. PISA 2015 draft science framework[DB/OL]. [2020-11-20]. http://www.oecd.org/pisa/pisaproducts/Draft%20PISA%202015%20Science%20Framework%20.pdf.

[2] Lawson A. The nature and development of hypothetico-predictive argumentation with implications for science teaching[J]. International Journal of Science Education, 2003, 25 (11): 1387-1408.

[3] Lawson A. Science Teaching and Development of Thinking[M].Wadsworth: Thomson Learning, 1995: 7.

[4] Linnenbrink E A, Pintrich P R. The role of self-efficacy beliefs in student engagement and learning in the classroom[J]. Reading & Writing Quarterly: Overcoming Learning Difficulties, 2003, 19: 119-137.

第 8 章　信息化学习情境支持下的科学探究活动学习

本章主要通过一年的准实验研究分析信息化学习情境支持下的科学探究活动学习与传统课堂学习情境下的科学探究活动之间的差异。为了区分两者在科学学习中的差异，本研究设计了四种科学情境学习模式：传统科学探究活动学习、信息化学习情境支持下的科学探究活动学习，以及传统科学探究活动学习与信息化学习情境支持下的科学探究活动学习先后顺序组合。本研究以初中物理为例选取四个自然班共 132 名八年级～九年级的学习者参与实验，这四个班的学习者被分配到四个不同的控制班与实验班中，每个班级的学习模式都有差异。实验中，学习者科学探究能力及学习成绩前测在正式学习之前进行测试；学习之后教师对所有参与被试的学习者进行课后实验测试，课后实验测试题的难度和数量与课前实验测试题相同，课前与课后测试题由两位授课教师根据学习内容编制。

8.1　研究目标及问题

本研究的主要目的在于分析信息化学习情境支持的科学探究活动和传统科学探究活动相结合的学习对学习者科学学习效果的影响，在此过程中分析学习者的科学探究能力和科学学习动机的变化情况。基于此，我们设计单独的信息化学习情境支持的探究活动学习、单独的传统探究活动学习情境、先传统探究活动后信息化学习情境支持下的科学探究活动学习，以及先信息化学习情境支持的科学探究活动后传统探究活动学习，通过这四种不同的情境学习模式来验证传统的科学探究活动与信息化学习情境支持下的科学探究活动学习对学习者学习效果的影响，这四种学习模式实施过程中学习方法、教材、教师、学习任务和时间等影响因素尽可能保持一致，在最大程度上减少这些因素的差异对学习者学习效果的影响。这四种情境学习模式对应四个不同的实验班级，以传统科学探究活动情境学习模式对应的班级作为控制班，其他三种情境学习模式作为实验班。在信息化学习情境支持的科学探究活动学习中学习者不需要对物理实验设备和材料做任何动手操作。

本研究实验主要围绕初中物理核心探究活动进行科学探究学习，进而培养学习者科学探究活动的设计与应用能力，科学探究过程中不涉及复杂的数据解释。八年级下学期到九年级上学期的核心物理探究活动主要涉及电学、电与磁、力学、热和能等知识。根据人民教育出版社出版的《21 世纪的初中物理课程(报告提纲)》所规定的内容，本实验研究基于信息化学习情境创设的要素、理论基础及科学探究活动学习的模式创设相应的信息化学习情境。初中物理探究活动学习中信息化学习情境创设如表 8-1 所示。

表 8-1　初中物理探究活动信息化学习情境创设

章节内容	主要物理探究活动	信息化学习情境
电流和电路	串联与并联	事实性情境：生活中的串联与并联 问题情境：串联与并联的区别与连接方法 虚拟实验室：电路虚拟实验室 虚拟实验室：DIY 实验
	电流表的连接与读数	事实性情境：测量电流大小的工具 问题情境：电流表的使用方法 虚拟实验室：电路虚拟实验室 虚拟实验室：DIY 实验
	探究串联与并联电路中电流的规律	事实性情境：串联与并联实验 问题情境：串联与并联电路各处电流之间的关系 虚拟实验室：电路虚拟实验室 虚拟实验室：DIY 实验
电压和电阻	探究串并联电路电压的规律	事实性情境：家用电器的电压 问题情境：串并联电路中各处电压的关系 虚拟实验室：电路虚拟实验室 虚拟实验室：DIY 实验
	用滑动变阻器改变灯泡的亮度	事实性情境：滑动变阻器 问题情境：滑动变阻器的正确使用方法 虚拟实验室：电路虚拟实验室 虚拟实验室：DIY 实验
欧姆定律	探究及应用欧姆定律	事实性情境：电阻丝在生活中的应用 问题情境：电压、电流和电阻之间的关系 虚拟实验室：电路虚拟实验室 虚拟实验室：DIY 实验
电功率	测量小灯泡的电功率	事实性情境：小灯泡发光现象 问题情境：测量小灯泡的电阻 虚拟实验室：电路虚拟实验室 虚拟实验室：DIY 实验
电与磁	电磁效应	事实性情境：生活中的电磁现象 问题情境：为什么带电体会产生磁场 虚拟实验室：电磁实验室 虚拟实验室：DIY 实验
	通电螺线管的磁场	事实性情境：通电螺线管产生磁场 问题情境：改变电流方向是否影响磁场方向 虚拟实验室：电磁实验室 虚拟实验室：DIY 实验

续表

章节内容	主要物理探究活动	信息化学习情境
电与磁	研究电磁铁	事实性情境：电磁铁 问题情境：影响电磁铁磁性强弱的因素 虚拟实验室：电磁实验室 虚拟实验室：DIY 实验
多彩的物质世界	用天平称量体积相同的木、铝和铁块 同种物质的质量和体积之间的关系	事实性情境：木、铝和铁块 问题情境：体积相同的木、铝和铁块质量相同吗 质量相同的木、铝和铁块体积相同吗 虚拟实验室：密度实验室 游戏情境：密度游戏
	测量液体和固体密度	事实性情境：量筒的使用 问题情境：如何测量液体和固体密度 虚拟实验室：密度实验室 游戏情境：密度游戏
运动和力	摩擦力对物体运动的影响	事实性情境：小车运动 问题情境：各种运动物体最终停下来的原因 虚拟实验室：惯性实验室 游戏情境：惯性的应用游戏
	二力平衡的条件	事实性情境：小汽车的运动 问题情境：二力平衡的条件 虚拟实验室：二力平衡实验室 游戏情境：二力平衡游戏
力和机械	弹簧测力计的使用	事实性情境：弹簧秤 问题情境：弹簧测力计的正确使用方法 虚拟实验室：力学实验室 游戏情境：弹簧秤使用游戏
	重力大小的影响因素	事实性情境：苹果落地演示动画 问题情境：重力大小的影响因素 虚拟实验室：重力实验室 游戏情境：重力游戏
	摩擦力大小的影响因素	事实性情境：汽车运动演示动画 问题情境：摩擦力大小的影响因素 虚拟实验室：摩擦力实验室 游戏情境：摩擦力游戏
	杠杆平衡的条件	事实性情境：生活中的杠杆 问题情境：杠杆的平衡条件 模型情境：杠杆模型仿真实验 游戏情境：杠杆游戏
	比较定滑轮和动滑轮的特点	事实性情境：生活中的定滑轮和动滑轮 问题情境：定滑轮和动滑轮结构和特点是什么 模型情境：定滑轮和动滑轮模型仿真实验 游戏情境：定滑轮和动滑轮游戏

续表

章节内容	主要物理探究活动	信息化学习情境
压强和浮力	压力的作用效果跟什么因素有关	事实性情境：沙漠之舟——骆驼 问题情境：压强大小的影响因素 模型情境：压强模型仿真实验 游戏情境：压强游戏
	液体内部同一深度各个方向的压强是否相等	事实性情境：潜水艇与塑料袋装水 问题情境：液体压强的特点 模型情境：液体压强模型仿真实验 游戏情境：液体压强游戏
	气体压强与流速的关系	事实性情境：硬币“飞”起来 问题情境：气体压强与流速的关系 模型情境：气体压强模型仿真实验 游戏情境：气体压强应用游戏
	浮力的大小	事实性情境：生活中的浮力现象 问题情境：浮力大小等于什么 模型情境：浮力模型仿真实验 游戏情境：物体浮力应用游戏
功和机械能	动能	事实性情境：水磨转动等生活中的动能 问题情境：动能大小的影响因素 模型情境：动能模型仿真实验 游戏情境：动能应用游戏
	重力势能	事实性情境：下落的馒头 问题情境：重力势能大小的影响因素 模型情境：重力势能模型仿真实验 游戏情境：重力势能应用游戏
	斜面机械效率	事实性情境：搬运沙子的方法 问题情境：斜面机械效率的影响因素 模型情境：斜面机械效率模型仿真实验 游戏情境：斜面机械效率应用游戏
热和能	比较物体的吸热能力	事实性情境：生活中的内能——玩滑梯 问题情境：改变物体内能的方法 虚拟实验室：内能实验室 游戏情境：内能的应用游戏

信息化学习情境支持下的科学探究活动学习可激发学习者的科学学习动机，真实体会生活中的科学知识。让学习者通过自主探究实验，主动总结规律并验证假设，体会学习的成就感。本实验研究提出以下基本问题。

(1)信息化学习情境支持下的科学探究活动学习在提升初中生科学学习兴趣、科学动机和科学探究能力方面是否比传统科学探究活动学习更有效呢?

(2) 在信息化学习情境支持下的科学探究活动与传统科学探究活动相混合的学习模式中，可以采取先传统课堂科学探究活动后信息化学习情境支持下的科学探究活动的学习模式，也可以采用先信息化学习情境支持下的物理探究活动后传统课堂探究活动的学习模式，那么这两种混合学习模式在影响学习者的学习效果上是否有差异呢？

(3) 混合学习模式与单纯的信息化学习情境支持下的科学探究活动学习以及传统课堂科学探究活动学习相比，哪种学习模式对学习者的学习效果更有效？

8.2　研究设计与实施

8.2.1　研究对象

信息化学习情境支持下的科学探究活动学习研究实验实施周期为一年，研究实验贯穿八年级下学期到九年级上学期所有的科学探究活动学习，经过研究实验计划安排、教师培训、实验实施与后期总结共四个阶段。在研究中选取一所初中 4 个自然班的 132 名学习者作为被试对象，每个班学习者数按 30 人左右的标准班设置，男生和女生在各班比例保持自然状态。选择其中的 1 个班作为控制班 (O_A=32)，让该班学习者接受传统实验室环境下的物理探究活动学习；再选取 1 个班作为实验班 1 (O_{B1}=34)，让该班的学习者接受信息化学习情境支持下的科学探究活动学习，另外 2 个班作为实验班 2 和实验班 3 (O_{B2}=31；O_{B3}=35)，让这两个实验班的学习者接受信息化学习情境支持下的科学探究活动与传统物理探究活动相混合的学习模式。这 4 个班学习者的物理平均成绩分布大致相同，以保证实验过程中的信度和效度。

4 名物理老师（教师甲、教师乙、教师丙、教师丁）参与被试，他们的年龄和教学经验大致相同，每个教师选取一个班进行实验，按照各个班的学习模式进行科学探究活动学习。在进行信息化学习情境支持下的科学探究活动学习之前，要对教师进行简单的技术培训与方法指导，使其了解信息化学习情境支持下的科学探究活动教学模式和教学方法，掌握实验案例软件及学习平台的基本操作。

8.2.2　研究工具

(1) NOBOOK 虚拟实验室是基于 ActionScript3.0 编程语言开发的多点触控仿真实验软件。

(2) 科学探究能力前测和后测试题：根据《全日制普通高级中学物理教学大纲》编制，试题参照 PISA2015 科学测试评价框架编制[1]，在编制中基于真实情境设计，在能力层面主要考察学习者科学地解释现象、评价和设计科学探究以及科学阐释资料和证据等。在知识层面主要评价学习者的系统性内容、程序性知识和认识观。在态度层面主要考察学习者对科学的兴趣、科学探究的评价以及对环境的觉知。试题内容大部分是基于真实情境对定性知识的描述。两位有多年教学经验的初中物理教师负责前测与后测试题的编制和修订工作，以确保试题的效度。

科学探究学习让学习者在探究学习过程中体会科学探究的方法，并培养科学探究的能力[2,3]。科学探究的本质是基于科学问题通过设计方法和实验形成假说，之后搜集和分析实验数据，运用科学推理解决问题，最后反思并交流探究结果，让学习者具备建立科学问题、资料处理、解释、反思和表达的能力[4-6]。本研究基于文献[7,8]编制了《科学探究能力测验》试题，该测验把学习者的科学探究能力分为过程能力和思考能力两个大的维度，过程能力主要包括观察能力、分析能力和转化能力；思考能力主要包括推理性思考能力、批判性思考能力和创造性思考能力。物理探究活动情境学习中十分重视探究实践活动过程，在实践中强调通过观察形成发现问题的能力，通过搜集与整理实验数据形成分析能力，对实验结果进行反思与讨论形成转化能力[7]，因此本研究所编制的科学探究能力测验中主要侧重于考察学习者的过程能力。科学探究能力前测与后测试题各有 10 个测试项目，每个项目 10 分。每个测试项目包括问题情境描述及需要填写或选择的答案。

8.2.3 研究材料

为了具体分析学习者在信息化学习情境支持下的物理探究活动学习效果，本实验研究选取八年级物理课程其中一个章节的内容。根据初中物理学习大纲及课时计划安排，《串联和并联》这一节知识的学习需要 2 个课时（90 分钟）的课堂学习时间。在传统探究活动室环境中，针对《串联和并联》实验提供规格不同的小灯泡、电源（电池）、开关、导线若干。在常规经典实验阶段，学习者分成 3～4 人的学习小组，以组为单位设计电路，画在白纸上，并反思如何正确规范地画出电路图，小组讨论、交流后区分串并联电路；自己总结出串并联的“连接特点”“电流路径”两方面的区别。在 DIY 实验阶段，让学习小组协作设计并完成自己的串并联电路，小组之间相互观摩展示自主研究实验结果，师生最后评价反思学习结果。

在信息化学习情境支持的科学探究活动学习中，学习者可以在网络教室操作初中物理 NOBOOK 虚拟实验室《串联和并联》仿真软件。虚拟实验室是专门为科学探究活动学习设计的教育软件，主要是针对较为危险的物理实验以及在现实生活中无法实现的实验，如化学实验中的氢气爆炸，物理实验中的摩擦力为零等实验，由于这些实验的特殊性，在现实生活中我们是无法操作的，但是借助虚拟现实设备，依托虚拟现实实验室系统，就可以进行实验，加深学习者对知识的理解。NOBOOK 虚拟实验室是基于 ActionScript3.0 编程语言开发的多点触控虚拟实验，该虚拟实验室的实验项目与初中物理课程实验内容同步，并配置互联网智能学习平台，该虚拟实验室可以跨个人电脑和移动平台使用，学习者在学习中仿佛置身于真实实验环境，可以通过网络平台共享实验资源及交流互动，教师也可通过该平台实现学习管理、实时监控及学习帮助等功能。本节课的学习设计如下。

(1)活动准备阶段(情境创设：示范性情境)。

用磁性黑板上的电路，复习上一节电路的知识；利用投影仪、投影胶片，复习电路元件的符号，并演示实物电路连接；请同学画出电路图并找出几个错误的电路图，指出不合要求的地方。

(2)活动设计阶段。

①问题提出(问题情境)：在前面学习的电路里，我们只用了一个用电器，可是在一个实际电路里，用电器往往不止一个，有时有两个、三个，甚至更多个用电器，那么怎样将它们连入电路呢？

②自主探究(虚拟实验室)：让学习者在网络教室操作初中物理 NOBOOK 虚拟实验室《串联和并联》仿真软件虚拟连接电路并画出电路图，如图 8-1 所示。用一个电池组、两个灯泡 $L1$ 和 $L2$、一个开关和几根导线组成一个电路。要求闭合开关时，两灯都亮，开关断开时，两灯都熄灭，想想看，有几种连接方法，画出电路图。经典实验主要提供与教材同步的常规实验，学习者在开始实验之前了解实验目的和实验器材，点击“开始”正式进入经典实验环境，经典实验环境提供给学习者常用的工具箱、实验步骤、实验器材及电路图模型，学习者根据电路图模型和实验步骤提示用导线连接电路中的各个实验器材，并观察实验结果，根据实验结果总结实验结论，并点击“结论”对比反思自身实验操作过程与实验现象。学习者如果对实验操作不满意可以重置实验，学习者也可以与其他学习小组或同伴分享自己的实验操作结果。

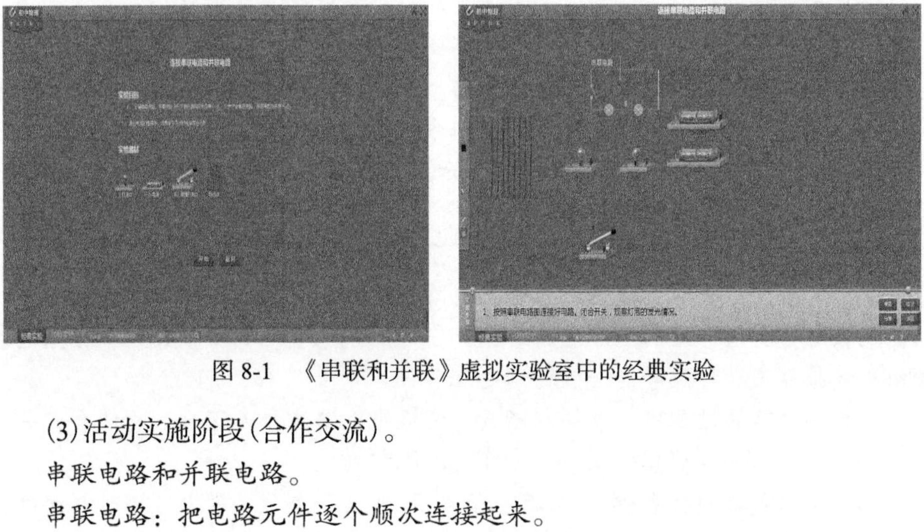

图 8-1　《串联和并联》虚拟实验室中的经典实验

(3)活动实施阶段(合作交流)。

串联电路和并联电路。

串联电路：把电路元件逐个顺次连接起来。

并联电路：把电路元件并列连接起来。

练习 1：请同学们用笔迹代替导线，将 *L*1 和 *L*2 组成串联电路，画出它们的连接图，并画出它的电路图。

讨论串联电路的特点。

实验：请一位同学在磁性黑板上把各元件连成串联电路。

①合上、打开开关 *S*，观察 *L*1 和 *L*2。

②提问：看到什么现象了？——两灯同时亮，同时熄灭。

③调换开关 *S* 的位置对串联电路有无影响？可能有学习者说："开关必须接在电源正极和灯之间才起作用，若将开关放在灯和负极之间，即使开关打开，灯也能亮，因为电流已经流到灯泡那里了。"这种说法对吗？为什么？让学习者实验操作证明一下？

想一想，你日常生活中见到哪些电路属于串联电路？教室里的灯能用串联的方法吗？

讨论并联电路。

练习 2：请一位同学再用新的笔迹代替导线，将 *L*1 和 *L*2 组成并联电路，开关 *S* 同时控制两盏灯，画出它的实际连接图(可将几位同学所画的连接图，在投影仪上进行评析)。

练习 3：找出几个存在短路、部分短路、导线交叉等错误的电路连接图，指出电路连接图中的错误和不足。

实验：请一位同学利用模拟电路软件连接课本上的并联电路，其他同学利用手边器材连接，并完成下列探究。

①闭合、断开开关，观察开关 *S* 控制几盏灯？

②灭一盏灯，观察另一盏灯的发光情况；分析电流有几条路径。

③利用计算机模拟电路，在并联电路图上标出电流方向，找到分、合点。在并联电路中，电流没有分支的地方叫干路，分开以后的路径叫支路。观察实验中的开关 *S* 是在干路上还是在支路上？若想方便地控制使用每一盏灯，应该怎么办(做课本上在干路和支路上都有开关的演示)？

提示：连接电路的步骤。

观察认识仪器、仪表，阅读说明书，了解使用方法。

画好电路图，确认无误后，再根据电路图连接电路。

连接电路要按一定的顺序进行。例如，可以先从电池的正极开始，按照电路图依次连接开关、灯泡等，一直连到电池负极。

在连接电路的过程中，开关应断开。经检查电路连接无误后。再闭合开关。

(4)总结反思阶段(总结反思：创作与反思情境)。

总结串联电路的特点：电流只有一条路径(通过一个元件的电流同时也通过另

一个)；电路中只需要一个开关，开关控制所有用电器，开关的位置对控制作用没有影响。

并联电路的特点：

①电流有两条(或多条)路径；

②各元件可以独立工作；

③干路的开关控制整个干路，支路的开关只控制本支路。

试分析教室里的灯是怎样连接的？学习者基于 Moodle 学习平台讨论回答并说明理由。

(5)活动应用阶段(应用迁移：虚拟实验室)。

学习者利用初中物理 NOBOOK 虚拟实验室提供的《串并联电路》DIY 实验室情境开展自主探究实验，如图 8-2 所示。在 DIY 实验阶段，让学习小组协作设计并完成自己的串并联电路，小组之间相互观摩展示自主研究实验结果，师生最后评价反思学习结果。在 DIY 实验中学习者自由选择实验器材，根据自身对《串联和并联》知识的理解设计并连接不同风格和特点的电路，并可以及时与同伴分享自己的实验成果。电路连接有电灯 *L*1 和 *L*2，开关 *S*1 和 *S*2。已知当开关 *S*1 和 *S*2 都断开时，*L*1 和 *L*2 都不亮；当开关 *S*1 闭合，*S*2 断开时，*L*1 亮 *L*2 不亮；当开关 *S*2 闭合，*S*1 断开时，*L*1 和 *L*2 都不亮；当开关 *S*1 和 *S*2 都闭合时，*L*1 亮 *L*2 不亮。试根据上面的情况，画出该电路的电路图。

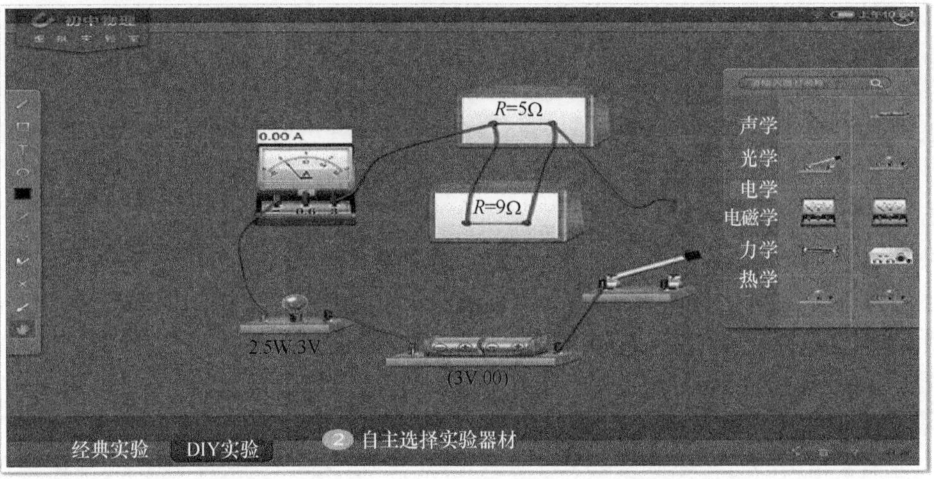

图 8-2　《串联和并联》虚拟实验室中的 DIY 实验

8.2.4　研究实施与数据收集

1) 实施方案

本研究采用准实验研究方法进行实验，所有参与该实验的学习者在实验研究之前没有学习过《串联和并联》。针对八年级物理《串联和并联》章节知识的学习，通过虚拟仿真软件创设探究活动学习情境让学习者知道串联电路和并联电路连接的特点，会动手连接串联电路和并联电路，会画简单的串联、并联电路图。该实验为电学部分的第一次探究，为以后探究串并联电路中的电流规律奠定了基础。通过 Moodle 学习平台讨论交流，学会区分串并联电路。学习者通过虚拟仿真软件动手实验和实际操作，记录数据并分析数据，最后画出电路图并归纳串并联电路的特点。在正式学习《串联和并联》之前，教师对参与被试的所有学习者进行课前实验测试与科学学习动机问卷测试，课前测试题由两位授课教师根据学习内容编制，在《串联和并联》学习之后，教师对所有参与被试的学习者进行课后实验学习测试和科学学习动机问卷测试，课后实验测试题的难度和数量与课前实验测试题相同，同样也由授课教师根据《初中物理实验操作考试评分标准》进行编制，针对《串联和并联》实验目的和实验步骤测试学习者对基本概念、科学探究能力、操作技能的掌握程度，要求学习者在 20 分钟内完成。控制班和实验班在学习实施过程中，其学习方法、教材、教师、学习任务和时间等影响因素尽可能保持一致，在最大程度上减少这些因素的差异对学习效果的影响。在课堂实验学习阶段，每个教师根据研究内容和学习目标进行授课，整体学习时间保持在 70 分钟之内，整体实验学习主要分为常规经典实验和 DIY 实验(自主探究实验)两个阶段，各自为 35 分钟，每个阶段的实验前后都有相关的测试项目考察学习者的实验学习效果。

教师甲针对《串联和并联》物理知识指导控制班 O_A 在实验室进行传统探究活动学习，教师乙在实验班 O_{B1} 通过多媒体网络教室进行信息化学习情境支持下的物理探究活动学习，学习者通过操作仿真实验软件进行常规经典实验和 DIY 实验；教师丙在实验班 O_{B2} 通过多媒体网络教室进行信息化学习情境支持下的物理探究活动与传统物理探究活动学习相混合的学习模式，采取先传统探究活动进行常规经典实验学习后虚拟仿真 DIY 实验的学习模式；教师丁在实验班 O_{B3} 也通过多媒体网络教室进行信息化学习情境支持下的物理探究活动与传统物理探究活动学习相混合的学习模式，与教师丙不同的是，采取先虚拟仿真常规物理经典实验后传统探究活动室环境下的 DIY 实验学习的学习模式，具体研究实验设计如图 8-3 所示。

需要指出的是，在信息化学习情境支持的科学探究活动里，虚拟实验室具有高度的真实性，与传统的实验室环境的特征和互动体验具有一致性。学习者在两种类型的学习情境中可以使用同样的实验器材和实验程序。传统的实验室学习情境主要是教师先明确实验目的并介绍实验器材，然后演示实验步骤并提示实验操作注意事项，最后布置实验任务，让学习者记录数据并完成实验报告。虚拟实验室学习情境可以提供给学习者实验演示视频供其观看实验操作步骤，在实验中给

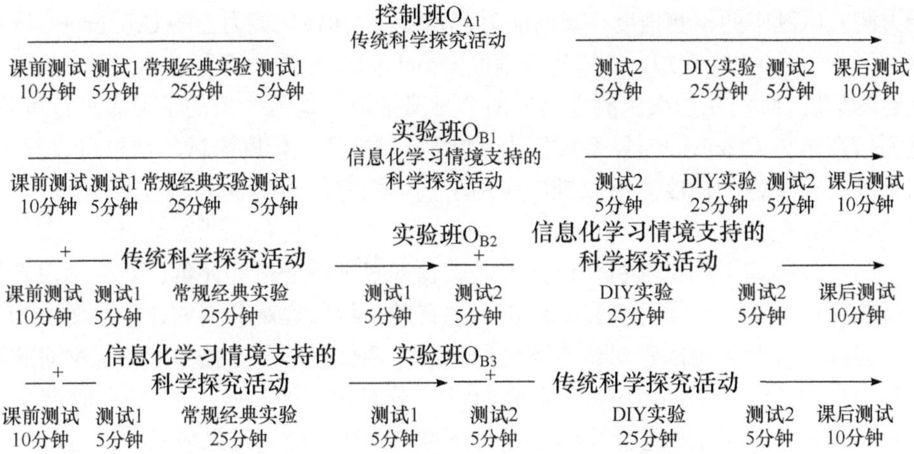

图 8-3　信息化学习情境支持下的科学探究活动学习研究实验设计

予实验步骤提示帮助，学习者可以任意选择和使用虚拟学习工具和实验器材库设计和验证自己的电路，在实验中可以记录电压、电流等相关数据，也可以对自己的实验结果进行保存或删除。在两种学习情境的实验学习过程中教师鼓励并支持学习者就实验任务和相关问题进行小组协作和讨论。另外，传统实验室中的科学探究活动学习会比虚拟实验室的科学探究学习花费较少的学习时间，为了平衡控制班和实验室的学习时间，控制班的教师可以根据实验任务和相关问题组织学习者分组讨论，小组之间进行协作解决问题、分析数据并完成任务，最后形成并提交实验报告。实验组可以在线讨论并分析数据，提交实验结果和实验报告。总之，实验中让控制班和实验班在学习控制条件和学习时间上尽可能对等，使其总体学习者接受相同的学习情境刺激，以确保该实验的信度和效度保持在较高的水平上。

2）科学探究能力测试题的项目分析

项目分析的目的在于剔除量表中区分度不大、效度不高的项目，本研究采用 Pearson 相关分析法来检验施测项目分数与总分数之间的关系。检验结果显示，该科学探究能力测试题项目与总测验的显著性水平值均大于 0.01，这表明该测试项目与总测验的显著性水平呈正相关，该测试题的区分度较大、效度较高，这说明所有测试项目符合科学探究能力的选题标准，应予以保留。

3）科学探究能力测试题的信度分析

本研究采用内部一致性 Cronbach's α 系数来测量科学探究能力测试题的信度。Cronbach's α 系数的取值范围在 0～1 之间，一般来说，Cronbach 系数越高说明量表信度越高，Cronbach's α 系数如果低于 0.6，则说明该量表信度较低不能使用。本试题在正式施测之前选取实验学校未参与实验的九年级的两个班级学习者参与测验。预测共有 65 名学习者，有效测验 61 份。经过统计分析，该科学探究能力测验试题中的预测信度在观察能力、分析能力和转化能力上的 Cronbach's α 值分别为 0.81、0.84、0.79，整体问卷信度 Cronbach's α 系数值为 0.83。为了确保该试题的信度,我们在初次施测之后的两个月又抽取了这两个班的学习者进行重测,重测信度结果 Cronbach's α 系数值为 0.78,通过这两次信度测试的结果可以看出,该试题具有良好的信度，可以推广应用于科学探究能力测量。

4)评分者信度分析

两位教师基于测试项目评价标准对试题答案进行分析和评价，并为学习者提供试题评价标准以供学习者自我评价，也有助于教师客观公正的评价试题。为了尽可能减少教师人为因素对试卷评价的影响，两位教师严格按照评分标准对施测项目进行评分，评分者的信度主要通过评分者的一致性来反映。本研究采用 Pearson 相关分析法来检验教师之间评分的一致性，分析结果显示，两位教师的 Pearson 相关系数分别为 0.872、0.884(**p >0.01)，这表明这两位老师之间的评分显著性水平呈正相关，说明他们的评分结果一致性程度较高。

5)测试题的效度分析

为了确保该科学探究能力测试题的内容效度，在测试题编写之前我们对相关文献进行充分分析与总结,参与实验的两位科学教师与研究者(科学教育学专业的专家及研究生)围绕该节课的核心科学问题编写试题项目,各个测试项目编写完成之后又进行了初试、评定和修改，最后才形成一整套的测试题。该过程可有效保证测试题具有较高的内容效度。另外，本研究采用 Pearson 相关分析法来检验前、后测验的效标关联效度。分析结果显示，前测、后测与 PISA2015 样本科学测试的相关系数分别为 0.847、0.869(**p>0.01)，这表明该科学探究能力前测和后测与已有测验之间的显著性水平呈正相关，它们之间具有中等相关程度，这就说明前测与后测具有较好的效标关联效度。

8.3 研究结果

8.3.1 两种科学探究活动学习对学习者学习成绩的影响分析

为了比较信息化学习情境支持下的科学探究活动学习和传统的科学课堂探究活动学习之间的差别，本研究采用单因素方差分析(one-way ANOVA)对控制班和实验班的前测与后测数据进行分析，学习模式为自变量，前测成绩得分为各个变量的协方差，后测成绩得分为因变量。表 8-2 列出了实验班和控制班的前测与后测成绩得分统计分析。通过回归分析其均值检验结果显示自变量学习模式之间的互动关系(F(4, 132)=3.142*，p=0.375>0.05)，回归系数证实了自变量学习模式之间是同质的假设。

表 8-2　实验班和控制班的后测成绩均值和标准差

班级	人数(n)	均值(M)	标准差(SD)
控制班 O_{A1} 前测	32	35.817	11.645
控制班 O_{A1} 后测	32	72.373	14.172
实验班 O_{B1} 前测	34	34.025	10.482
实验班 O_{B1} 后测	34	74.951	13.848
实验班 O_{B2} 前测	31	35.912	12.081
实验班 O_{B2} 后测	31	76.928	16.895
实验班 O_{B3} 前测	35	35.067	15.228
实验班 O_{B3} 后测	35	75.396	14.691

表 8-3 列出前测成绩的单因素方差分析结果，结果显示实验班和控制班之间的前测成绩之间没有明显差异($F(2, 132)=0.065$*，$p=0.337>0.05$)。但实验班和控制班之间的后测成绩之间有明显差异，后测成绩中实验班的测试成绩要明显高于控制班($F(2, 132)=6.719$*，$p=0.000<0.05$)；实验班与控制班后测成绩之间的效应值$\eta^2=0.227>0.138$，依据 Cohen[9]定义低、中、高的效应值分别为 0.010、0.059、0.138，这说明信息化学习情境支持下的科学探究活动学习对实验班的学习成绩有高度影响效应，这与单因素方差分析结果一致。这表明后测成绩随着学习者科学探究活动的深入发生着变化，实验班(O_{B1}、O_{B2} 和 O_{B3})和控制班(O_{A1})各自平均值分别是 74.951，76.928，75.396 和 72.373，其中，实验班 O_{B2} 的后测平均成绩最高，实验班 O_{B3} 的后测平均成绩位居其次。单因素方差分析结果显示，通过协方差分析消除前测成绩对后测成绩的影响之后，控制班和实验班的后测成绩明显受不同学习模式的影响，信息化学习情境支持下的科学探究活动学习对学习者的学习成绩提升方面比传统课堂的科学探究活动学习要好。

表 8-3　控制班和实验班后测成绩单因素方差分析结果

变量来源	离均差平方和(SS)	自由度(df)	均方(MS)	方差齐性检验值(F)	概率值(p)	效应值(η^2)
前测成绩	2894.6	4	2894.6	0.065*	0.337	0.028
后测班级	8065.2	2	2796.5	6.719*	0.000	0.227
差异	6529.4	132	298.1			

注：*$p<0.05$

8.3.2　不同学习模式对学习者科学探究能力的影响分析

本研究在进行科学探究活动学习处理前，先对控制班和实验班的学习者进行科学探究能力前测，在探究活动学习之后，再进行科学探究能力后测。然后将参与不同学习模式学习者的科学探究能力测验的前测与后测成绩通过 SPSS19.0 软件进行统计处理，发现控制班和实验班的学习者在科学探究能力测验前后的表现平均数如表 8-4 所示。从表 8-4 中可以看出，学习者在不同的学习模式中科学探究能力测验表现的后测成绩平均数均比前测成绩平均数要高。对在科学探究活动中不同学习模式班级学习者在科学探究能力后测成绩的比较分析来看，采用先传统物理探究活动后信息化学习情境支持下的科学探究活动学习模式的实验班 O_{B2} 的学习者科学探究能力后测平均值为 29.33，而采用先信息化学习情境支持下的科学探究活动后传统科学探究活动学习模式的实验班 O_{B3} 的学习者科学探究能力后测平均值为 27.41，平均成绩仅次于实验班 O_{B2}；但采用传统科学探究活动的控制班 O_{A1} 的后测平均值（M=25.17）比信息化学习情境支持下的科学探究活动学习的实验班（M=24.79）要高。

表 8-4　学习者在不同学习模式中科学探究能力前测与后测成绩分析

班级（人数）	科学探究测验	最小值（Min）	最大值（Max）	标准差（SD）	均值（M）
控制班 O_{A1}（32）	前测	10	32	3.98	17.12
	后测	16	36	3.72	25.17
实验班 O_{B1}（34）	前测	8	32	3.69	17.52
	后测	12	38	3.92	24.79
实验班 O_{B2}（31）	前测	8	32	3.75	17.36
	后测	14	39	4.01	29.33
实验班 O_{B3}（35）	前测	12	30	3.63	17.68
	后测	16	38	3.91	27.41

由于本研究以随机抽样的方式把参与被试的学习者随机分派到不同的学习班级，因此需要使用统计控制的方式，即用共变数分析法来解决不同群体在前测中表现出来的差异性问题，这种差异会对实验结果的内部效度造成一定程度的影响。因此把科学探究能力前测成绩作为共变量，科学探究能力后测成绩作为因变量进行共变数分析，排除不同群体在前测成绩中表现出来的差异对实验结果造成的影响，只有这样才能确保实验数据处理对实验结果的真正影响。

为了进一步分析学习者在经历不同学习模式后科学探究能力表现上的差异，本研究把科学探究能力前测成绩作为共变量，学习班级作为自变量，科学探究能力后测成绩作为因变量进行单因素共变数分析（one-way ANCONA）。首先对测试成绩进行班级内部回归系数同质性检验，如表 8-5 所示，不同班级的学习者在科学探究能力测验的前测回归系数同质性检验结果为($F(4, 132)=0.351^*$，$p=0.582>0.05$)，这表明班级之间的差异未达到显著水平，这就接受了之前的假设，也就说明共变量(科学探究能力测验前测)和因变量(科学探究能力测验后测)不会因各自变量处理水平的差异而产生不同的影响，说明班级内部回归系数为同质性。进一步对误差共变量进行同质性检验，经过 Levene 测定，$F(4, 132)=2.116^*$，$p=0.927>0.05$，表明差异未达到统计学意义上的显著性水平，因此可以进行共变数分析。

表 8-5　不同班级学习者在科学探究能力测验的回归系数同质性分析

共变数来源	离均差平方和(SS)	自由度(df)	均方(MS)	方差齐性检验值(F)	概率值(p)	效应值(η^2)
班级前测	10.63	4	5.79	0.351*	0.582	0.037
误差	698.41	118	5.74			
合计	18657.00	132				

注：*p<0.05

在科学探究活动中，不同学习模式的班级学习者在科学探究能力后测的单因素共变数分析结果如表 8-6 所示，结果显示班级之间效果检测值达到显著性水平($F(4, 132)=5.726^*$，$p=0.012<0.05$)，其效应值为 0.375>0.138，依据 Cohen 定义共变数分析低、中、高的效应值分别为 0.010、0.059、0.138，由此可以判断在信息化学习情境支持下的科学探究活动学习中不同学习模式对学习者的学习成绩有高度影响效应，这与单因素共变数分析结果一致。这说明四个班级学习者的科学探究能力测验成绩平均数差异达到显著性水平，不同学习模式的班级在排除科学探究能力前测成绩因素造成的影响后，各个班级学习者的科学探究能力表现有差异，并且实验效果差异很明显。

表 8-6　不同班级学习者在科学探究能力测验的共变数分析

共变数来源	离均差平方和(SS)	自由度(df)	均方(MS)	方差齐性检验值(F)	概率值(p)	效应值(η^2)
班级之间	61.82	4	36.52	5.726*	0.012	0.375
误差	549.36	128				
合计	802.91	132				

注：*p<0.05

8.3.3　不同学习模式对学习者科学探究能力因素的影响分析

为了深入了解不同学习模式对学习者科学探究能力各个因素影响的差异，我们将实验班与控制班学习者的科学探究能力测验前测、后测成绩进行分类统计，四个班的科学探究能力各个因素测验前测与后测成绩平均数如表 8-7 所示。从表 8-7 可以看出，学习者在经历物理实践活动各个学习模式后，其科学探究能力各个因素平均成绩明显比前测成绩高。

表 8-7 学习者在不同情境学习模式中科学探究能力各个因素前测与后测分析

因变量	班级测验	均值(M)	标准差(SD)
观察能力	控制班 O_{A1} 前测(32)	3.21	1.21
	控制班 O_{A1} 后测(32)	4.72	1.35
	实验班 O_{B1} 前测(34)	3.19	1.09
	实验班 O_{B1} 后测(34)	4.59	1.42
	实验班 O_{B2} 前测(31)	3.17	1.18
	实验班 O_{B2} 后测(31)	4.92	1.26
	实验班 O_{B3} 前测(35)	3.14	1.06
	实验班 O_{B3} 后测(35)	4.85	1.29
分析能力	控制班 O_{A1} 前测(32)	1.95	1.18
	控制班 O_{A1} 后测(32)	2.98	1.21
	实验班 O_{B1} 前测(34)	1.87	1.03
	实验班 O_{B1} 后测(34)	2.94	1.43
	实验班 O_{B2} 前测(31)	2.03	1.22
	实验班 O_{B2} 后测(31)	3.17	1.36
	实验班 O_{B3} 前测(35)	1.94	1.15
	实验班 O_{B3} 后测(35)	3.06	1.27
转化能力	控制班 O_{A1} 前测(32)	2.86	1.09
	控制班 O_{A1} 后测(32)	3.95	1.28
	实验班 O_{B1} 前测(34)	2.82	1.14
	实验班 O_{B1} 后测(34)	3.94	1.33
	实验班 O_{B2} 前测(31)	2.97	1.25
	实验班 O_{B2} 后测(31)	4.38	1.41
	实验班 O_{B3} 前测(35)	2.91	1.15
	实验班 O_{B3} 后测(35)	4.18	1.26

基于以上分析结果，本研究进一步探究不同班级学习者在经历物理探究活动

的不同学习模式后，学习科学探究能力各个因素测验的差异，我们对收集的后测成绩数据样本做盒状分析，目的在于清晰认识各个班级学习者测验成绩分布状况，解释班级之间科学探究能力后测成绩分布的差异，也可以用来判断测试数据中是否有偏离值影响分析效果。图 8-4 为学习者在物理探究活动情境不同学习模式中科学探究能力后测盒状分布图，从图 8-4 中可以看出控制班 O_{A1} 和实验班 O_{B1} 没有测试数据偏离样本数据，而在实验班 O_{B2} 有两个数据偏离样本，实验班 O_{B3} 有一个数据偏离样本。为了在统计分析中排除对共变量效果的干扰，我们剔除这些偏离样本的数据，增加实验的内在效度。运用共变数分析法来解决不同群体在前测中体现出来的差异对实验结果造成的影响。因此，本研究把科学探究能力各个因素前测分数作为共变数，科学探究能力各个因素后测分数作为因变量进行共变数分析，目的在于排除不同群体在前测中体现出来的差异对实验结果的影响，最终确定实验干预对实验结果造成的影响。

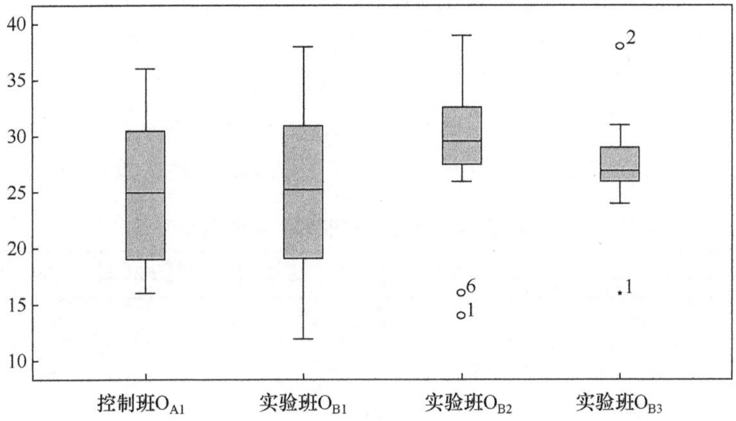

图 8-4　学习者在不同情境学习模式中科学探究能力后测盒状分布图

1) 不同班级学习者在观察能力体现出来的差异分析

本研究对科学探究能力中的观察能力因素后测成绩进行单因素共变数分析(one-way ANCONA)，首先对其进行组内回归系数同质性检验，检验结果如表 8-8 所示，不同班级学习者在观察能力测试中的回归系数同质性检验值为 $F(4, 128)=0.36^*$，$p=0.819>0.05$，这表明共变数和因变量之间差异未达到显著性水平，也就是说科学探究能力前测中的观察能力因素和科学探究能力后测中的观察能力因素之间不会因自变量处理标准不同而出现明显差异，这符合组内回归系数同质性基本假设，因此可以进行共变数分析。基于此，我们对误差共变量进行同质性检验，观察能力 Levene 检测值为 $F(4, 128)=0.21^*$，$p=0.931>0.05$，这表明误差共变数和因变量之间的差异未达到显著性水平，因此可以对其进行共变数分析。

表 8-8　不同班级学习者在科学探究能力中观察能力回归系数同质性分析

因变量	共变数来源	离均差平方和(SS)	自由度(df)	均方(MS)	方差齐性检验值(F)	概率值(p)	效应值(η^2)
观察能力	班级前测	0.82	4	0.49	0.36*	0.819	0.024
	误差	153.61	128	1.57			
	总计	174.96	132				

注：$^*p<0.05$

学习者在物理探究活动的不同学习模式中表现出的观察能力后测成绩共变数分析如表 8-9 所示。通过表 8-9 可以看出，班级之间的观察能力结果检验值达到显著性水平($F(4, 128)=6.32$，$p=0.021<0.05$)，效应值为 0.086>0.059，依据 Cohen 定义共变数分析低、中、高的效应值分别为 0.010、0.059、0.138，由此可以判断在信息化学习情境支持下的科学探究活动学习中不同学习模式对学习者的观察能力有中度偏大影响效应，这与单因素共变数分析结果一致。这说明四个班级学习者在经历物理探究活动不同学习模式后，其观察能力测验成绩平均数差异达到显著性水平，不同学习模式的班级在排除观察能力前测成绩因素造成的影响后，各个班级学习者的观察能力表现有差异，并且实验效果差异比较明显。

表 8-9　不同班级学习者在观察能力后测成绩共变数分析

共变数来源	离均差平方和(SS)	自由度(df)	均方(MS)	方差齐性检验值(F)	概率值(p)	效应值(η^2)
班级之间	12.59	4	5.73	6.32*	0.021	0.086
误差	125.46	128				
合计	174.96	132				

注：$^*p<0.05$

2)不同班级学习者在分析能力体现出来的差异分析

本研究对科学探究能力中的分析能力因素后测成绩进行单因素共变数分析(one-way ANCONA)，首先对其进行组内回归系数同质性检验，检验结果如表 8-10 所示，不同班级学习者在分析能力测试中的回归系数同质性检验值为 $F(4, 128)=0.92^*$，$p=0.447>0.05$，这表明共变数和因变量之间差异未达到显著性水平，也就是说科学探究能力前测中的分析能力因素和科学探究能力后测中的分析能力因素之间不会因自变量处理标准不同而出现明显差异，这符合组内回归系数同质性基本假设，因此可以进行共变数分析。基于此，我们对误差共变量进行同质性检验，分析能力 Levene 检测值为 $F(4, 128)=1.182^*$，$p=0.371>0.05$，这表明误差共变数和因变量之间的差异未达到显著性水平，可以对其进行共变数分析。

表 8-10　不同班级学习者在科学探究能力中分析能力回归系数同质性分析

因变量	共变数来源	离均差平方和(SS)	自由度(df)	均方(MS)	方差齐性检验值(*F*)	概率值(*p*)	效应值(η^2)
分析能力	班级前测	3.18	4	1.39	0.92*	0.447	0.031
	误差	112.43	128	1.39			
	总计	115.76	132				

注：*$p<0.05$

学习者在科学探究活动的不同学习模式中表现出的分析能力后测成绩共变数分析如表 8-11 所示。由表 8-11 可以看出，四个班级之间的分析能力结果检验值没有达到显著性水平($F(4, 128)=0.83$*，$p=0.497>0.05$)，这说明四个班级学习者在经历物理探究活动不同学习模式后，其分析能力测验成绩平均数差异没有达到显著性水平，不同学习模式的班级在排除分析能力前测成绩因素造成的影响后，各个班级学习者的分析能力表现上没有差异，并且实验效果在分析能力差异上表现不明显。

表 8-11　不同班级学习者在分析能力后测成绩共变数分析

共变数来源	离均差平方和(SS)	自由度(df)	均方(MS)	方差齐性检验值(*F*)	概率值(*p*)	效应值(η^2)
班级之间	2.26	4	1.09	0.83*	0.497	0.027
误差	106.76	128	1.39			
合计	115.76	132				

注：*$p<0.05$

3) 不同班级学习者在转化能力体现出来的差异分析

本研究对科学探究能力中的转化能力因素后测成绩进行单因素共变数分析(one-way ANCONA)，首先对其进行组内回归系数同质性检验，检验结果如表 8-12 所示，不同班级学习者在转化能力测试中的回归系数同质性检验值为 $F(4, 128)=0.87$*，$p=0.514>0.05$，这表明共变数和因变量之间差异未达到显著性水平，也就是说科学探究能力前测中的转化能力因素和科学探究能力后测中的转化能力因素之间不会因自变量处理标准不同而出现明显差异，这符合组内回归系数同质性基本假设，因此可以进行共变数分析。基于此，我们对误差共变量进行同质性检验，转化能力 Levene 检测值为 $F(4, 128)=0.36$*，$p=0.941>0.05$，这表明误差共变数和因变量之间的差异未达到显著性水平，可以对其进行共变数分析。

表 8-12　不同班级学习者在科学探究能力中转化能力回归系数同质性分析

因变量	共变数来源	离均差平方和(SS)	自由度(df)	均方(MS)	方差齐性检验值(F)	概率值(p)	效应值(η^2)
转化能力	班级前测	2.89	4	1.14	0.87*	0.514	0.025
	误差	144.73	128	1.42			
	总计	192.51	132				

注：$^*p<0.05$

学习者在物理探究活动的不同学习模式中表现出的转化能力后测成绩共变数分析如表 8-13 所示。由表 8-13 可以看出，四个班级之间的转化能力结果检验值达到显著性水平($F(4, 128)=4.726^*$，$p=0.028<0.05$)，其效应值为 0.078>0.059，依据 Cohen[9]定义共变数分析低、中、高的效应值分别为 0.010、0.059、0.138，由此可以判断在信息化学习情境支持下的科学探究活动学习中不同学习模式对学习者的转化能力有中度偏大影响效应，这与单因素共变数分析结果一致。这说明四个班级学习者在经历物理探究活动不同学习模式后，其转化能力测验成绩平均数差异达到显著性水平，不同学习模式的班级在排除转化能力前测成绩因素造成的影响后，各个班级学习者的转化能力表现出较大差异，并且实验效果在转化能力差异上表现较为明显。

表 8-13　不同班级学习者在观察能力后测成绩共变数分析

共变数来源	离均差平方和(SS)	自由度(df)	均方(MS)	方差齐性检验值(F)	概率值(p)	效应值(η^2)
班级之间	9.52	4	3.63	4.726*	0.028	0.078
误差	146.83	128	1.42			
合计	192.51	132				

注：$^*p<0.05$

8.3.4　学习者的科学探究活动学习动机分析

基于信息化学习情境支持下的科学探究活动学习研究设计及科学学习动机问卷前测与后测数据，本研究采用 SPSS19.0 进行统计分析，探讨实验班和控制班的学习者在为期一年内信息化学习情境支持下的科学探究活动学习后，其科学学习动机对科学探究活动学习的影响。为了了解学习者在一年的时间内参与信息化学习情境支持下的科学探究活动学习前后学习动机的差异，本研究利用 T 值检验来比较控制班 O_{A1}、实验班 O_{B1}、实验班 O_{B2}，以及实验班 O_{B3} 学习者情境学习前后的科学学习动机，如表 8-14 所示。

表 8-14　学习者的科学学习动机前测与后测 *T* 值检验分析

班级测试	人数(*n*)	最小值(Min)	最大值(Max)	均值(*M*)	标准差(SD)	显著性检验值(*t*)	概率值(*p*)	效应值(*d*)
实验班前测	100	1.46	3.94	2.70	0.77	–0.749	0.654	0.062
控制班 O_{A1} 前测	32	1.45	3.92	2.72	0.92			
实验班 O_{B1} 后测	34	3.36	4.62	4.45	0.72	1.186***	0.000	0.546
控制班 O_{A1} 后测	32	3.18	4.53	4.03	0.82			
实验班 O_{B2} 后测	31	3.48	4.96	4.66	0.84	3.811***	0.000	0.981
控制班 O_{A1} 后测	32	3.18	4.53	4.03	1.35			
实验班 O_{B3} 后测	35	3.42	4.87	4.58	1.16	3.147***	0.000	0.778
控制班 O_{A1} 后测	32	3.18	4.53	4.03	0.79			

注：***p<0.001

通过表 8-14 可以看出，控制班和实验班的学习者在科学探究活动学习情境前后，其科学学习动机后测最小值，最大值及均值均高于前测值。*T* 值检验结果显示，实验班的科学学习动机均值前测结果(2.70)与控制班 O_{A1}(2.72)相近，并在统计学意义上无显著性差异(t=–0.749，p=0.654)。实验班 O_{B1} 的科学学习动机后测结果(4.45)高于控制班 O_{A1}(4.03)，并在统计学意义上有显著性差异(t=1.186***，p= 0.000<0.001)，学习者的科学学动机效应值 d=0.546>0.500，依据 Cohen 定义低、中、高的效应值分别为 0.20、0.50、0.80，这表明信息化学习情境支持下的科学探究活动学习对实验班 O_{B1} 学习者的科学学习动机后测有中度影响效应。实验班 O_{B2} 的科学学习动机后测结果(4.66)明显高于控制班 O_{A1}(4.03)，并在统计学意义上有显著性差异(t=3.811***，p=0.000<0.001)，学习者的科学学动机效应值 d=0.981>0.800，这表明采用先传统物理探究活动后信息化学习情境支持下的科学探究活动情境学习模式对实验班 O_{B2} 学习者的科学学习动机后测有高度影响效应。实验班 O_{B3} 的科学学习动机后测结果(4.58)明显高于控制班 O_{A1}(4.03)，并在统计学意义上有显著性差异(t=3.147***，p=0.000<0.001)，学习者的科学学动机效应值 d=0.778> 0.500，这表明采用先信息化学习情境支持下的科学探究活动后传统物理探究活动情境学习模式对实验班 O_{B3} 学习者的科学学习动机后测有中度偏大影响效应。

为了进一步分析学习者在信息化学习情境支持下的科学探究活动学习中科学学习动机各个构成要素，我们对科学学习动机各个构成要素前测与后测结果进行 *T* 值检验分析，检验结果如表 8-15 所示。通过比较表 8-15 中控制班与实验班学习者的科学学习动机构成要素前后测的平均数可以看出，科学学习动机中的自我效能、科学学习价值、非表现目标、成就目标以及学习情境诱因项目得分后测高于前测。

表 8-15　学习者的科学学习动机构成要素前测与后测 *T* 值检验分析

科学学习动机构成要素	班级测试	人数(n)	均值(M)	标准差(SD)	显著性检验值(t)	概率值(p)	效应值(d)
自我效能	实验班前测	100	2.75	0.83	−0.797	0.681	0.082
	控制班 O_{A1} 前测	32	2.77	0.74			
	实验班 O_{B1} 后测	34	4.45	0.68	1.854***	0.000	0.607
	控制班 O_{A1} 后测	32	4.18	0.80			
	实验班 O_{B2} 后测	31	4.83	0.96	3.682***	0.000	0.914
	控制班 O_{A1} 后测	32	4.18	0.87			
	实验班 O_{B3} 后测	35	4.66	0.57	2.547***	0.000	0.843
	控制班 O_{A1} 后测	32	4.18	0.65			
主动学习策略	实验班前测	100	2.85	0.69	−0.571	0.464	0.065
	控制班 O_{A1} 前测	32	2.83	0.77			
	实验班 O_{B1} 后测	34	3.94	0.82	−0.286	0.188	0.079
	控制班 O_{A1} 后测	32	3.97	0.75			
	实验班 O_{B2} 后测	31	4.32	0.76	1.332*	0.000	0.557
	控制班 O_{A1} 后测	32	3.97	0.75			
	实验班 O_{B3} 后测	35	4.01	0.59	−0.317	0.229	0.076
	控制班 O_{A1} 后测	32	3.97	0.75			
科学学习价值	实验班前测	100	2.75	0.95	−0.292	0.626	0.055
	控制班 O_{A1} 前测	32	2.77	0.81			
	实验班 O_{B1} 后测	34	4.52	0.94	3.228**	0.000	0.591
	控制班 O_{A1} 后测	32	4.17	0.78			
	实验班 O_{B2} 后测	31	4.85	0.97	4.096**	0.000	0.874
	控制班 O_{A1} 后测	32	4.17	0.78			
	实验班 O_{B3} 后测	35	4.72	0.86	3.361**	0.000	0.753
	控制班 O_{A1} 后测	32	4.17	0.78			
非表现目标	实验班前测	100	2.94	1.16	−0.561	0.393	0.035
	控制班 O_{A1} 前测	32	2.91	0.78			
	实验班 O_{B1} 后测	34	4.59	1.03	1.525**	0.000	0.545
	控制班 O_{A1} 后测	32	4.14	0.93			
	实验班 O_{B2} 后测	31	4.77	1.14	2.968**	0.000	0.924
	控制班 O_{A1} 后测	32	4.14	0.93			
	实验班 O_{B3} 后测	35	4.62	0.89	2.346**	0.000	0.878
	控制班 O_{A1} 后测	32	4.14	0.93			

续表

科学学习动机构成要素	班级测试	人数(n)	均值(M)	标准差(SD)	显著性检验值(t)	概率值(p)	效应值(d)
成就目标	实验班前测	100	2.94	0.66	−0.266	0.381	0.071
	控制班 O_{A1} 前测	32	2.95	0.72			
	实验班 O_{B1} 后测	34	4.48	0.89	2.116**	0.000	0.638
	控制班 O_{A1} 后测	32	4.11	0.74			
	实验班 O_{B2} 后测	31	4.69	1.05	4.424**	0.000	0.957
	控制班 O_{A1} 后测	32	4.11	0.74			
	实验班 O_{B3} 后测	35	4.62	0.97	3.952**	0.000	0.891
	控制班 O_{A1} 后测	32	4.11	0.74			
学习情境诱因	实验班前测	100	2.99	0.58	−0.148	0.335	0.043
	控制班 O_{A1} 前测	32	2.97	0.61			
	实验班 O_{B1} 后测	34	4.64	0.94	3.704**	0.000	0.724
	控制班 O_{A1} 后测	32	4.04	0.85			
	实验班 O_{B2} 后测	31	4.79	1.13	4.882**	0.000	0.959
	控制班 O_{A1} 后测	32	4.04	0.85			
	实验班 O_{B3} 后测	35	4.72	1.06	3.986**	0.000	0.876
	控制班 O_{A1} 后测	32	4.04	0.85			

注：*p<0.05；**p<0.01；***p<0.001

通过 T 值检验结果可以看出，实验班学习者的自我效能前测结果(2.75)与控制班 O_{A1}(2.77)相近，并在统计学意义上无显著性差异(t=−0.797，p=0.681)。实验班 O_{B1} 学习者的自我效能后测结果(4.45)明显高于控制班 O_{A1}(4.18)，并在统计学意义上有显著性差异(t=1.854***，p=0.000<0.001)，学习者的自我效能效应值 d=0.607>0.500，依据 Cohen 定义低、中、高的效应值分别为 0.20、0.50、0.80，这表明信息化学习情境支持下的科学探究活动学习对实验班 O_{B1} 学习者的自我效能后测有中度影响效应。实验班 O_{B2} 学习者的自我效能后测结果(4.83)明显高于控制班 O_{A1}(4.18)，并在统计学意义上有显著性差异(t=3.682***，p=0.000<0.001)，学习者的自我效能效应值 d=0.914>0.800，依据 Cohen 定义低、中、高的效应值分别为 0.20、0.50、0.80，这表明采用先传统物理探究活动后信息化学习情境支持下的科学探究活动学习模式对实验班 O_{B2} 学习者的自我效能后测有高度影响效应。实验班 O_{B3} 学习者的自我效能后测结果(4.66)明显高于控制班 O_{A1}(4.18)，并在统计学意义上有显著性差异（t=2.547***，p=0.000<0.001），学习者的自我效能效应值 d=0.843>0.800，这表明先信息化学习情境支持下的科学探究活动后传统物理探究活动情境学习模式对实验班 O_{B3} 学习者的自我效能后测有高度影响效应。

实验班学习者的主动学习策略前测结果（2.85）与控制班 O_{A1}（2.83）相近，并在统计学意义上无显著性差异（t=–0.571，p=0.464）。实验班 O_{B1} 学习者的主动学习策略后测结果（3.94）与控制班 O_{A1}（3.97）相近，并在统计学意义上无显著性差异（t=–0.286，p=0.188）。实验班 O_{B2} 的主动学习策略后测结果（4.32）高于控制班 O_{A1}（3.97），并在统计学意义上无显著性差异（t=1.332*，p=0.000<0.05），学习者的主动学习策略效应值 d=0.557>0.500，依据 Cohen 定义低、中、高的效应值分别为 0.20、0.50、0.80，这表明采用先传统物理探究活动后信息化学习情境支持下的科学探究活动情境学习模式对实验班 O_{B2} 学习者的主动学习策略后测有中度偏小影响效应。实验班 O_{B3} 学习者的主动学习策略后测结果（4.01）与控制班 O_{A1}（3.97）相近，并在统计学意义上无显著性差异（t=–0.317，p=0.229），这表明先信息化学习情境支持下的科学探究活动后传统物理探究活动情境学习模式对实验班 O_{B3} 学习者的主动学习策略后测没有产生明显影响。

实验班学习者的科学学习价值前测结果（2.75）与控制班 O_{A1}（2.77）相近，并在统计学意义上无显著性差异（t=–0.292，p=0.626）。实验班 O_{B1} 学习者的科学学习价值后测结果（4.52）明显高于控制班 O_{A1}（4.17），并在统计学意义上有显著性差异（t=3.228**，p=0.000<0.01），学习者的科学学习价值效应值 d=0.591>0.500，这表明信息化学习情境支持下的物理探究活动学习对实验班 O_{B1} 学习者的科学学习价值后测有中度影响效应。实验班 O_{B2} 学习者的科学学习价值后测结果（4.85）明显高于控制班 O_{A1}（4.17），并在统计学意义上有显著性差异（t=4.096**，p=0.000<0.01），学习者的科学学习价值效应值 d=0.874>0.800，这表明先传统物理探究活动后信息化学习情境支持下的科学探究活动学习模式对实验班 O_{B2} 学习者的科学学习价值后测有高度影响效应。实验班 O_{B3} 学习者的科学学习价值后测结果（4.72）明显高于控制班 O_{A1}（4.17），并在统计学意义上有显著性差异（t=3.361**，p=0.000<0.01），学习者的科学学习价值效应值 d=0.753>0.500，这表明先信息化学习情境支持下的科学探究活动后传统物理探究活动学习模式对实验班 O_{B3} 学习者的科学学习价值后测有中度偏大影响效应。

实验班 O_{B1} 学习者的非表现目标前测结果（2.94）与控制班 O_{A1}（2.91）相近，并在统计学意义上无显著性差异（t=–0.561，p=0.393）。实验班 O_{B1} 学习者的非表现目标后测结果（4.59）明显高于控制班 O_{A1}（4.14），并在统计学意义上有显著性差异（t=1.525**，p=0.000<0.01），学习者的非表现目标效应值 d=0.545>0.500，这表明信息化学习情境支持下的物理探究活动学习对实验班 O_{B1} 学习者的非表现目标后测有中度影响效应。实验班 O_{B2} 学习者的非表现目标后测结果（4.77）明显高于控

制班 O_{A1}(4.14)，并在统计学意义上有显著性差异(t=2.968**，p=0.000<0.01)，学习者的非表现目标效应值 d=0.924>0.800，这表明先传统物理探究活动后信息化学习情境支持下的科学探究活动学习模式对实验班 O_{B2} 学习者的非表现目标后测有高度影响效应。实验班 O_{B3} 学习者的非表现目标后测结果(4.62)明显高于控制班 O_{A1}(4.14)，并在统计学意义上有显著性差异(t=2.346**，p=0.000<0.01)，学习者的非表现目标效应值 d=0.878>0.800，这表明先信息化学习情境支持下的科学探究活动后传统物理探究活动学习模式对实验班 O_{B3} 学习者的非表现目标后测有高度影响效应。

实验班学习者的成就目标前测结果(2.94)与控制班 O_{A1}(2.95)相近，并在统计学意义上无显著性差异(t=–0.266，p=0.381)。实验班 O_{B1} 学习者的成就目标后测结果(4.48)明显高于控制班 O_{A1}(4.11)，并在统计学意义上有显著性差异(t=2.116**，p=0.000<0.01)，学习者的成就目标效应值 d=0.638>0.500，这表明信息化学习情境支持下的物理探究活动学习对实验班 O_{B1} 学习者的成就目标后测有中度影响效应。实验班 O_{B2} 学习者的成就目标后测结果(4.69)明显高于控制班 O_{A1}(4.11)，并在统计学意义上有显著性差异(t=4.424**，p=0.000<0.01)，学习者的成就目标效应值 d=0.957>0.800，这表明先传统物理探究活动后信息化学习情境支持下的科学探究活动学习模式对实验班 O_{B2} 学习者的成就目标后测有高度影响效应。实验班 O_{B3} 学习者的成就目标后测结果(4.62)明显高于控制班 O_{A1}(4.11)，并在统计学意义上有显著性差异(t=3.952**，p=0.000<0.01)，学习者的成就目标效应值 d=0.891> 0.800，这表明先信息化学习情境支持下的科学探究活动后传统物理探究活动学习模式对实验班 O_{B3} 学习者的成就目标后测有高度影响效应。

实验班 O_{B1} 学习者的学习情境诱因前测结果(2.99)与控制班 O_{A1}(2.97)相近，并在统计学意义上无显著性差异(t=–0.148，p=0.335)。实验班 O_{B1} 学习者的学习情境诱因后测结果(4.64)明显高于控制班 O_{A1}(4.04)，并在统计学意义上有显著性差异(t=3.704**，p=0.000<0.01)，学习者的学习情境诱因效应值 d=0.724>0.500，这表明信息化学习情境支持下的物理探究活动学习对实验班 O_{B1} 学习者的学习情境诱因后测有中度偏大影响效应。实验班 O_{B2} 学习者的学习情境诱因后测结果(4.79)明显高于控制班 O_{A1}(4.04)，并在统计学意义上有显著性差异(t=4.882**，p=0.000<0.01)，学习者的学习情境诱因效应值 d=0.959>0.800，这表明先传统物理探究活动后信息化学习情境支持下的科学探究活动学习模式对实验班 O_{B2} 学习者的学习情境诱因后测有高度影响效应。实验班 O_{B3} 学习者的学习情境诱因后测结果(4.72)明显高于控制班 O_{A1}(4.04)，并在统计学意义上有显著性差异(t=3.986**，p=0.000<0.01)，学习者的学习情境诱因效应值 d=0.876>0.800，这表明先信息化学习情境支持下的科学探究活动后传统物理探究活动学习模式对实验班 O_{B3} 学习者的学习情境诱因后测有高度影响效应。

以上分析结果表明，在科学学习动机改变上，除主动学习策略要素外，在信息化学习情境支持下的科学探究活动学习中实验班学习者的科学学习动机各个构成要素提升具有显著效果，特别是实验班 O_{B2} 的学习者在先传统物理探究活动后信息化学习情境支持下的科学探究活动学习模式中具有较高的科学学习动机参与学习。对于主动学习策略要素，信息技术支持的科学探究活动中不同的学习模式会产生不同的影响，实验班 O_{B2} 采用先传统科学探究活动后信息化学习情境支持的科学探究活动学习模式会对学习者的主动学习策略产生积极的影响，而在实验班 O_{B1} 和 O_{B3} 则会对学习者的主动学习策略产生一定程度的负面的影响，这主要因为学习者在虚拟学习情境中如果缺乏及时引导，会容易失去方向，导致在现实实践活动中缺乏主动学习策略。

8.3.5 学习者的科学情境兴趣分析

在信息化学习情境支持的科学探究活动学习中，从实验班 O_{B1}、O_{B2} 和 O_{B3} 的学习者对情境兴趣的表现效果来说，大多数同学拥有正向情绪，本研究在《串联和并联》活动准备、活动设计、活动操作、总结反思和应用阶段五个科学问题学习阶段分别统计三个实验班学习者对各个情境的反映情绪，其结果发现大部分学习者是以兴奋情绪参与，而其他情绪按照出现次数多少依次为好奇、厌烦、失望、无聊和担心。其中，实验班 O_{B1} 出现的正向情绪约占总数的 72%(包括高兴与好奇情绪)，负向情绪共占总数的 28%(包括无聊、担心、厌烦和失望)；实验班 O_{B2} 出现的正向情绪约占总数的 74%，负向情绪共占总数的 26%；实验班 O_{B3} 出现的正向情绪约占总数的 78%，负向情绪共占总数的 22%，具体见表 8-16 所示。由表 8-16 可以看出，实验班的大部分学习者在科学探究活动不同学习模式的各个阶段都能以积极正面的科学情境兴趣参与学习，这与其科学学习动机较高(M>3.00)有密切联系。当学习者表现较高的正向科学情境兴趣时，学习者在科学学习动机上就会表现出较高的自我效能、主动学习策略、科学学习价值、成就目标及学习情境诱因。

表 8-16　三个实验班学习者的科学情境兴趣统计分析

情境兴趣向度	正向兴趣		负向兴趣			
情境兴趣类型	高兴	好奇	厌烦	失望	无聊	担心
实验班 O_{B1} 次数 (n=34)	88	34	15	13	11	9
实验班 O_{B1} 百分比/%	52	20	9	8	6	5
实验班 O_{B1} 合计百分比/%	72		28			

续表

情境兴趣向度	正向兴趣		负向兴趣			
情境兴趣类型	高兴	好奇	厌烦	失望	无聊	担心
实验班 O_{B2} 次数（n=31）	82	33	10	10	14	6
实验班 O_{B2} 百分比/%	53	21	6	6	9	5
实验班 O_{B3} 合计百分比/%	74		26			
实验班 O_{B3} 次数（n=35）	93	43	10	8	13	8
实验班 O_{B3} 百分比/%	53	25	6	4	8	4
实验班 O_{B3} 合计百分比/%	78		22			

为了深入了解三个实验班学习者在信息化学习情境支持下的科学探究活动学习中科学学习动机与其正向兴趣之间的关系，我们将实验班的科学学习动机和正向兴趣的平均数整合在一起进行相关分析，分析结果如表 8-17 所示。由表 8-17 可以看出，科学学习动机中的自我效能（p=0.43>0.05）、成就目标（p=0.28>0.05）与学习情境诱因（p=0.57>0.05）与正向兴趣有统计学意义上的显著关系；而主动学习策略（p=0.02<0.05）、非表现目标（p=–0.15<0.05）与正向兴趣之间没有统计学意义上的显著关系。较高的自我效能可以使学习者自觉控制信息化学习情境，此时学习者的学习压力较低，这样就会使学习者保持良好的兴趣；较高的成就目标可以使学习者在概念学习中完成学习目标后获得学习的满足感；较高的学习情境诱因主要为学习者提供界面友好、导航清晰、交互性强的虚拟仿真学习软件，学习者对软件学习环境表现出极大的好奇与兴趣，这会直接影响其正向兴趣。

表 8-17　实验班的科学学习动机构成要素与正向兴趣之间的相关分析

科学学习动机构成要素	正向兴趣
自我效能	0.43*
主动学习策略	0.02
成就目标	0.28*
非表现目标	–0.15
科学学习价值	0.32
学习情境诱因	0.57

注：*p<0.05

8.3.6　学习者科学学习动机与科学探究活动学习效果的关系分析

为了了解学习者的科学学习动机与信息化学习情境支持下的科学探究活动学

习效果之间的关系，我们将三个实验班的科学学习动机与科学探究活动学习效果平均数整合在一起进行相关分析，分析结果如表 8-18 所示。由表 8-18 可以看出，实验班学习者的科学学习动机构成要素中的自我效能与科学探究活动学习效果有显著关系（$^{**}p$=0.91>0.01）；主动学习策略与科学探究活动学习效果改变有显著关系（$^{*}p$=0.56>0.05）；成就目标与科学探究活动学习效果改变有显著关系（$^{*}p$=0.33>0.05）；学习情境诱因与科学探究活动学习效果改变有显著关系（$^{*}p$=0.49>0.05），这说明在信息化学习情境支持的科学探究活动学习中，学习者的科学学习动机中的自我效能、主动学习策略、成就目标与学习情境诱因要素在科学探究活动过程中会发挥更加重要的作用。深入分析来看，成就目标与主动学习策略之间有显著的关系（$^{***}p$=0.71>0.001），而自我效能与主动学习策略之间也存在显著的正向关系（$^{*}p$=0.52>0.05），这说明学习者的主动学习策略有一部分直接来自于自我效能的积极影响。学习情境诱因与主动学习策略（$^{***}p$=0.56>0.001）、成就目标（$^{***}p$=0.74> 0.001）以及科学学习价值（$^{***}p$=0.46>0.001）之间存在显著关系，这说明良好的学习情境可以有效激发学习者进行科学探究，对学习者在科学探究活动中的主动学习策略、成就目标和科学学习价值有积极的影响。

表 8-18 学习者的科学学习动机与科学探究活动学习效果相关分析（n=100）

	自我效能	主动学习策略	成就目标	非表现目标	科学学习价值	学习情境诱因	科学探究活动学习效果
自我效能	1.00						
主动学习策略	0.52*	1.00					
成就目标	0.02	0.71***	1.00				
非表现目标	0.28*	–0.12	–0.24	1.00			
科学学习价值	0.46*	0.35**	0.48	–0.29	1.00		
学习情境诱因	–0.18	0.56***	0.74***	–0.83*	0.46***	1.00	
科学探究活动学习效果	0.91**	0.56*	0.33*	0.03	0.47	0.49*	1.00

注：$^{*}p<0.05$；$^{**}p<0.01$；$^{***}p<0.001$

较高的自我效能会使学习者在科学探究活动学习过程中主动管理学习情境，并对学习成功拥有较高的期望值，在轻松的状态下积极深入进行科学实践探究，进而取得较好的学习效果。主动学习策略由于学习者对当前的探究任务好奇，可以使学习者积极参与实践学习活动，整理重点，反思与比较多种认知策略方式，大胆质疑，主动深入探究实验假设方案，最终高质量完成学习任务，取得较好的学习效果。较高的成就目标会更加关注科学探究活动达到学习目标后的满足感和成就感，这种激励效应促使学习者保持愉悦的情绪最终会达到理想的学习效果。学习情境诱因会提供给学习者逼真的科学探究活动，吸引学习者深入探究实验，从而取得较好的学习效果。因此从科学探究活动整体学习效果上来看，科学学习动机中的自我效能、主动学习策略、成就目标、学习情境诱因与信息化学习情境支持下的科学探究活动学习效果具有更大的相关性，在科学探究活动学习中学习者拥有更多的实践机会和学习资源，促进其应用实践经验和方法去深入探究。

为了深入了解所有科学学习动机构成要素在学习者科学探究活动中的贡献，需要进一步利用回归分析来进行验证，通过回归分析可以看出，科学学习动机构成要素成为科学探究活动学习效果均值与后测的解释变化量。还可以看出，科学学习动机构成要素中，学习者的自我效能、成就目标与学习情境诱因可以共同解释科学探究活动学习效果的显著变化量，可以显著解释学习者的科学探究活动探究量 $R^2=0.815$（$F(3, 98)=11.393^{**}$，$p=0.000<0.01$），其效应值 $\eta^2=0.192>0.138$，依据 Cohen 定义低、中、高的效应值分别为 0.010、0.059、0.138，这说明自我效能、成就目标与学习情境诱因要素对学习者的科学探究活动学习成绩有高度影响效应，这与回归分析结果一致。由此可以看出，在学习者科学探究活动学习过程的科学学习动机中，自我效能可以通过成就目标直接或间接影响其主动学习策略，而成就目标和学习情境诱因可以直接影响学习者参与科学探究活动的方式。因此，在科学学习动机构成要素中，自我效能、成就目标和学习情境诱因是解释科学探究活动学习效果的最主要的学习动机因素。

8.4　本 章 小 结

通过一年的实验研究发现，科学探究活动四种不同的学习模式都会不同程度的促进学习者科学成绩及探究能力的提升，但传统科学探究活动与信息化学习情境支持的科学探究活动相结合的学习模式影响效果要更加明显。本研究将参与科学探究活动不同学习模式的四个班级学习者在科学探究能力上表现的分析结果进行汇总，如表 8-19 所示。从表 8-19 中可以看出学习者在科学探究活动经历不同学习模式后，科学探究能力呈现出较大的实验效果值，整体上看实验班 O_{B2}（采用先传统科学探究活动后信息化学习情境支持下的科学探究活动学习模式）的学习者科学探究能力表现优于其他三个班所采用的学习模式。

表 8-19　控制班和实验班学习者科学探究能力后测实验结果对比分析

因变量	实验效应值	学习模式后测比较结果
科学探究能力	偏大	实验班 O_{B2}>实验班 O_{B3} >控制班 O_{A1}>实验班 O_{B1}

续表

因变量	实验效应值	学习模式后测比较结果
观察能力	中等	实验班 O_{B2}>实验班 O_{B3} >控制班 O_{A1}>实验班 O_{B1}
分析能力	偏小	不明显
转化能力	中等	实验班 O_{B2}>实验班 O_{B3} >控制班 O_{A1}>实验班 O_{B1}

学习者在参与科学探究活动不同学习模式之前，其科学探究能力的表现基本上是相同的。但在参与学习之后，实验班 O_{B2} 学习者在观察能力和转化能力表现上要优于其他三个班级，这主要由于该班学习者先在传统实验室环境通过教师示范后进行手动操作实物，对实验设备和材料有直接感知，然后通过虚拟仿真软件进行自主深入探究和讨论反思，这种方式有利于其科学探究能力的提升。四个班级学习者的分析能力表现没有差异，这主要是由于学习者的分析能力受课堂上教师及时指导、学习资料、讨论反思等因素影响，不同学习模式教师都会提供示范并给予同样的学习资料，在讨论反思中学习者遇到问题都能及时与同伴和教师互动解决，因此在分析能力上表现基本上相同的。因此，采用先传统物理探究活动后信息化学习情境支持下的科学探究活动学习模式有利于在科学探究活动中提升学习者的科学探究能力。

参 考 文 献

[1] OECD. PISA 2015 draft science framework[DB/OL]. [2020-11-20]. http://www.oecd.org/pisa/pisaproducts/Draft%20PISA%202015%20Science%20Framework%20.pdf.

[2] Crawford J R, Garthwaite P H. Using regression equations built from summary data in the neuropsychological assessment of the individual case[J]. Neuropsychology, 2007, 21(5): 611-620.

[3] Settlage J. Demythologizing science teacher education: Conquering the false ideal of open inquiry[J]. Journal of Science Teacher Education, 2007, 18(4): 461-467.

[4] 洪振方. 探究式教学的历史回顾与创造性探究模式之初探[J]. 高雄师范大学学报, 2003, 1(15): 641-662.

[5] 蔡执仲, 段晓林.探究式实验教学对初二学生理化学习动机之影响[J].科学教育学刊, 2005,13(3):289-315.

[6] Akerson V L, Hanuscin D L. Teaching nature of science through inquiry: Results of a 3-year professional development program[J]. Journal of Research in Science Teaching, 2007, 44(5): 653-680.

[7] 庄敏雄. 建模教学对小学生的模型理解、科学探究能力及地质概念理解之影响[D]. 高雄:高雄师范大学, 2012.
[8] 吴坤璋, 黄台珠, 吴裕益. 影响中小学学生科学学习成就的因素之比较研究[J]. 教育心理学报, 2005, 37(2):147-171.
[9] Cohen J. Statistical Power Analysis for the Behavioral Sciences[M]. 2nd Ed. Hillsdale: Lawrence Earlbaum Associates, 1988: 274.

第 9 章 信息化学习情境创设的几点建议

信息化教与学有利于推进我国当前的教育教学改革，这也是提升教育教学质量和培养学习者核心素养的有效手段。就科学课程而言，学习情境创设是信息技术与科学课程深度融合的有效途径。信息技术可以使学习者把自己和其他真实世界的经验与科学学习有效结合起来，扩大学习者的经验范围，促进学习者有意义地学习。通过信息化学习情境既可以有效激发学习者的科学学习动机，也可以提升学习者的科学概念理解水平、科学推理能力和科学探究能力。因此，深入探究信息化学习情境支持下的科学学习对教师有效学习和学习者有意义学习具有重要作用。

信息化学习情境要素和创设原则是什么？如何利用信息化学习情境有效支撑科学学习？与传统的课堂学习情境相比，信息化学习情境支持下的科学学习是否对学习者的学习效果有明显的影响？这一系列问题目前在国内外相关研究中还没有系统和深入的研究，本研究针对以上核心问题采用文献分析法、问卷调查法和准实验研究法等方法，主要从理论构建、模式设计以及实验验证等三个方面对本课题开展研究，研究内容主要聚焦信息化学习情境支持下的科学学习理论基础、信息化学习情境创设要素和学习模式、信息化学习情境支持下的科学概念学习对学习者学习效果影响、信息化学习情境支持下的科学问题学习对学习者学习效果影响，以及信息化学习情境支持下的科学探究活动学习对学习者学习效果影响等五个方面。本章主要围绕这些问题的研究结果进行讨论和总结。

9.1 研 究 讨 论

9.1.1 信息化学习情境支持下的科学学习理论基础讨论

从心理学理论视角、教育学理论视角、技术理论视角、文化理论视角和社会学理论视角系统分析与总结信息化学习情境支持下的科学学习理论基础，每一个理论视角都可以体现出情境创设的连续性和发展倾向性的特点，为信息技术支持下的多样性学习情境创设选择提供理论支撑。该理论基础分别是思维型课堂学习理论、情境认知与学习理论、活动理论、联通主义学习理论，以及沉浸理论，这五种理论有以下七个方面的共同特征：第一，倡导以学习者为中心的教育理念，促进学习者高阶思维能力的发展；第二，重视学习者的实践活动，让学习者体验真实情境；第三，认同社会文化的重要性，注意营造适切的文化氛围；第四，关注学习共同体和实践共同体的建立，认同知识的社会性建构；第五，重视信息技术的支持；第六，提倡协作学习与互动交流；第七，强调要结合学习者已有的知识和经验。在系统整合各个理论精髓的基础上构建信息化学习情境支持下的科学学习理论，把思维型课堂学习理论、情境认知与学习理论、活动理论、联通主义学习理论，以及沉浸理论嵌入到多元理论模型中。

在信息化学习情境支持下的科学学习中，如何把理论精髓和指导模型灵活应用到学习者的科学学习中，这需要科学教师在学习实践中发挥自己的学习智慧，不断总结经验，以学习者为中心，充分利用信息技术的优势以促进学习者有意义学习为宗旨，最终实现学习者的科学知识转化。因此，信息技术不能停留在传统课堂中发挥传递信息的功能，相反，它应该能够发挥更具促进性和支撑性的作用，帮助学习者去获得丰富的教学经验，促进其有意义地学习。利用信息技术创设科学学习情境应该把握好以下几个方面：第一，把抽象的知识用具体情境的形式进行表征；第二，让学习者通过视觉方式、视听觉方式和言语方式与教师及同伴互动交流他们的知识是如何形成的；第三，让学习者通过用户界面去亲自探究和管理他们的知识发展；第四，支持整合视觉方式、视听觉方式和言语方式的学习反思；第五，基于网络的学习共同体营造团队协作文化氛围，可以让学习者分享和整合他们的教学经验和成果，并从协作学习中获益。

9.1.2　信息化学习情境支持下的科学学习模式讨论

信息技术可在最大程度上支持学习者进行科学概念转变、科学推理以及科学探究等，而这些要素是科学课程学习的有效途径。在信息化学习情境支持下的科学学习的理论基础上分析信息化学习情境的基本要素应该包括：情境、学习内容、学习支持和学习评价。在日常生活情境中，人们基于特定情境中的经验进行直觉推理，用各种方法解决问题。正式学习强调抽象概括，非情境化的知识很难转化成真实生活情境。学习者很少接触日常生活工具，但他们可以通过信息技术简化的虚拟情境进行体验式学习，通过在信息技术创设的真实情境中抛锚知识和技能来促使学习者进行日常认知。因此，信息技术创设的真实情境为学习者提供实践机会，使学习者通过实践反思和验证自己对知识和技能存在的模糊认识或不正确认识，从而实现有意义地学习，信息技术支持下的学习情境更有利于解决真实生活中的科学问题，最终实现知识和技能的转化。学习情境在学习中的重要性在某种程度上取决于是否能适切的嵌入学习内容。在问题情境中，学习者获取知识并知道何时、如何运用这些知识推理问题。科学概念通过各种知识解释，这有助于促进学习者的一般推理能力和具体情境化学习技能。科学实践中通过实验探究活动检验知识并发现新的知识。为了在不同的情境中运用知识，学习者必须区别情境的共同点和差别，这有助于丰富学习者的教学经验。在信息化学习情境中，学习支持有模型、CSCL、认知工具和信息资源等，学习支持是学习者学习过程中必不可少的组成部分，相对于传统学习，学习支持鼓励学习者模仿外部知识，信息化学习情境努力帮助学习者提升自身的认知能力、自我控制能力和自我矫正能力。在科学学习评价中需要根据科学学习内容和情境特征选择合适的评价手段和方法，评价需要接近真实生活情境，评价标准应反映解决问题的多样性和创新性，可以借助作品集、绩效评估及概念地图等方式客观评价学习者的学习成果。

信息化学习情境基本要素之间相互联系构成学习情境整体，基于这些要素和理论基础可以总结信息化学习情境创设基本原则：真实性原则、趣味性原则、接近性原则、多样性原则和整合性原则，这些基本原则为信息化学习情境应用于科学课程学习提供具体的指导。科学学习主要包括科学概念学习、科学问题学习和科学探究活动学习，因此，信息化学习情境主要基于科学概念学习、科学问题学习和科学探究活动学习三个方面进行创设，基于思维型课堂学习理论这三种类型的科学学习模式主要包括情境创设、问题提出、自主探究、合作交流、总结反思(知识分享)及应用迁移六个环节，本研究实验结果验证了基于思维型课堂学习理论是符合科学学习实际的一种有效的学习理论。

9.1.3 信息化学习情境支持下的科学概念学习实证研究讨论

信息化学习情境支持下的科学概念学习实证研究结果表明，在传统课堂学习情境和信息化学习情境混合支持的科学学习模式中学习者的学习成绩较好，但我们也发现学习者的学习成绩也受教师是否合理使用仿真软件支持科学概念学习的影响。信息化学习情境支持的科学概念学习相对于传统课堂学习来说，它可以有效纠正学习者对科学概念不正确或片面的理解，在该实验研究案例中，科学概念学习的难点应该合理考虑学习者的理解水平和常见误区，在科学概念学习中努力为学习者创设抽象变形象情境、问题情境、测试情境、协作互动情境以及创作与反思情境，这些情境在创设过程中遵循了真实性原则、趣味性原则、接近性原则和整合性原则。经过实验研究表明，信息化学习情境有利于学习者在科学概念认知过程中激发学习者的积极思维，进而促进科学知识内化，实现科学概念的转变与应用。

该研究结果也表明，在信息化学习情境支持的科学概念学习中学习者使用计算机虚拟仿真软件有助于学习者在认知冲突中理解科学概念，因为思维型学习理论认为认知冲突可以激励学习者的积极思维，促进其建构新知识。一些研究认为，信息技术支持下的课堂学习与传统课堂学习相关，对学习者科学概念理解水平的差异不明显[1]，这主要因为没有合理利用信息技术创设学习情境，也没有考虑从科学学习整个过程创设信息化学习情境。在传统课堂中学习者既可以单独通过信息化学习情境进行科学概念学习，也可以把信息化学习情境和传统课堂学习方式混合在一起进行科学概念学习。基于思维型课堂学习理论，信息化学习情境支持下的科学概念学习主要包括情境创设、问题提出、自主探究、合作交流、总结反思(知识分享)及应用迁移六个环节，这样的学习模式对学习者的科学概念总理解水平为 63.3%，而在传统的课堂学习情境中学习者对科学概念的总理解水平为 46.6%(班级 O_{A1})和 47.9%(班级 O_{A2})。因此，实验班 O_{B1} 的科学概念学习效果最好，因为该班学习者对科学概念的总理解水平最高。

在科学学习动机改变上，除非表现目标因素下降外，在信息化学习情境支持下的科学概念学习中实验班学习者的科学学习动机各个构成要素提升具有显著效果，特别是自我效能、成就目标以及学习情境诱因效果最明显，实验班的学习者在信息化学习情境支持的科学概念学习情境中具有较高的科学学习动机参与学习，这就解决了学习者在科学概念学习中科学学习动机不高的问题[2]。在科学学习动机构成要素中，学习者的自我效能与主动学习策略会显著影响学习者参与信息化学习情境支持的科学概念改变的持续性与深度，使学习者产生沉浸感，并对学习者的科学概念改变产生不同的结果，这正是沉浸理论所关注的内容。在科学情境兴趣中，学习者的正向兴趣对学习者的概念改变影响更大。因为正向兴趣激发学习者使用原有知识，同化新知识并创造性解决问题，这些认知过程会有助于学习者对科学概念的理解[3,4]。因此，在信息化学习情境支持下的科学概念学习中教师要更新传统的教育教学观念，适应并转变自身的角色，利用信息技术为学习者创设接近于真实日常生活的学习情境，最大程度上激发学习者的科学学习动机，鼓励并支持学习者反思自己的概念学习过程，帮助学习者解决学习困难，最终实现科学概念转变与应用。

9.1.4　信息化学习情境支持下的科学问题学习实证研究讨论

通过本实证研究结果发现，学习者在信息化学习情境支持下的科学问题学习中的学习效果比传统的科学课堂问题学习情境要好，而传统的课堂学习研究发现学习者的科学问题学习效果不理想[5-7]。在研究中我们还发现，不同的学习模式对具有不同科学推理能力水平的学习者并没有产生不同的影响，信息化学习情境支持下的科学问题学习更有利于具有高科学推理能力水平的学习者学习。这主要可能是由于我们目前创设的学习情境真实度较低，创设信息化学习情境的目的在于使课堂操作学习情境更加具体和真实，从而让学习者在真实情境的思维过程中更加专注于学习问题。这就说明在设计信息化学习情境时必须要考虑学习者的科学推理能力水平，模型情境的真实度对于那些具有较低科学推理能力的学习者而言非常重要，模型情境的较高真实度可能会提升其科学推理能力水平，这就要求提供真实的评价情境来测量学习者的科学推理能力，这正是情境认知与学习理论所要求的。另外，学习者在多样化的游戏情境中可以很好的应用和评价新知识，通过沉浸式科学学习情境使学习者维持稳定的学习状态，最终实现知识迁移，这体现了沉浸理论的核心观点。模型情境和游戏情境的创设遵循了真实性原则、趣味性原则、接近性原则、多样性原则和整合性原则，实验研究结果表明这些信息化学习情境可以有效促进学习者的科学问题解决。

本研究还发现，学习者在信息化学习情境支持的科学问题自主探究式学习中取得的学习成绩要比传统科学课堂学习以及信息化学习情境支持的科学问题支架式学习要好，这可能是学习者在自主探究学习中基于兴趣与原有知识更有利于发挥个人及团队优势，对问题进行深入探究。而在支架式学习情境中学习者看到问题之后，容易失去对问题的探究兴趣，会不假思索的在已有支架步骤的引导下逐步完成任务，最终解决问题[8]。但这个过程就会忽略问题学习情境中非常重要的探究和反思过程，没有探究和反思过程，学习者很难对问题学习有深入的认识[9]。另外，上述讨论也解释了传统科学课堂学习情境和信息化学习情境支持的科学问题自主探究学习对学习者的影响没有显著差异的原因，因为传统科学课堂学习和信息化学习情境支持的科学问题自主探究学习包括情境创设、问题提出、自主探究、合作交流、总结反思(知识分享)和应用迁移六个学习环节，强调提出问题进行自主探究，学习者基于先前知识提出假设并完成探究实验，最终解决问题。问题学习过程中不会涉及复杂的假设表达式和实验操作，因此传统物理课堂学习和信息化学习情境支持的物理问题自主探究学习对学习者的学习成绩没有显著影响。在学习活动中，方便学习者自己提出问题并做出假设是非常重要的事情。信息化学习情境支持下的科学问题学习允许学习者基于虚拟现实情境进行自主探究，即便是这种自主探究受到学习支持的限制。因此，在科学问题学习中，学习支持的使用会在一定程度上限制学习者自主探究的空间，但学习支架会在一定程度上提升信息化学习情境支持的物理问题学习成绩，情境认知与学习者理论强调学习支架的重要性。但是学习支架会在一定程度上影响学习者的自由探索，实验过程被分解成一个个的小实验步骤，学习支架的有效性将会降低。学习者的成绩可以通过学习支架步骤逐步引导[10]，但这种支架帮助机制过度会限制学习者的自主探究过程，就会造成信息化学习情境支持的科学问题支架式学习成绩要比其他两种学习方式要差。在学习者的科学学习动机中，自我效能可以通过成就目标直接或间接影响其主动学习策略，主动学习策略可以直接影响学习者参与科学问题解决的方式。

9.1.5 信息化学习情境支持下的科学探究活动学习实证研究讨论

实证研究结果表明，采用传统课堂物理探究活动和信息化学习情境支持下的物理探究活动相混合的学习模式会对学习者的物理学习效果产生明显的影响，可以提升学习者的科学探究能力，毕竟传统课堂的物理探究活动在时间和空间条件上有其局限性，无法满足学习者物理探究活动的全部需要[11]。学习者在科学实践活动中有明确的活动目的，并分析探究活动的结构与学习工具，这都符合活动理论的主要特征。该研究结果也验证了物质属性是物理学习的基本要求这一观点，在物理探究活动学习中，既要重视传统的实物实验操作情境，也不可忽视信息技术的支撑作用。传统课堂物理探究活动和信息化学习情境支持下的物理探究活动学习相混合的学习模式是否会很大程度上减轻学习者的认知负荷，这需要我们扩大研究对象进行深入的实证研究[12]。此外，在探究活动研究中我们可以测试学习者的感知觉通道的变化情况，深入了解学习者的感知觉变化对其认知负荷及科学探究能力的影响[13]。信息化学习情境支持的物理探究活动学习不需要学习者的触觉输入，但学习者需要在日常生活中接触过这些实验器材，在长期记忆里面有这些教学经验，这对提升学习者的科学探究能力十分重要，有助于学习者理解科学概念，深入发现问题，这也是情境认知与学习理论所关注的内容。学习者在探究活动中通过技术工具交互信息和控制实践过程，实现探究活动重组，学习者在实践中形成自己小组的文化氛围，利用 Moodle 对学习结果进行评价与反思，建立自己的学习网络，这正是联通主义学习理论和沉浸理论所倡导的观点。因此，在科学探究活动学习各个阶段中需要基于真实性原则、趣味性原则、接近性原则、多样性原则和整合性原则创设示范性情境、问题情境、虚拟实验室、协作互动情境以及创作与反思情境，实验研究结果证明，这些信息化学习情境可以有效促进学习者的科学探究活动学习。

本研究通过采用四种不同的学习模式验证传统物理探究活动与信息化学习情境支持下的物理探究活动不同的组合顺序对学习者学习效果的影响差异。研究结果表明，按照情境创设、问题提出、自主探究、合作交流、总结反思(知识分享)和应用迁移六个学习环节，采用先传统物理探究活动后信息化学习情境支持下的物理探究活动学习模式对学习者的学习效果影响最显著，先信息化学习情境支持下的物理探究活动后传统物理探究活动情境学习模式对学习者的学习效果影响较显著，而单纯的信息化学习情境支持下的物理探究活动学习情境对学习者的学习效果影响最小。这充分说明了学习者在科学探究活动中需要拥有对实物的操作经验，在此验证了物质属性在科学探究活动中不可缺少的基本条件[14,15]。在这方面就有必要设计实验进一步分析学习者先前的实践经验会在多大程度上对信息化学习情境支持的物理探究活动学习产生影响。

9.2　研究创新与局限性

本研究既非纯粹的理论探讨，也不是纯粹的实践应用研究，而是在前期文献研究的基础之上，结合当前研究中存在的问题与发展趋势，以思维型课堂学习理论、情境学习理论、活动理论、联通主义学习理论和沉浸理论构建“桥梁”，并在此基础上构建信息化学习情境支持下科学学习的理论基础，着重总结信息技术支持下的情境创设要素和指导原则，最后设计信息化学习情境支持下的科学学习模式，通过准实验研究和问卷调查开展以信息化学习情境支持下的科学学习为核心的实证研究，从而力图推进信息化学习情境在科学学习中的全面理论探究与实践应用。

总体来说，基于不同类型的科学学习创设不同的信息化学习情境，可以有效激发学习者的科学学习动机，进而对学习者的学习效果产生正面影响。基于思维型课堂学习理论、情境认知理论、活动理论、联通主义学习理论和沉浸理论创设的信息化学习情境可以有效支持科学学习。

9.2.1　研究创新

(1)研究的理论创新。

目前国内外对于信息化学习情境支持的科学学习理论研究较少，国外的相关研究更多关注信息技术支持的科学学习理论，大多研究基于情境学习理论、建构主义学习理论的视角进行单方面的理论分析，没有结合信息化学习情境等进行系统阐述。本研究通过文献梳理从思维型课堂学习理论、情境学习理论、活动理论、联通主义学习理论和沉浸理论视角构建信息化学习情境支持下的科学学习理论基础，为后续深入的实践探索与实证研究提供理论支撑。

科学学习模式是帮助学习者达到最佳科学学习状态的方法，目前关于信息化学习情境支持的科学学习模式的研究还存在不足，尚未有比较理想的信息化学习情境支持下的科学学习模式，这不仅会影响学习者有意义地科学学习，也难以保证教师的教学效果。因此，本研究基于信息化学习情境支持下的科学学习理论基础总结信息化学习情境的要素和创设原则，按照情境创设、问题提出、自主探究、合作交流、总结反思(知识分享)和应用迁移六个学习环节，从科学概念学习、科学问题学习和科学探究活动学习三个方面设计了信息化学习情境支持下的科学学习模式。科学学习模式灵活应用到学习者的科学学习中，这需要科学教师在学习实践中发挥自己的学习智慧不断总结经验，以学习者为中心，充分利用信息技术的优势，以促进学习者有意义学习为宗旨，最终实现学习者的科学知识转化。因此，信息技术不能停留在传统课堂中发挥传递信息的功能，相反，它通过创设真实的科学学习情境才能发挥促进性和支撑性作用，帮助学习者去获得丰富的实践经验，培养其良好的科学核心素养。

(2)研究的应用创新。

本研究围绕理论基础总结信息化情境创设的要素、指导原则和学习模式，在此基础上从信息化学习情境支持的科学概念学习、科学问题学习和科学探究活动学习三个方面设计研究实验，在研究实验设计中把传统课堂学习情境和信息化学习情境有机结合在一起进行实验，然后针对不同类型的科学学习编制相应的量表，通过数据搜集与分析完成信息化学习情境支持下的科学学习对学习者的科学情境兴趣、科学学习动机和学习效果影响的实证研究。通过理论与实证研究总结出了不同类型的科学学习在信息化学习情境支持的课堂中的有效模式，这对于今后信息技术有效支持科学学习相关研究提供了理论与实践价值，有利于科学教师在课堂中创设有效的信息化学习情境支持科学学习，进而改善学习者的科学学习质量，促进其科学概念理解水平、科学推理能力和科学探究能力的提升。

9.2.2 研究局限性

(1)研究样本及数据搜集的局限。

本研究在理论建构的基础上进行实验验证，由于受研究条件和时间的局限，研究样本选取了中部省份某县城重点中学四个班级的初中生作为实验对象。根据实验研究设计，本研究连续追踪该实验学校四个班级约一年的时间，在各个实验实施中及时组织师生进行测试与问卷调查，然后搜集分析数据并总结研究成果。由于我国目前各个地区和省份经济发展水平的差异导致义务教育阶段教育资源和发展不均衡，尤其是中西部和东部、农村和城市之间教育发展存在较大差异，因此本研究结果并不能代表整个国家和行业的现实情况。另外，需要指出的是，本研究根据研究条件选取初中物理学科作为信息化学习情境支持的科学学习研究实验，该研究成果是否适合于化学、地理、生物等其他科学课程的学习尚未确定。本研究成果在科学课程范围具有一定的特殊性，这有待于创造条件把本研究成果进一步扩大到所有中学年级段的科学课程中进行实验验证。因此，本研究实验如果不进一步扩大研究样本范围和数量，研究成果在进行一般性推广时会受到一定的限制。

(2)研究自身的局限。

本研究在设置不同的信息化学习情境组合时，打破正常的学习时间和环境布置，学习前后要收集数据，因此会对学习者的正常学习产生一定的限制。实验组和控制组的学习者使用相同的测试题，学习相同的课程内容，学习者的年龄、教育背景以及科学探究能力不同，难免会有个别学习者会事先熟悉课堂内容与测试题目，这会对数据测试结果产生一定的影响。测试数据不仅仅是体现研究结果，更重要的在于分析研究过程。

9.3 研 究 建 议

在今后设计与开发相关的科学学习软件时需要认真考虑情境的选择与组合是

否合理，是否把抽象的难以理解的科学概念具体化，是否把微观世界甚至危险不易操作的科学现象可视化并支持互动探究实验，尤其要考虑该软件是否兼顾了学习者不同的科学概念理解水平、科学推理能力及科学探究能力。

9.3.1　运用信息技术提升学习者的科学概念理解水平

在信息化学习情境支持下的科学概念学习中，学习者的科学学习动机中的自我效能、主动学习策略和成就目标可以促使学习者的概念认知走向纵深，在科学概念学习中学习者拥有更多的学习机会和学习资源，促进其科学概念认知同化过程，最终实现科学概念转变与应用。把抽象科学概念具体化和形象化的学习软件可以让学习者产生极大的好奇与兴趣，学习者会产生沉浸感，这会直接影响其正向科学情境兴趣与科学学习动机，最终会显著影响学习者参与信息化学习情境支持的科学概念改变的持续性与深度。今后研究的重点和难点应该考虑如何应用信息技术提升学习者的科学概念理解水平,改变学习者对科学概念常见误区的认识，在科学概念学习中努力为学习者提供及时有效的学习服务。

9.3.2　运用信息技术提升学习者的科学推理能力

信息化学习情境支持的自主探究问题学习帮助学习者通过自身努力提出问题并建立假设，这有利于其在信息化学习环境下验证假设并顺利完成学习任务，而学习者不用考虑自己原有的假设是否准确。但是信息技术提供的学习支架在一定程度上限制了学习者自由探究的空间，学习者会不由自主地按照给定的步骤提示进行学习，这必然会对学习者的学习结果造成一定的负面影响。因此，该研究也显示出在科学问题学习中允许学习者自由探究对提升其科学问题解决能力是非常重要的，我们在今后的科学课堂学习中应该利用信息技术支持学习者进行自由探究和反思。

9.3.3　运用信息技术提升学习者的科学探究能力

本研究结果为传统科学探究活动和信息化学习情境支持下的科学探究活动学习提供重要的实践价值，特别是信息化学习模式在当前的科学教育教学改革中存在一些质疑和争议，甚至有些科学教师对信息技术持抵制情绪。教育研究者希望尽可能通过定性研究和定量研究相结合的方法来探索信息化学习模式对科学学习的积极影响，很多相关研究都希望采用有效的学习方法或模式帮助学习者改善科学学习质量，提升学习者科学素养[15]。教师在信息化教学中，针对传统科学探究活动和信息化学习情境支持下的科学探究活动选择什么样的组合顺序，需要综合考虑具体的学习内容、技术平台可移植性、安全性及成本效益等这些问题。信息化学习情境支持下的科学探究活动学习会让教师花费更少的精力和时间去管理课堂，如教师可以快速复制和分发学习材料、快速设置分组、及时与学习者沟通等。

9.3.4　运用信息技术支持学习者的知识建构过程

今后科学学习研究更加重视学习者的知识建构过程，可以采用数据挖掘和分析技术对学习者的科学知识转化过程进行质性研究，特别关注学习者的科学探究、科学推理及协作反思过程，教师和学习者自身可以共同分享知识成果，在协作互动中构建科学知识，最终实现科学知识转化。因此，本研究可以改变数据搜集方法来验证研究结论，如在信息技术支持下的物理探究活动中采用移动技术和设备，通过改进研究手段和方法深入发现问题，努力为信息技术支持的科学教与学提供具体指导。

因此，本研究的后续工作在条件允许的情况下进一步扩大实验研究范围和对象，努力把该研究成果进一步扩大到化学、地理、生物等所有的科学课程中进行深入的实验验证。本研究尽管因为研究条件和时间的局限存在一些问题，但研究结果可为当前的科学学习改革提供有价值的信息，目前学习者的科学学习因为信息技术的强力支撑不仅仅可以在实验室内进行学习，也可在教室外，甚至在学校外进行学习。我们需要整合各方面的学习资源和服务改变当前的科学学习现状，科学教师应该主动学习信息化教育理论，勇于创新教学方法，把传统科学探究活动和信息化学习情境支持下的科学探究活动有机结合起来，在科学教学中激发学习者的科学学习动机，不断提升学习者的科学概念理解水平、科学推理能力和科学探究能力，改善当前学习者在科学课堂中的学习质量，努力发展学习者的科学核心素养。

参 考 文 献

[1] Winn W, Stahr F, Sarason C, et al. Learning oceanography from a computer simulation compared with direct experience at sea[J]. Journal of Research in Science Teaching, 2010, 43(1): 25-42.

[2] Pyatt K, Sims R. Virtual and physical experimentation in inquiry-based science labs: Attitudes, performances and access[J]. Journal of Science Education and Technology, 2011, (6): 74-88.

[3] Forgas J. Affect and Information Processing Strategies: An Interactive Relationship[M]//Forgas J P. Feeling and Thinking: The Role of Affect in Social Cognition. New York: Cambridge University Press, 2000.

[4] 颜弘志. 小学生之学习动机对其物质溶解概念改变影响之研究——以数位学习平台为基础[D]. 彰化: 彰化师范大学, 2010.

[5] Campbell J O, Bourne R J, Mosterman P J, et al. The effectiveness of learning simulations for electronic laboratories[J]. Journal of Engineering Education, 2002, 91(1): 81-87.

[6] Naps T L, Roessling G, Almstrum V, et al. Exploring the role of visualization and engagement in computer science education[J]. ACM SIGCSE Bulletin, 2003, 35: 131-152.

[7] Luo W, Stravers J A, Duffin K L. Lessons learned from using a web-based interactive landform

simulation model (WILSIM) in a general education physical geography course[J]. Journal of Geoscience Education, 2005, 53: 489-493.

[8] Reid D J, Zhang J, Chen Q. Supporting scientific discovery learning in a simulation environment[J]. Journal of Computer Assisted Learning, 2010, 19 (1): 9-20.

[9] Moreno R, Mayer R E. Role of guidance, reflection, and interactivity in an agent-based multimedia game[J]. Journal of Educational Psychology, 2005, 97 (1): 117-128.

[10] Linn M C, Songer N B. Teaching thermodynamics to middle school students: What are appropriate cognitive demands[J]? Journal of Research in Science Teaching, 1991, 28 (10): 885-918.

[11] Hofstein A, Lunetta V N. The laboratory in science education: Foundations for the twenty-first century[J]. Science Education, 2010, 88 (1): 28-54.

[12] Zacharia Z C, Olympiou G, Papaevripidou M. Effects of experimenting with physical and virtual manipulatives on students' conceptual understanding in heat and temperature[J]. Journal of Research in Science Teaching, 2010, 45 (9): 1021-1035.

[13] van Joolingen W, Zacharia Z C. Developments in Inquiry Learning[M]//Balacheff S. Technology-Enhanced Learning: A Kaleidosope View. Dordrecht: Springer, 2009: 21-37.

[14] Triona L M, Klahr D. Point and click or grab and heft: Comparing the influence of physical and virtual instructional materials on elementary school students, ability to design experiments[J]. Cognition & Instruction, 2003, 21 (2): 149-173.

[15] Klahr D, Triona L M, Williams C. Hands on what? The relative effectiveness of physical versus virtual materials in an engineering design project by middle school children[J]. Journal of Research in Science Teaching, 2010, 44 (1): 183-203.

附　　录

附录 1　科学学习动机调查问卷

班级：______________
学校：______________

亲爱的同学：

本问卷是为研究之用，不用署名，对所涉及的问题，请提供真实的答案。

以下这个量表共有 35 道与物理课程学习有关的题目，请你依据在物理课(后测改为数字学习平台)的感受进行填答。每一题都没有标准答案，请仔细作答，不要漏掉任何一题。感谢你的参与和配合！

	完全同意	有点不同意	不确定	有点同意	完全同意
1. 不论物理内容简单或困难，我都有把握能学会。	□	□	□	□	□
2. 我对较难的物理观念没有把握学会。	□	□	□	□	□
3. 我没有信心在物理考试中取得好的成绩。	□	□	□	□	□
4. 不管我多努力也没有把握学好物理。	□	□	□	□	□
5. 在物理课堂中所进行的活动(或写作业)有点难时，我不是放弃就是只做简单的部分。	□	□	□	□	□
6. 在进行物理学习活动(或写作业)时，我喜欢直接问别人而不是自己想出答案。	□	□	□	□	□
7. 对于较难的物理内容，我会跳过不碰它。	□	□	□	□	□
8. 我在学习新物理知识时，会企图理解它。	□	□	□	□	□
9. 我在学新物理知识时，会尝试跟自己以前的经验联系起来。	□	□	□	□	□
10. 当有一些物理观念无法了解时，我会找相关资料来帮助理解。	□	□	□	□	□
11. 当有一些物理观念无法了解时，我会找人(老师或同学)讨论来帮助理解。	□	□	□	□	□
12. 在物理学习过程中，我会企图了解所学到的知识间的关系。	□	□	□	□	□

续表

	完全同意	有点不同意	不确定	有点同意	完全同意
13. 当我写错答案时，我会努力了解写错的原因。	□	□	□	□	□
14. 当我有一些物理观念无法了解时，我会试着去弄懂这些观念。	□	□	□	□	□
15. 当所学的物理观念与我以前所了解的观念有不一样时，我会试着去弄懂两者的不同。	□	□	□	□	□
16. 我认为学习物理很重要，因为在日常生活中可以用到。	□	□	□	□	□
17. 我认为学物理很重要，因为可以刺激我的思考。	□	□	□	□	□
18. 我认为在物理学习中解决问题的方法很重要。	□	□	□	□	□
19. 我认为学物理来满足自己的好奇心很重要。	□	□	□	□	□
20. 我认为学物理来满足自己的求知欲很重要。	□	□	□	□	□
21. 我参与物理学习活动主要是为了得到好成绩。	□	□	□	□	□
22. 我参与物理学习活动主要是为了表现得比其他同学好。	□	□	□	□	□
23. 我参与物理学习活动是为了能让同学认为我很聪明。	□	□	□	□	□
24. 我参与物理学习活动是希望老师重视我。	□	□	□	□	□
25. 在学习物理时，我觉得最有成就感的时候是，当我考得很好的时候。	□	□	□	□	□
26. 在物理学习时，我觉得最有成就感的时候是，当我对题目练习越做越有自信时。	□	□	□	□	□
27. 在物理学习时，我觉得最有成就感的时候是，当我解决一个难题时。	□	□	□	□	□
28. 在物理学习时，我觉得最有成就感的时候是，当我的想法被老师接受时。	□	□	□	□	□
29. 在物理学习时，我觉得最有成就感的时候是，当我的想法被同学认可时。	□	□	□	□	□
30. 我愿意参与物理学习，因为物理课本内容生动。	□	□	□	□	□
31. 我愿意参与物理学习，因为跟随物理老师学习有变化。	□	□	□	□	□
32. 我愿意参与物理学习，因为物理老师没有给我压力。	□	□	□	□	□
33. 我愿意参与物理学习，因为物理老师重视我。	□	□	□	□	□
34. 我愿意参与物理学习，因为物理课程的挑战性高。	□	□	□	□	□
35. 我愿意参与物理学习，因为同学能互相讨论。	□	□	□	□	□

附录 2　学习情境兴趣调查问卷

以下是一些对信息技术支持下的物理学习情境兴趣的描述，有可能符合你的情况，也可能不符合，请你根据真实感受的符合程度进行选择。请尽量真实作答，根据第一感觉，不要思考太长时间。

①□ 	②□ 	③□ 	④□ 	⑤□ 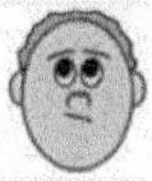	⑥□ 
高兴	好奇	厌烦	失望	无聊	担心